高等学校计算机基础教育系列教材

C语言程序设计

（第3版·微课版）

徐英慧　主　编
李　颖　副主编
黄宏博　周淑一　方炜炜　李子录　编　著

清华大学出版社
北　京

内 容 简 介

C语言作为一种简洁、高效的计算机语言，目前是绝大多数高校本科生学习程序设计的入门语言。

本书概念清晰，注重实用性，精选了大量例题和习题，有助于学生快速掌握C语言程序设计的基本方法。从第2章开始，每章内容由案例导入、导学与自测、章节正文组成，并对重点和难点内容录制了小视频，通过扫描书中的二维码可随时随地观看，有助于学生自主学习和混合式教学的开展。

全书共10章，内容包括程序设计概述、基本数据类型、顺序结构程序设计、选择结构程序设计、循环结构程序设计、函数、数组、指针、结构体、共用体、枚举、文件等。本书还配有辅助教材《C语言习题、实验指导和课程设计（第3版）》。

本书可以作为高等学校非计算机专业学生的教材，也可以作为C语言爱好者的自学教材。

图书在版编目（CIP）数据

C语言程序设计：微课版/徐英慧主编. —3版. —北京：清华大学出版社，2023.8
高等学校计算机基础教育系列教材
ISBN 978-7-302-63896-4

Ⅰ.①C…　Ⅱ.①徐…　Ⅲ.①C语言－程序设计－高等学校－教材　Ⅳ.①TP312.8

中国国家版本馆CIP数据核字(2023)第110003号

责任编辑：白立军　杨帆
封面设计：何凤霞
责任校对：胡伟民
责任印制：宋　林

出版发行：清华大学出版社
网　　址：http://www.tup.com.cn，http://www.wqbook.com
地　　址：北京清华大学学研大厦A座　　**邮　　编**：100084
社 总 机：010-83470000　　**邮　　购**：010-62786544
投稿与读者服务：010-62776969，c-service@tup.tsinghua.edu.cn
质量反馈：010-62772015，zhiliang@tup.tsinghua.edu.cn
课件下载：http://www.tup.com.cn，010-83470236
印 装 者：三河市铭诚印务有限公司
经　　销：全国新华书店
开　　本：185mm×260mm　　**印　　张**：20.75　　**字　　数**：518千字
版　　次：2010年9月第1版　2023年8月第3版　　**印　　次**：2023年8月第1次印刷
定　　价：69.00元

产品编号：096257-01

前言

大家对计算机都不陌生,但是会用计算机的人是否都懂得计算机是如何完成我们交给它的任务的,相信会有很多人不明白。这也是目前各高校无论对于计算机专业还是非计算机专业,甚至文科专业,都要开设程序设计这类课程的原因之一。C语言作为一种简洁高效并且支持结构化编程的程序设计语言,在讲究效率的时代,对于帮助学习者掌握程序设计的基本思想和方法,进而更好地理解计算机的工作,有着极大的帮助。

本书虽然像传统的教材那样,按照知识学习的规律,顺序介绍C语言的语法和用C语言解决实际问题的方法,但却并不是一本C语言的语法书。本书完全是从应用的角度出发,对C语言的语法进行展开的,所以不要把本书作为语法大全。

本书的读者对象是大学本科新生,尤其是非计算机专业的同学,他们希望通过学习C语言程序设计来理解计算机的工作。尽管他们可能今后并不会成为程序员,但他们希望知道计算机能做什么以及如何做,以便在今后的工作中,能够很好地与软件开发人员进行沟通,向程序员准确提出他们的软件需求,这是非计算机专业本科生所必备的能力。

程序设计是一项工作,程序就是这项工作的产品。如果我们要制造产品,必须有好的原材料,这些原材料对于程序来说就是程序设计语言的语法知识,以及各种问题的解决方法和步骤。所以本书在介绍C语言语法的同时,介绍了各种常见问题的解决方法和思路(算法),读者通过这些内容的积累,在将来需要创造自己的作品(程序)时就会得心应手。所以读者一定要尽可能多地积累算法,真正做到熟能生巧。

本书所有作者均来自教学一线,具有多年教学经验。第2、9章由徐英慧编写,第1、4章由周淑一编写,第3、6章由黄宏博编写,第5、7章由李颖编写,第8章由李子录编写,第10章由方炜炜编写。全书由徐英慧负责统稿。在书稿规划和撰写过程中,李文杰、崇美英、贾艳萍老师提供了大量相关素材和资料,刘梅彦、刘亚辉老师多次提出了建设性的意见,清华大学出版社的白立军编辑自始至终都毫无怨言地为作者提供各种方便,使本书得以及时再版。

第3版的主要修订工作包括以下4方面。

(1) 集成了视频学习资源,针对重点难点内容录制小视频,全书共包含36个视频资源,读者通过扫描书中的二维码即可随时随地观看视频内容。

(2) 从第2章开始,每章增加了导入案例,通过导入案例的分析和学习,使读者能够更深刻地理解本章内容的学习目的和意义。这种带着问题学习的模式,也有利于提高读者的学习兴趣和积极性。

(3) 为了便于教师开展混合式教学，每章配置了导学视频和自测题目，教师可根据教学安排指定学生提前观看导学视频并完成自测。导学内容一般选择比较基础、重要且适合学生自学的知识点。为了方便教师掌握学生的预习效果，特别设置了自测题目，建议教师将这些自测题目通过移动学习平台同预习视频一起发布给学生，从而能够方便快捷地了解学生的预习效果，进而有的放矢地安排课堂授课内容。

(4) 对教材内容进行了优化，增加了一些经典例题，修正了部分文字错误，将所有例题的输出结果使用截图代替原来的文字描述，使运行结果更加直观、清晰、简洁。

本书的所有范例程序都是在 Dev C++ 集成开发环境调试的，所给出的程序运行情况也是在 Windows 10＋Dev C++ 环境下进行的。本书配套的教学资源包括多媒体教学课件和所有范例程序的源代码，可以从清华大学出版社网站获取。

限于作者水平，书中难免会出现某些错误，欢迎读者批评指正。

作　者

2023 年 4 月

目录

第1章 程序设计概述

1.1 程序和程序设计

1.1.1 程序的概念

计算机作为当今社会应用领域最广的设备,其本质就是一台"执行程序的机器"。

程序这个词来源于生活,通常指为进行某项活动或过程所规定的途径。可以将程序看成对一系列动作的执行过程的描述。日常生活中可以找到许多"程序"实例,例如,去电影院观影活动可以描述为:

```
1.买票;
2.检票;
3.观影;
4.离开影院。
```

这是一个直线型程序,是形式最简单的程序。描述这种程序就是给出一个包含其中各个基本步骤的序列。如果按顺序实施这些步骤,其结果就是完成了电影院观影这项活动。

现在再来看一个相对复杂的程序实例,学生去餐馆进餐的过程可以描述如下:

```
1.进入餐馆;
2.查菜谱;
3.向服务员点菜;
4.可能由于某种原因,菜谱上的菜没有;
  学生可以有两种选择:
      4.1.回到第 2 步(进一步查找其他想吃的菜);
      4.2.放弃在此吃饭,到其他餐馆吃饭;
5.若点的菜有,在此吃饭;
6.吃完饭离开餐馆。
```

这个程序比前一个复杂得多。可以看到,这个程序不是一个平铺直叙的动作序列,其中的步骤更多,还出现了分情况处理和可能出现的重复性动作。

计算机,顾名思义,是计算的机器。计算机设计的初衷,就是让它通过完成一系列的简单操作实现计算。而每个简单操作的学名就是"指令",一台计算机所能理解的简单操作(指令)的集合称作计算机的指令系统。所以早期的计算机程序就是完成一项计算任务的指令序列。

1.1.2　程序设计

计算机本身是一个通用的计算机器,它执行一个完成某项任务的程序时就成为一个特定用途的计算机。通常把描述(或者叫编制)计算机程序的工作称作程序设计或者编程,这项工作的产品就是程序。由于计算机的本质特征,从计算机诞生之初,就有了程序设计这项工作。

正是由于程序设计这项工作,使得计算机这个通用的机器可以在工厂大量统一制造,然后再通过让它运行不同的程序,使得计算机可以应用到不同的领域,所以程序设计的工作在计算机应用的实现中是非常重要的。

程序设计语言

1.1.3　程序设计语言

"语言"一词通常是指人们生活和工作中进行交流所使用的沟通方式,如汉语、英语等,它是随着人类的发展而逐步形成的。

为了能和计算机交流,指挥它工作,同样需要一种与它沟通的方式。这种沟通方式必须是人和计算机都能理解的。

目前的计算机基本都是采用冯·诺依曼原理制造的,因此计算机从一出生就懂得的语言只有一种,那就是二进制语言,也就是 0 和 1 这两个符号组合表达的含义,前面提到的指令就是用 0 和 1 来表达的。例如,图 1.1(a)中的 0/1 组合试图描述的是先计算算术表达式 x×y+z(这里的符号 x、y、z 分别代表地址为 2000、2010 和 2100 的存储单元),然后将结果保存到单元 2110 的计算过程(程序)。

机器语言	汇编语言	高级语言
0001000100000100100 0	load r0 x	
00010001000100001010	load r1 y	t=x * y + z;
00110101000001100001	mult r0 r1	
00000001000100001100	load r1 z	
00100100000011000001	add r0 r1	
00100010000000101110	save r0 t	
(a) 机器语言	(b) 汇编语言	(c) 高级语言

图 1.1　程序设计语言的发展

这种只有 0 和 1 的语言又称**机器语言**。显然一般人如果使用这样的语言来编写程序将是非常困难的,只有非常专业的程序员才能用它编写程序。

人类交往采用的是汉语、英语等这样的自然语言,而计算机内部则采用二进制的机器语言,程序设计是要人与计算机进行沟通,正如两个说不同语言的人,一个人说汉语,另一个人说英语,而双方又只会自己的语言,这两个人就很难沟通,必须找出解决办法。或者说汉语的人学会英语,或者说英语的人学会汉语,也可以找一个既懂汉语又懂英语的人做翻译。程序设计语言的发展也与之类似。计算机要想懂得人类语言比较难，人类要学习计算机的机器语言也很难，所以计算机程序设计语言的发展过程就是一个双方逐渐妥协的过程。由于机器语言太难掌握，又很容易出错，所以随着计算机的发展，出现了使用助记符表达的机器语言，即**汇编语言**或者符号机器语言。例如，图 1.1(a)的机器语言程序所对应某机器的汇编语言程序的书写形式如图 1.1(b)所示。虽然它比机器语言程序简单易懂，但由于它是与机器语言一一对应的，没有程序的结构，在编写和理解上仍然很困难。

妥协的过程在继续，随着计算机技术的发展，程序设计语言也进入逐渐接近人类自然语言——高级程序设计语言(简称**高级语言**)的阶段。1954 年，一种名为 FORTRAN (Formula Translation，公式翻译)的程序设计语言诞生，它是为科学、工程问题或企事业管理中的那些能够用数学公式表达的问题而设计的，其数值计算的功能较强。简单地说，这种高级语言由于使用非常接近人与人交流的英语符号，同时又包含多种程序流程的控制机制，使编程者可以摆脱许多具体细节，方便了复杂程序的书写，程序也更容易阅读，有错误也更容易辨认和改正。

从 FORTRAN 语言诞生至今，人们设计的程序设计语言已超过千种，其中大部分只是实验性的，只有少数语言得到了广泛使用。随着时代发展，今天绝大部分程序都是用高级语言写的。人们也已习惯于用程序设计语言特指各种高级程序设计语言了。在高级语言(如本书介绍的 C 语言)的层面上，描述前面同样的程序片段只需一行代码，如图 1.1(c)所示。它表示要求计算机求出等于符号右边的表达式，而后将计算结果存入由 t 代表的存储单元中。这种表示方式与人们所熟悉的数学形式直接对应，因此更容易阅读和理解。

当然，计算机是不能直接执行除机器语言程序以外的汇编语言程序和高级语言程序的。人们在设计好一个语言之后，还需要开发出一套实现这一语言的软件，这种软件被称作语言系统，也常被说成是这一语言的实现，它类似于计算机和人之间的一个翻译，是一个计算机能理解的程序。

高级语言的基本实现技术是**编译**和**解释**。

采用编译方式实现高级语言的过程：首先针对具体语言(例如，C 语言)开发出一个翻译软件，其功能就是将采用该种高级语言书写的程序翻译为所用计算机的机器语言的等价程序。用这种高级语言写出程序后，只要将它提交给翻译程序，就能得到与之对应的机器语言程序。此后，只要命令计算机执行这个机器语言程序，计算机就能完成我们所需要的工作了。

采用解释方式实现高级语言的过程：首先针对具体高级语言开发一个解释软件，这个软件的功能就是读入这种高级语言的程序，并能一步步地按照程序要求工作，完成程序所描述的计算。有了这种解释软件，只要直接将写好的程序提交给运行着这个软件的计算机，就可以完成该程序所描述的工作了。

编译和解释方式各有其优缺点。通常，采用编译方式的语言运行速度更快，代码效率更高，保密性较好；其缺点是代码的可移植性较差。采用解释方式的语言具有平台独立性，可移植性较好，可以在安装了解释器的不同操作系统上运行；其缺点是代码运行速度一般较编译方式要慢，占用资源更多。C 语言为采用编译方式的高级程序设计语言。

1.2 C语言概述

1.2.1 C语言简介

正如1.1.3节所述，自从第一个高级语言FORTRAN诞生以来，高级语言的种类不下千种。而C语言作为众多优秀高级语言中的一种，由于它既可以用于编写计算机系统软件，又可以编写各类应用软件，所以目前绝大多数高校仍然把它作为给学生讲授程序设计思想和方法的第一门程序设计语言。

1971年，美国电话电报公司(AT&T)贝尔实验室的Dennis Ritchie根据早期的一种编程语言BCPL(Basic Combined Programming Language，简称B语言)编写了C语言，并于1972年首次在运行UNIX操作系统的DEC PDP-11计算机上使用。1973年他与K.Thompson又用C语言把UNIX系统重写了一遍，使得C语言与UNIX操作系统共同发展起来，并逐渐发展成为一种通用的程序设计语言。1983年美国国家标准学会(American National Standard Institute，ANSI)成立了一个委员会，制定了C语言的标准，也就是ANSI C(或C89)，它为C语言的发展奠定了基础。1990年，国际标准化组织(International Standard Organization，ISO)接受C89作为国际标准ISO/IEC 9899：1990，它和ANSI的C89基本上是相同的。1999年，ISO又对C语言标准进行了修订，在基本保留原来的C语言特征的基础上，针对应用的需要，增加了一些功能，尤其是C++中的一些功能，并在2001年和2004年先后进行了两次技术修正，它被称为C99，C99是C89的扩充。

C语言程序示例

1.2.2 C语言程序示例

下面通过一个具体的应用来认识一下C语言程序。

例1.1 计算输入的两个整数的和并显示结果。

程序如下：

```
#include <stdio.h>
int main( )                          /* 求两个整数的和 */
{
    int a,b,sum;                     /* 变量说明 */
    printf("请输入两个整数: ");       /* 提示用户输入数据 */
    scanf("%d%d", &a, &b);           /* 从键盘输入两个整数,保存到变量 a 和 b 中 */
    sum=a+b;                         /* 完成求和,并把和值放到变量 sum 中 */
    printf("sum=%d\n", sum);         /* 输出和值 */
    return 0;
}
```

程序运行结果：

```
请输入两个整数: 3 5
sum=8
```

用C语言写的程序称为C源程序，上述内容中，从＃include ＜stdio.h＞开始，到}结束的内容在计算机上将被保存到一个文件扩展名为c的文件，例如example.c中。example.c称为C源文件。

上面这个简单程序可分为两个基本部分：第一行是一个特殊行，以＃开始，称为**预处理行**，此处说明程序中要用到C语言系统提供的标准功能(这里是输入scanf和输出printf)，为此要将标准库文件stdio.h包含在程序中，用双引号或者角括号把文件名括起来，以后大家会看到，本书所有的程序都会包含这一行(因为所有程序都要使用printf)，并且还会用到其他的标准库文件；其后的几行是程序基本部分，描述程序所完成的工作。

在程序基本部分中，main为函数名，通常称为主函数，在C语言中，程序中一个名称后跟一对圆括号这种语法形式代表函数。在C程序里会看到很多这种形式。main前面的int表示主函数的值是整数类型的，在主函数内的最后有一行“return 0;”与之对应。这部分内容的理论知识在第6章函数会介绍，这里先记住如此表达即可。

从{开始到}结束的部分称为函数main的函数体，其中又分为两部分：说明部分(本例中为“int a,b,sum;”)和执行部分(除说明部分以外的其他内容)。说明部分对执行部分要用到的变量、类型等进行说明，这是C语言的一个规定，叫**先说明后使用**，在写C程序时一定要记住这个规定。执行部分在函数中完成函数的功能，对主函数来说，也就是完成C程序的功能。

在C程序中，用分号(;)表示一个意思表达的结束，相当于人与人之间交流时一句话的结束。如说明部分的整数型变量定义int a,b,sum结束处有分号，执行部分每个分号都代表C语言的一个语句的结束，**C语言程序的每条语句都要以分号结束**，即使它是最后一条语句(如return 0后的分号也必须有)。

C语言程序中以/*开始到*/结束的部分称为C语言的注释，注释符号中的/和*之间不能有任何其他符号，并且/*和*/必须成对出现，注释的内容可以使用中文或者英文。注释是对程序中的语句或者程序段进行说明，主要目的是帮助阅读程序的人理解程序，它对程序的逻辑功能没有任何作用。尽管如此，现代程序设计中非常重视注释的使用，主要原因是，现代程序开发往往不是一劳永逸的，程序的修改和完善是经常性的工作，即使是自己写的源程序，如果程序有成千上万行，没有很好的注释，过一段时间再读，也有可能不知道当时是如何考虑的；再加上现在公司里开发人员流动特别快，如果让新来的开发人员修改前面开发人员没有注释的程序，难度有多大是可想而知的。所以软件公司对开发人员有一项严格的要求，那就是所有源程序一定要有比较详尽的注释。毫不夸张地说，软件源代码文件的80%以上文本是注释很常见，希望大家建立良好的注释习惯。

C语言程序对中文的使用有严格限制，除了注释中可以使用外，另一个可以用中文的地方就是printf中的双引号里面，其他地方包括任何标点符号都不要使用中文符号，中文符号(汉字或标点符号)在程序中起逻辑作用是初学者常犯的一个错误。

C语言的程序书写格式非常自由，上面那个程序除第1行的预处理行外，如果能写下，整个程序的其他行都可以写在一行里，这种格式与例1.1的格式相比，从程序功能的角度来说是没有任何区别的。尽管如此，还是提倡大家养成良好的书写习惯，程序不仅要实现预定的功能，还要考虑可读性。按照例 1.1 的逐层缩进格式书写 C 语言程序，可以使读程序的工作变得容易，程序的修改和完善工作通常都要先读懂程序，可读性好也是对程序的一项要求。在多年程序设计实践中，人们在这方面取得了统一认识：由于程序可能很长，结构可能很复杂，因此程序必须采用良好的格式写出，所用格式应很好体现程序的层次结构，反映各部分间的关系。普遍采用的方式如下。

(1) 在程序里适当加入空行，分隔程序中处于同一层次的不同部分。

(2) 同一层次不同部分对齐排列，下一层次的内容通过适当退格(在一行开始加空格)，使程序结构更清晰。

(3) 在程序里增加一些注释性信息。

上面程序例子的书写形式就符合这些做法。

开始学习程序设计时就应养成注意程序格式的习惯。虽然对开始的小程序采用良好格式的优势并不明显，但对稍大一点的程序情况就不一样了。有人为了方便，根本不关心程序的格式，想的只是少输入几个空格或换行，这样做的结果是使自己在随后的程序调试检查中遇到更多麻烦。所以，这里要特别提醒读者：注意程序格式，从一开始写最简单的程序时就注意养成好习惯。

实际的 C 语言程序可能比前面的简单例子长得多。下面再看一个 C 语言程序的例子，这个例子的内容并不要求现在就掌握，只是给大家一个 C 语言程序的总体印象。

例 1.2 根据输入的圆盘半径，计算圆盘的面积。

程序如下：

```
#include <stdio.h>
double area(double r)       /* 计算半径为 r 的圆盘面积 */
{
    double s;
    s=3.1415926 * r * r;
    return  s;
}
/* 计算圆盘面积的函数结束，下面开始主函数 */
int main( )
{
    double r;
    printf("请输入半径: \n");
    scanf("%lf",&r);
    printf("半径为%.2f 的圆盘面积是%.5f\n",r,area(r));
    return 0;
}
```

程序运行结果：

```
请输入半径:
3.12
半径为3.12的圆盘面积是30.58152
```

这个程序同第一个程序相比，除了主函数 main 外，又多了一个计算圆盘面积的函数 area，它先于主函数定义。

一般来说，一个完整的 C 语言程序是由一个 main 函数(又称主函数)和若干(包括 0

个)其他函数结合而成的,不管 main 函数在什么位置,C 语言程序的执行总是从 main 函数的{开始,到 main 函数的 return 语句结束(若没有 return,则到 main 函数的}结束)。所以 C 语言程序有且只有一个主函数 main。

这一部分,我们见识了很多关于 C 语言程序的内容,其中很多内容是不需要现在掌握的,下面把需要掌握的内容总结如下。

(1) 函数是 C 语言程序的主要成分,有且必须只有一个名为 main 的函数。

(2) 主函数的描述方法。

(3) C 语言程序一般开始于 # include <stdio.h>。

(4) C 语言程序的每个语句都以分号结束。

(5) C 语言程序中可以使用/* 和 */将程序的注释内容括起来。

(6) C 语言程序中必须遵守先说明后使用的原则(说明的方法及内容以后逐步学到)。

(7) C 语言程序最好采用逐层缩进的格式书写,使程序的可读性好。

(8) C 语言源程序保存在扩展名为 c 的文件中。

目前掌握这些就可以了,程序中的其他内容会逐渐学习到。

1.2.3 为何要学 C 语言

计算机及其应用可以说已经渗透到人们工作和生活的方方面面。计算机的本质是“程序的机器”,程序和指令的思想是计算机系统中最基本的概念,只有懂得程序设计才能懂得计算机,真正了解计算机是怎样工作的;通过学习程序设计可以使人们进一步了解计算机的工作原理,更好地理解和应用计算机,学会用计算机处理问题的方法。不从事软件开发的大学生通过学习程序设计培养提出问题、分析问题和解决问题的能力,同时具有编制程序的初步能力,并能更好地理解软件的特点和生产过程,能与程序开发人员更好地沟通与合作。而程序设计能力则是软件开发人员的基本功。

既然程序设计可以帮助人们更好地认识计算机,要学习程序设计,就要选择一个程序设计语言来学习。C 语言作为一种高级程序设计语言,相比其他高级程序设计语言有着公认的一些特点,这些特点尽管对于只学习一种程序设计语言的人来说可能无法体会,但这里还是要列举一些,如语言本身简洁,生成的目标代码质量高,使用灵活等。另外,学会 C 语言,对于掌握目前应用中比较热门的语言如 Java、C++、C# 等都很有帮助。在许多现代工业电器,如电视、洗衣机、冰箱、空调以及手机中,大多采用一种称为嵌入式的单片机系统进行控制,其中的控制程序开发也多采用嵌入式 C 语言,所以目前大多数高校都把 C 语言作为讲授程序设计的第一门语言。

1.3 算法及其描述

1.3.1 算法的概念

前面的两个程序例子都很简单,但实际要应用计算机解决的问题可能会很复杂,所以实际的程序设计往往也是一个复杂的过程。在解决实际问题时，一般会对问题的解决方法和步骤进行描述，算法就是解决问题的方法和步骤。

1.3.2 算法的特性

尽管解决同一问题的方法和步骤——算法可能千变万化，但所有的算法都具有如下共同的特性。

(1) 有限性。一个算法应该只包含有限个操作步骤，或者说，算法在执行若干步骤后能够结束，且每步都是在有限的时间内完成的。

(2) 确定性。指算法的每步都是确定的操作，而不是含糊的或模棱两可的。另一种说法是不能产生歧义，即不可以理解为多种含义。

(3) 有效性。算法的每一步骤都应该是可以进行的，并有确定的结果。

(4) 没有或有若干输入。程序里经常会用到输入这个词，意思是输入数据。一般来说，实际问题在解决时往往需要依赖于一些数据，这些数据可能在算法中已经提供，也可能需要在程序执行时再提供，输入就是给程序提供数据。前面的两个C语言程序都是在程序运行时提供数据的，第一个程序需要两个输入数据，第二个程序需要一个输入数据。对第二个程序，若直接在程序里提供半径的数据，则不需要输入数据了。所以说，算法可能不需要输入，或者需要一个输入，或者需要多个输入，依赖于实际的算法设计。

(5) 有一个或多个输出。所有的算法都是有一定的目的，如计算两个数的和，控制若干开关的通和断等，输出就是把算法的目的呈现给使用算法的人的方式，所以所有的算法至少要有一个输出，并根据不同的目的可能有多个输出。求两个数的和需要有一个输出，而控制若干开关的通断则会有若干输出。

无论算法简单还是复杂，以上这5个特性是算法都具备的。

算法的描述

1.3.3 算法的描述

了解了算法的特性，再来看看算法的描述。算法的描述主要有以下3种方法。

1. 自然语言描述

自然语言描述也就是用人与人之间沟通时用的语言(汉语、英语等)描述解决问题的方法和步骤。用自然语言表示通俗易懂，但文字冗长，容易出现歧义。例如，求10! 的算法可用自然语言描述如下：

第1步：设置变量n，并初始化为1；

第2步：设置变量i，并初始化为2；

第3步：判断i大于10是否成立？如果成立则转到第5步，否则执行第4步；

第4步：将n乘以i的值赋值给n，i的值增加1，执行第3步；

第5步：输出n的值。

自然语言表示的含义往往不太严格，要根据上下文才能准确判断其含义。此外，用自然语言描述分支和循环的算法不是很直观。因此，除了简单问题，一般不采用自然语言描述算法。

2. 图形描述

1）传统流程图

传统流程图，使用如图 1.2 所示的 6 种图形表示。

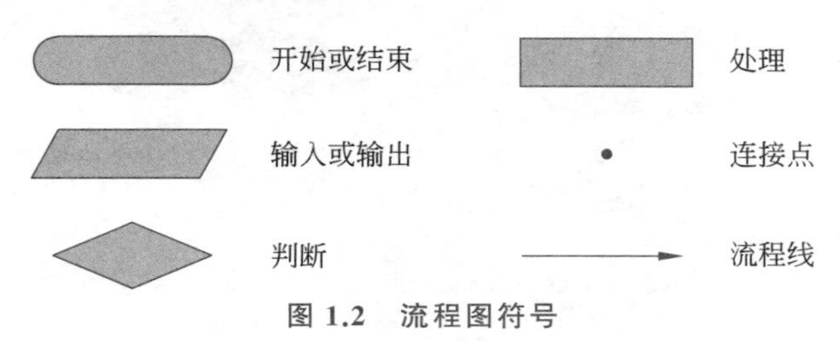

图 1.2　流程图符号

2）N-S 图

1973 年，美国学者提出了一种不用流程线的图形表示算法的方法，通常称为 N-S 图。它是用如图 1.3 所示的 3 种基本结构，即顺序、选择和循环（包括当型循环和直到型循环）来表示算法。

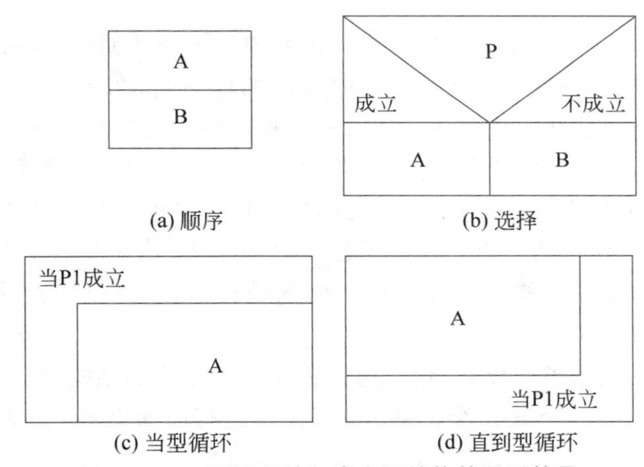

图 1.3　N-S 图所用的 3 类主要结构的图形符号

图 1.4 是用传统流程图和 N-S 图描述的求 10！的算法。

比较而言，传统流程图比 N-S 图直观清晰，N-S 图的优点是更简洁。一般初学者适合用传统流程图。

3. 程序语言描述

程序语言描述就是选择一种程序设计语言来准确地实现算法，这也是学习程序设计语言的目的之一。

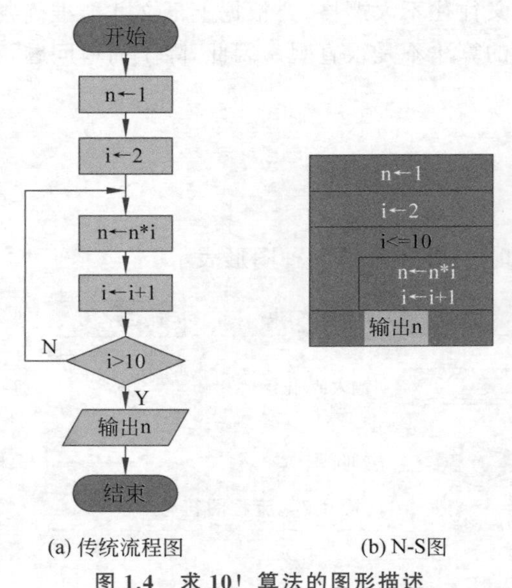

(a) 传统流程图　　(b) N-S图

图 1.4　求 10！算法的图形描述

1.3.4　结构化程序设计

结构化程序的概念首先是针对以往编程过程中无限制地使用转移语句而提出的。转移语句可以使程序的控制流程强制性地转向程序的任一处，在传统流程图中，就是用“很随意”的流程线来描述这种转移功能。如果一个程序中多处出现这种转移情况，将会导致程序流程无序可循，程序结构杂乱无章，这样的程序是令人难以理解和接受的，并且容易出错。尤其是在实际软件产品的开发中，更追求软件的可读性和可修改性，像这种结构和风格的程序是不允许出现的。为此提出了程序的 3 种基本结构。

(1) 顺序结构：顺序结构是一种线性有序的结构，由一系列依次执行的语句或模块构成。

(2) 选择结构：根据条件成立与否，选择程序执行路径的结构。

(3) 循环结构：由一个或几个模块构成，程序运行时重复执行，直到满足某一条件为止。

结构化程序设计是荷兰科学家 E.W.Dijkstra 在 1965 年提出的。它的主要观点是采用自顶向下、逐步求精的程序设计方法；使用 3 种基本结构构造程序，任何程序都可由顺序、选择和循环 3 种基本结构构造，在构造算法时，也仅以这 3 种结构作为基本单元，同时规定基本结构之间可以并列和互相包含，不允许交叉和从一个结构直接转到另一个结构的内部。

结构化方法的优点是结构清晰、易于正确性验证和纠正程序中的错误。遵循这种方法的程序设计称为结构化程序设计。采用结构化方法设计的程序在流程上只有一个输入口和一个输出口。

结构化程序设计也是随着程序的复杂性和庞大性产生和发展起来的。现在大型程序通常由亿万条语句组成，光靠一个人的力量来完成，其周期会很长，远远不能满足需要，所以需要由很多人共同来完成，才能加快开发进度。大型复杂的任务都是分解成若干模块，各模块间通过标准的数据传递方式进行数据交换，所依赖的也是结构化的程序设计思想。

1.4 C语言程序开发过程

我们已经知道，计算机只能直接执行二进制的程序，其他形式的程序都需要经过转换，变成二进制的程序后才能执行。本节了解一下C语言程序的开发过程。

1.4.1 使用计算机解题的过程

在实际中，用计算机解决问题的过程大致如图1.5所示。

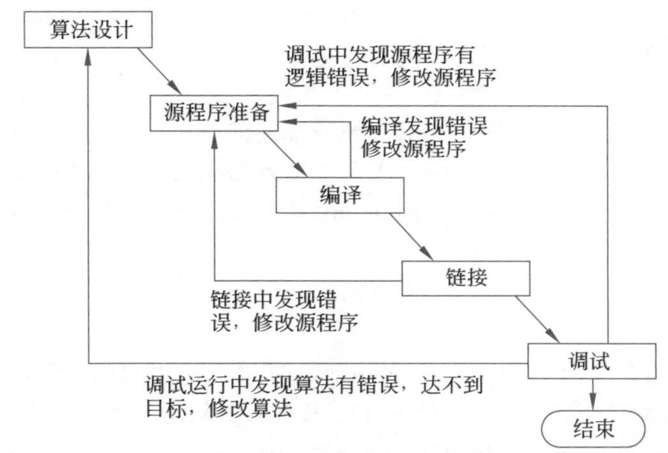

图1.5 用计算机解决问题的过程

当拿到一个任务时，首先要根据对任务的理解，利用所拥有的知识，找出一种完成任务的方法和步骤，即算法设计。然后使用最熟悉的一种程序设计语言来实现算法，即编写源程序，并保存为源程序文件。接着使用相应程序设计语言的编译工具，对源程序文件进行编译，如果很好地掌握了程序设计语言的语法，编译时就不会发生错误，否则会在编译时出现错误，而一旦出现错误，就必须修改源程序，把错误之处改正后再编译，没有错误了才能进入下一步。编译时发现的错误都是语法错误，编译工具一般会提示错误的原因，比较容易修改。编译没有错误后，会产生一个与源程序对应的目标文件，该目标文件虽然是二进制的，但还不能执行，因为程序中还可能使用到语言系统的库函数及其他函数，需要将目标文件和用到的库函数链接在一起，才可以产生可以执行的文件。链接时也可能发生错误，这种错误往往是由于编程者没有掌握好库函数的使用方法而产生的，如写错了库函数名，库函数使用格式有错等，所以一旦有错，还必须修改源程序，再次经过编译和链接过程，直到没有任何错误，并产生可以执行的程序。

接下来,要对可执行程序进行测试,看看它是否达到了任务的要求。例如,如果任务要求程序从键盘输入两个整数,计算这两个整数的和并输出,当执行程序时,就要从键盘输入两个整数,如 3 和 5,看它是否能输出 8。再如,如果任务要求程序从键盘输入 3 个整数,求出这 3 个整数的最大值并输出,当执行程序时,如果输入的是 5 8 11,看程序是否能输出 11。要注意的是,如果程序不是输出 11,可以肯定程序是没有达到任务要求的,但即便程序输出的是 11,也不能确定程序一定达到要求。例如,对求 3 个整数最大值的程序,还要再运行程序两次,一次输入 5 11 8,另一次输入 11 5 8,如果这两次程序都输出了 11,一般来说这个程序是正确的,达到了任务的要求。

而如果输出的不是任务要求的,那就说明算法有问题,如求和程序输入是 3 和 5 时,输出的是 15,很有可能是算法中的加法写成了乘法,一般这种错误称为逻辑错误。逻辑错误比较难以修改,有时需要对程序分段执行,检查程序执行的中间过程,从而找出不合理的地方,这项工作称为程序的调试。一旦算法有问题,就要修改算法,再重复上述的编程、编译、链接和调试过程,直到程序完全达到要求,完成任务。

1.4.2 常用的 C 语言开发环境

随着计算机软件技术的发展,像 1.4.1 节所描述的软件开发中所遇到的编辑源程序、编译、链接和调试及运行等过程,已经集成在一个界面上进行,这种界面通常称为集成开发环境(Integrated Development Environment,IDE),它为 C 语言程序的开发提供了很大的便利。

1. Visual C++

Visual C++ 是微软公司开发的在 Windows 环境下使用的免费 C++ 集成开发环境,支持对 C、C++ 以及 C++ /CLI 等编程语言的编辑、编译、运行和调试等功能。应用比较广泛的版本是 Visual C++ 6.0 和 Visual C++ 2010。Visual C++ 6.0,简称 VC 6.0,是微软公司于 1998 年推出的一款 C++ 编译器,它小巧灵活、功能强大、能够自动生成程序框架,是使用最多且最为经典的版本。由于 Windows 8 及以后的 Windows 操作系统对 Visual C++ 6.0 不能很好兼容,Visual C++ 2010 被越来越多的 C 语言学习者和开发者选用。Visual C++ 被集成于 Visual Studio 开发工具包中,目前最新的版本是 Visual Studio 2022。

2. Dev C++

Dev C++ 是 Windows 平台下,一个类似 VC、BCB 的 C++ 集成开发环境,属于共享软件。界面亲切优雅,体积也不大,其 4.9.x 版有中文语言支持,无须汉化,编译器基于自由软件 GCC。但是对于规模较大的软件项目,恐怕难以胜任。

GCC 全称是 GNU Compiler Collection,它是自由软件基金会(GNU)维护的自由软件,可以免费使用,经过全球无数自由软件开发者的千锤百炼,它已经相当成熟,绝大多数 Linux 和 UNIX 上的应用软件都是它开发的,很多 C 语言判题系统就是使用 GCC 对用户提交的程序进行编译的。

3. Code::Blocks

Code::Blocks 是一款开放源码、跨平台、轻量型的 C/C++ 集成开发环境。Code::Blocks 不仅支持单文件的编译和运行，也支持多种工程模板，能够方便地进行工程管理、项目构建及调试；Code::Blocks 支持语法彩色醒目显示，界面简洁友好；Code::Blocks 支持插件，且具有跨平台和跨编译器的特点，在 Windows、Linux、macOS 操作系统下都可以使用，另外通过简单配置还可以实现与 GCC、Visual C++、Borland C++ 等多款编译器的切换。

4. 移动端 C 编译器

现在手机上进行 C 语言编程的软件非常多，如 C 语言编译器和 C++ 编译器，这两个软件都可以在手机上直接编译运行 C 语言程序，具有程序编辑、编译功能，能够随时随地验证一些小程序，C 语言编译器可以支持直接从文件管理器中打开代码文件，方便用户在浏览器中浏览查看，是一款非常便捷的 C 语言编程工具。

5. 在线 C 语言编译工具

在线 C 语言编译工具指某些网站为用户提供的网页版 C 语言编译器，用户不需要在自己的计算机或手机上安装任何 C 语言开发环境。通过登录相应网站，可以直接在网页上输入 C 语言代码，并可以运行代码和查看运行结果。

习　题　1

一、简答题

1. 算法有哪些特性？
2. 使用高级语言开发软件一般要经历哪些过程？
3. C 程序的结构一般是怎样的？
4. 解释名词：程序、程序设计和程序设计语言。

二、单项选择题

1. 以下不是算法特性的是________。
   A. 由于计算机速度越来越快，算法步骤可以无限多
   B. 确定性，算法的每一步都必须有确切的含义
   C. 有输出，算法的目的是求解，这些解只有输出时才能得到
   D. 可行性，算法的每一步都是可以进行的操作
2. 以下不是结构化程序设计的基本结构的是________。
   A. 顺序结构　　B. 选择结构　　C. 逻辑结构　　D. 循环结构

3. 以下说法不正确的是________。

A. C语言程序可以用/*和*/将需要注释的多行内容括起来

B. C语言程序由主函数和若干其他函数组成

C. 可执行的C语言程序必须有主函数

D. C语言程序只由主函数组成

4. C语言的语句结束符________。

A. 是分号　　B. 是冒号　　C. 没有特别的符号　　D. 是英文句号

第2章 基本数据类型

案例导入——整数和实数的存储和运算分析

在计算机领域，有一个著名的公式：**算法+数据结构=程序**，该公式的提出者是瑞士计算机科学家尼古拉斯·沃斯(Niklaus Wirth)。该公式揭示了程序的本质，对计算机科学领域影响巨大，尼古拉斯·沃斯也因此于1984年获得图灵奖。其中，算法指对操作的描述，即对计算机操作步骤的描述；数据结构则是指对数据的描述，即对程序中所使用数据的类型及组织形式的描述。数据是操作的对象，也是程序的核心，那么数据在计算机中又该如何表示呢？整数、实数、字符、字符串、表格、图像等，这些数据在计算机中是如何存储和表示的？所占据的存储空间长度一样吗？下面通过具体示例分析一下整数和实数的表示及运算。

【问题描述】 在C语言中，1和1.0完全相同吗？1/3和1.0/3.0结果一样吗？1.0/3.0的值在计算机中可以精确表示吗？

(1) 执行如下代码，其中sizeof用于计算其后面圆括号里参数对象在内存中所占的字节数，%d表示以十进制整数形式输出对应数值。根据运行结果可以看出，1在内存中占4字节，而1.0占8字节。由此可见，在C语言中，1为整数形式，1.0为实数形式，二者在内存中的存储形式和所占字节数均不相同。

```
#include <stdio.h>
int main( )
{
  printf("%d %d\n",sizeof(1),sizeof(1.0));
  return 0;
}
```

程序运行结果：

(2) 执行如下代码，其中%f表示以十进制小数形式输出对应数值，默认输出小数点后6位。在C语言中规定，两个整数相除结果仍为整数，小数部分将被截掉，因此1/3的结果为整数0，当以%f格式输出时则显示0.000000。而两个实数相除，结果仍为实数类型，小数部分的精度将被保留，因此1.0/3.0的输出结果为0.333333。

```
#include <stdio.h>
int main( )
{
  printf("%f %f\n",1/3,1.0/3.0);
  return 0;
}
```

程序运行结果：

```
0.000000 0.333333
```

(3) 执行如下代码，其中%.20f 表示输出小数点后 20 位。根据运行结果可以看出，实数在计算机中是无法精确表示的，当超过一定位数时，会存在一定的误差。

```
#include <stdio.h>
int main( )
{
  printf("%.20f\n",1.0/3.0);
  return 0;
}
```

程序运行结果：

```
0.33333333333333331000
```

通过以上示例可以看出，不同类型的数据在计算机中的存储表示是不同的，可以执行的运算也是不同的，例如，可以对两个整数做乘法，但对两个字符串做乘法则没有任何意义。各种数据在计算机中都是使用有限字节存储的，因此其表示的数据范围和数据精度都是有限的。在 C 语言中，要求所有数据必须有明确的数据类型，通过数据类型来区分数据的存储形式以及可以进行的各种操作。因此，在程序设计过程中，除了要进行算法设计外，还必须考虑数据的存储方式，即选用哪种数据类型。C 语言提供的数据类型主要包括基本类型、构造类型、指针类型和空类型 4 类。本章主要介绍基本数据类型，即整型、浮点型、字符数据的存储方式及表示形式。

C 语言的基本数据类型

导学与自测

扫描二维码观看本章的预习视频——C 语言的基本数据类型，并完成以下课前自测题目。

【自测题 1】 在 C 语言中，以下合法的用户标识符是(　　)。

A. B$5　　B. _4　　C. 3sum　　D. long

【自测题 2】 在 C 语言中，以下不合法的字符常量是(　　)。

A. 'A'　　B. '\n'　　C. "?"　　D. '\\'

【自测题 3】 在 Visual C++ 或 Dev C++ 中，int 型数据占(　　)字节。

A. 2　　B. 4　　C. 8　　D. 16

【自测题 4】 在 C 语言中，以下数据类型的长度关系表述正确的是(　　)。

A. sizeof(int)≤sizeof(short)≤sizeof(long)

B. sizeof(short)≤sizeof(long)≤sizeof(int)

C. sizeof(short)≤sizeof(int)≤sizeof(long)

D. 以上选项都不对

2.1 数据类型概述

学习 C 语言的目的就是要通过编程解决实际问题。在实际应用中,要处理的问题通常是多种多样的,有时需要使用整数,有时需要使用带小数部分的实数,也有时需要使用字符或字符串。当问题更加复杂时,还可能使用以不同构造方法得到的数据集合。

C 语言程序要求对使用的数据必须事先明确指定其数据类型。不同的数据类型,其表示形式、占据的内存空间大小以及可执行的操作都是不一样的。在 C99 标准中,C 语言的数据类型主要包括基本类型、构造类型、指针类型和空类型 4 类,如图 2.1 所示,其中类型名前面带 * 号的为 C99 标准新增的数据类型。

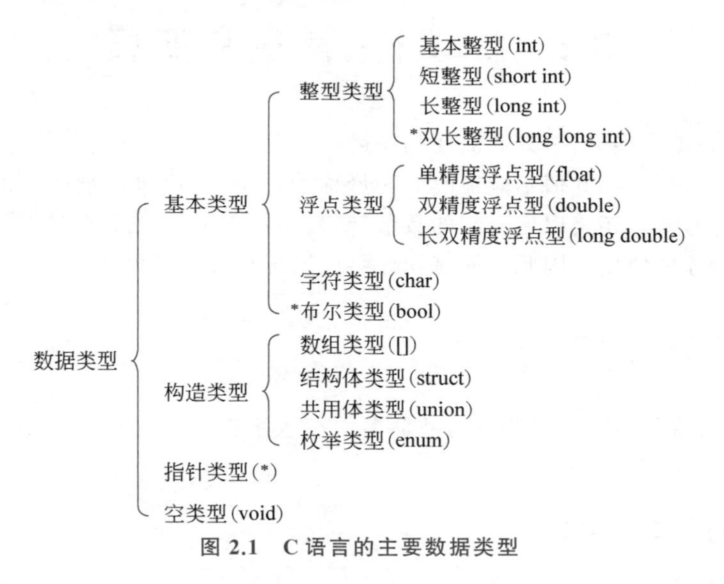

图 2.1 C 语言的主要数据类型

1. 基本类型

基本类型的特点是其值不能再分解为其他类型。也就是说,基本类型是自我说明的。在 C 语言中,常见的基本类型有整型、浮点型(实型)和字符型等。

2. 构造类型

构造类型由一个或多个已定义的数据类型按一定规则构造而成。也就是说,一个构造类型的数据可以分解为若干成员,每个成员可以是基本类型,也可以是已经定义的构造类型。在 C 语言中,主要的构造类型有数组类型、结构体类型、共用体类型和枚举类型等。

3. 指针类型

指针是C语言中广泛使用的一种数据类型。其值表示某个量在内存中的地址。指针类型通常被认为是C语言中的精华,能否正确理解和使用指针也经常被看作是否真正掌握C语言的重要标志之一。

4. 空类型

当调用函数时,通常应向调用者返回一个值。这个返回值的类型必须在定义函数时明确说明。例如,函数头为 int max(int a,int b),其中第一个 int 就是函数的返回值的类型说明符,表示函数的返回值为整型。但是,也有一类函数不是用来提供一个值的,而是仅仅执行某些特定的操作,这类函数被调用后不需要向调用者返回任何值。这类函数在定义时就可以将函数的返回值类型明确声明为空类型,其类型说明符为 void。

本章主要介绍常见的基本数据类型,其他数据类型将在后续章节中介绍。

2.2 标识符、常量和变量

对于基本数据类型量,按其取值在程序运行过程中是否可改变又分为常量和变量两种。在程序运行过程中,其值不能被改变的量称为常量,其值可以被改变的量称为变量。不论是变量、符号常量还是以后介绍的数组、函数等数据对象,通常都需要用一个名字(即标识符)来表示才能使用。因此下面首先介绍标识符及其命名规则。

2.2.1 标识符

在程序中为变量、数组、函数等对象命名的有效字符序列统称为标识符。简单而言,标识符就是一个名字。

1. 标识符的命名规则

C语言规定,标识符只能由字母(A～Z,a～z)、数字(0～9)、下画线(_)3种字符组成,并且第一个字符必须是字母或下画线(即不能是数字)。例如,abc、sum1、_number 是合法的标识符,3ab、a&b、No.1 则是非法的标识符。

在使用标识符时还必须注意以下3点。

(1) C99 标准要求编译器至少支持63个字符(含)以内的内部标识符和31个字符(含)以内的外部标识符,对标识符的最大长度限制并没有规定。不同的C语言编译系统有自己的规定:在 Turbo C 中,标识符的最大长度为32个字符;在 Visual C++ 中,标识符的最大长度可达247个字符。

(2) 在标识符中,大小写是有区别的。例如,SUM 和 sum 是两个不同的标识符。

(3) 标识符应尽可能做到“见名知义”。换句话说,通过变量名就可以知道变量值的含义。通常可选择能表示数据含义的英文单词(或缩写)、汉语拼音等作变量名。例如,age 表示年龄,PI 表示圆周率 3.141 592 6。

2. 标识符的分类

根据标识符的不同用处,可以将其分为关键字、预定义标识符和用户标识符 3 类。

1) 关键字

关键字,又称保留字,是指 C 语言规定的、有特殊含义和专门用途的标识符,主要用于描述数据类型、存储类型、类型定义和语句控制。关键字不能用作用户标识符。C 语言中规定的关键字有以下 32 个,在以后的章节中会一一介绍。

auto	break	case	char	const	continue	default	do
double	else	enum	extern	float	for	goto	if
int	long	register	return	short	signed	sizeof	static
struct	switch	typedef	union	unsigned	void	volatile	while

2) 预定义标识符

预定义标识符也是 C 语言中有特定含义的标识符,主要用于描述库函数名(如 printf、scanf 等)和预编译处理命令名(如 define、include 等)。

3) 用户标识符

用户标识符是指在程序中由程序员自己定义的变量名、符号常量名、数组名和函数名等。需要特别说明的是,用户标识符在命名时除了满足标识符的一般命名规则以外,还要确保不能使用关键字。预定义标识符可以作为用户标识符使用,不会出现编译错误,但这样会使预定义标识符失去它的原意,因此应该尽量避免使用。

2.2.2 常量

常量是指在程序运行过程中其值不能被改变的量。常量是有类型的,其类型通常由书写格式决定。例如,20 是整型常量,3.14 是实型常量,'a'是字符常量。

根据书写形式的不同,常量可分为字面常量和符号常量两种。对于字面常量来说,通过其字面形式即可判定其为常量,如 5、2.46、'm'等。符号常量是指使用一个标识符来表示常量。定义符号常量的方法是使用 define 命令将一个常量名和具体常量联系起来,格式如下:

```
#define 符号常量 常量
```

例如:

```
#define  PI  3.14
```

就定义了一个符号常量 PI,它代表 3.14,以后在程序中需要使用 3.14 的地方都可以用 PI 来代替。符号常量习惯上用大写字母表示,而变量习惯上用小写字母表示,以示区别。

使用符号常量需要注意以下3点。

(1) 在给符号常量起名时尽可能做到“见名知意”,以增强程序的可读性。

(2) 符号常量仍然是常量,其值在程序运行过程中是不可以被改变的。因此不能试图给符号常量赋值,如已经定义符号常量PI为3.14,又出现赋值语句“PI=3.14159;”则是错误的。

(3) 使用符号常量能够做到“一改全改”。例如,程序中多处使用圆周率的值3.14,当程序需要提高圆周率的精度为3.1415926时,如果使用字面常量3.14表示圆周率,则需要将每处的3.14都改为3.1415926,容易引起错改或漏改。然而,若使用符号常量PI表示圆周率,则只需要修改符号常量定义的地方就可以了,即将#define PI 3.14修改为#define PI 3.1415926。

2.2.3 变量

变量是指在程序运行过程中其值可以被改变的量。变量有3个属性:名称、值和数据类型。变量名对应计算机存储空间中的一组存储单元,变量值对应存储单元中存放的具体数据,数据类型用来确定变量所占存储空间的大小以及可进行操作的种类,不同数据类型的变量所占的存储空间不尽相同,通过变量名可以直接引用变量的值。

1. 变量的声明

在程序中,常量可以不经声明直接使用,而变量则必须先声明后使用。声明一个变量就是告知C编译器引用了一个新的变量名,并指定该变量的数据类型。变量声明的一般格式如下:

```
数据类型  变量名表;
```

当声明同一类型的多个变量时,各变量名之间用逗号隔开。例如:

```
int  length,area;
```

表示声明了两个整型变量length和area。声明变量后其初值是不确定的,因此通常需要给变量赋初值,给变量赋新值后其原来的旧值被替换掉,也就是说在任何时刻,一个变量只能保存一个值,这是初学者要特别注意的,而引用变量对其值是没有影响的。

2. 变量的初始化

在声明变量的同时为其赋初值,称为变量的初始化。例如:

```
int  length=100;
```

需要特别说明的是,声明变量时如果要对几个同类型变量赋相同的初值,必须各自分别赋初值,不能连写。

```
int  a=0,b=0;       //正确
int  a=b=0;         //错误
```

例 2.1 常量和变量的使用。

程序如下：

```
#include <stdio.h>
#define  WIDTH  80                                      //定义符号常量
int main( )
{
    int length=100, circumference, area;           //声明变量
    circumference=(length+WIDTH) * 2;              //WIDTH 为符号常量
    area=WIDTH * length;
    printf("circumference=%d,area=%d\n", circumference ,area);
    return 0;
}
```

程序运行结果：

```
circumference=360, area=8000
```

3. 常变量

常变量是C99标准新增的一种变量形式，通过定义变量时在前边增加关键字const来实现常变量的定义。例如：

```
const int a=1;
```

这里的变量a即被定义为一个常变量，常变量在定义时必须初始化，并且在整个存在期间其值不允许被修改，因此常变量也被称为只读变量。如果试图修改常变量a的值，编译时则会报错。

常变量与常量、符号常量有什么区别呢？常变量本身是变量，具有变量的基本属性：变量名、变量值和数据类型，因此可以通过变量名来引用一个不变量的值。常量本身没有名字，难以做到见名知意、一改全改。而符号常量是通过#define预编译命令来定义的，在编译之前进行字符串的简单替换，预编译之后符号常量就不存在了。常变量从使用角度来讲比符号常量更加方便，但对于不支持C99标准的编译系统，则无法使用常变量。

2.3 整型数据

2.3.1 整型常量的表示

在C语言中，整型常量有十进制、八进制和十六进制3种表示形式。十进制整数是最常见的整型常量表示形式。当需要对整数按位操作时，写成八进制或十六进制则比较直观。

1. 十进制整数

由正负号和数字0～9表示，正号(+)可以省略。例如：100，−34。

2. 八进制整数

由数字 0 开头,后跟八进制数码(0～7)表示。如 012 为八进制整数,表示十进制数 10。而 028(其中的 8 为非八进制数码)、o35(八进制数前缀为数字 0,不是字母 o)都是不合法的八进制数。

3. 十六进制整数

由 0x 或 0X 开头,后跟十六进制数码(0～9,a～f 或 A～F)表示。如 0x1f 为十六进制整数,表示十进制数 31。而 3A(没有前缀 0x 或 0X)、－0X6H(其中的 H 为非十六进制数码)都是不合法的十六进制数。注意 0x 或者 0X 中的 0 是数字 0,而不是字母 o 或 O。

例 2.2 以下整型常量哪些是合法的,哪些是非法的?

－297,029,0625,O11,0x35BH,0XFF,－0x53,0x1F2d

合法的整型常量:－297,0625,0XFF,－0x53,0x1F2d

非法的整型常量:029,O11,0x35BH

2.3.2 整型变量

1. 整型变量的分类

根据占用内存字节数的不同,整型变量可分为基本整型、短整型、长整型和双长整型 4 类。

(1) 基本整型。类型标识符为 int,为了书写和表达方便,通常将基本整型说成整型。

(2) 短整型。类型标识符为 short int 或 short。

(3) 长整型。类型标识符为 long int 或 long。

(4) 双长整型。类型标识符为 long long int 或 long long,是 C99 标准新增的类型。

从字面上看,长整型所表示的数值范围应该比整型大,整型所表示的数值范围应该比短整型大。而实际上并不是这样的。具体规定为:长整型的位数不小于整型,整型的位数不小于短整型。也就是说长整型的位数可以大于或等于整型,整型的位数可以大于或等于短整型。

C 标准本身没有规定各种数据类型的长度,这由编译系统来决定。不同的编译系统,每种数据类型所占的字节数有所不同。例如,在 Visual C++ 或 Dev C++ 中,short 型占 16 位,int 型占 32 位,long 型也占 32 位。而在 Turbo C 中,short 型占 16 位,int 型也占 16 位,long 型占 32 位。

对于不同的整数类型,又分别可分为带符号和无符号类型,带符号类型使用 signed 修饰符指定,无符号类型使用 unsigned 修饰符指定。如果既没有指定为 signed,也没有指定为 unsigned,则默认为带符号。换句话说,除非使用 unsigned 特别指明为无符号类型,否则都表示带符号类型。

2. 整型数据在内存中的存放形式

带符号整数在内存中是以二进制补码的形式存放的。一个正整数的补码就是该数的二进制表示。求一个负数的补码的方法：将该负数绝对值的二进制表示按位取反，然后末位再加 1。存储单元中的最高位（最左端）是符号位，0 表示正数，1 表示负数。

在 Visual C++ 中，一个整数占 4 字节（32 位）；而在 Turbo C 中，一个整数则占 2 字节（16 位）。下面以一个整数占 4 字节为例，图 2.2 和图 2.3 分别显示了整数 12 和−12 在内存中的存放形式。

31																															0
0	0	0	0	0	0	0	0	0	0	0	0	0	0	0	0	0	0	0	0	0	0	0	0	0	0	0	0	1	1	0	0

图 2.2　12 在内存中的存放形式

图 2.3　−12 在内存中的补码表示

对于无符号整型，存储单元的最高位不再作为符号位，而是将所有二进制位都用来存储数值本身。因此无符号整型变量比对应的带符号整型变量可存放的正数范围能扩大一倍。

对于 32 位的 int 型变量，其最高位为符号位，取值范围是 $-2^{31} \sim 2^{31}-1$（−2 147 483 648～2 147 483 647），如图 2.4 所示。对于 32 位的 unsigned int 型变量，取值范围是 $0 \sim 2^{32}-1$，如图 2.5 所示。

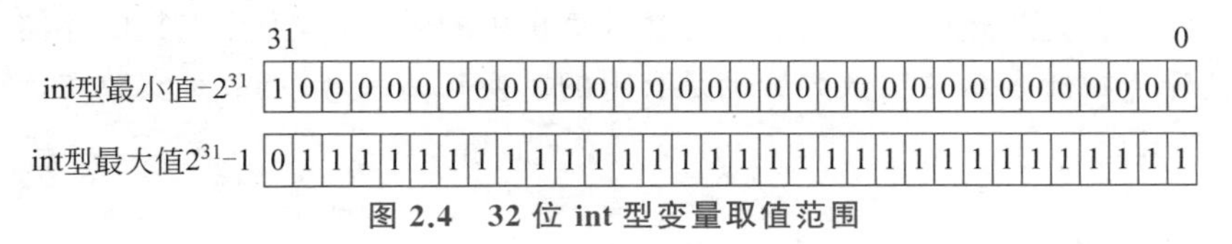

图 2.4　32 位 int 型变量取值范围

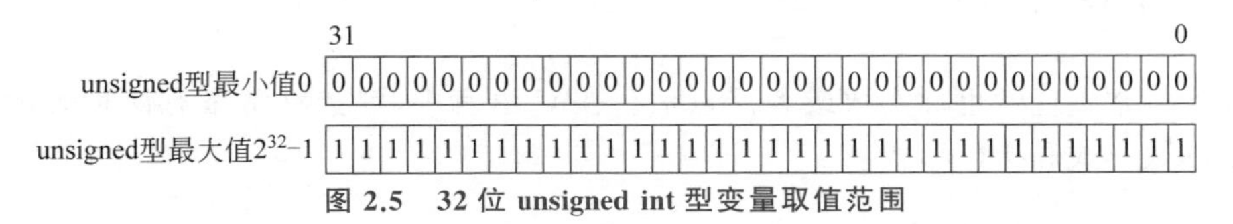

图 2.5　32 位 unsigned int 型变量取值范围

任何变量都必须先声明后使用，整型变量也不例外。以下列举了 4 种整型变量的声明：

```
int i, j;                    /* 定义 i、j 为整型变量 */
short a;                     /* 定义 a 为短整型变量 */
long m;                      /* 定义 m 为长整型变量 */
unsigned int year;           /* 定义 year 为无符号整型变量 */
```

在编写程序时，应该根据具体应用为变量选择合适的数据类型。对于整数问题，通常选择 int 型。如果所处理的虽是整型数据，但是超过了整型的表示范围，则可以考虑使用浮点型来存储。

2.3.3 整型常量的类型

整型变量分为 long、short、int、unsigned 等类型，那么整型常量的类型又如何确定呢？实际上，如果一个整型常量的取值在某个整型类型的取值范围内，就可以认为它属于这种类型。例如 500，既可以认为它是 int 型，也可以认为它是 short、long 或 unsigned int 等类型，因此可以将 500 赋给以上任意一种整型变量。

通过在整型常量后面加后缀字母，可以明确指明整型常量的类型。后缀可以是字母 l（或 L）、u（或 U）或者二者的组合。l（或 L）表示长整型，u（或 U）表示无符号整型，lu（或 lU、LU、ul、uL、UL 等）表示无符号长整型。为整型常量加后缀字母主要用在函数调用中，如果函数的形参为 long int 型，那么实参也最好为 long int 型，这样可以使程序更快地运行。

2.4 浮点型数据

在计算机领域，通常将实数称为浮点数，这是因为实数在计算机中一般采取指数形式存放。一个实数的指数形式有多种，如 12.34 可以表示为 12.34×10^{0}、1.234×10^{1}、123.4×10^{-1} 等，当小数点位置浮动时只要改变相应指数的值即可保证原数值不变。正是由于小数点位置可以浮动的特点，所以将实数在计算机中表示的指数形式称为浮点数。

严格来讲，实数和浮点数并不是完全等同的概念。实数是连续分布的，实数的个数是无限的；而浮点数是实数的某个离散子集在计算机中的表示，因为浮点数的存储空间是有限的，因此浮点数所表示的实数数量也是有限的。换句话说，浮点数是实数在计算机中的数字化近似表示。

2.4.1 浮点型常量的表示

浮点型常量通常也称实数或者浮点数。在 C 语言中，浮点型常量有两种表示形式：十进制小数形式和指数形式。

1. 十进制小数形式

由数字（0～9）和小数点组成。浮点数的整数部分或小数部分可以省略，但必须包含小数点。例如，12.34，－21.5620，0.15，0.0，2.0，.25，300.等均为合法的浮点数。

2. 指数形式

指数形式的书写格式：

```
< 尾数部分>e(或 E)<指数部分>
```

其表示的值为＜尾数部分＞$\times 10^{\text{<指数部分>}}$。

其中，尾数部分为十进制整数或实数，指数部分必须为整数，另外尾数部分和指数部分都可以带符号，且两部分都不可以省略。例如，2.3E5、.7E－2、0.5E7、－2.8E－2 均为合法的浮点数形式，而 E7(没有尾数部分)、－6E(没有指数部分)、2.－E3(负号位置不对)、6.7E3.2(指数部分不能为实数)均为不合法的浮点数。

一个浮点数的指数形式可以有多种书写方法，例如，25.678 可以写成 25.678e0、2.5678e1、2567.8e-2 等，其中有一种形式，即尾数部分只有一位非 0 整数的形式，称为规范化的指数形式，如 2.5678e1 为规范化的指数形式。

2.4.2 浮点型变量

浮点型变量分为单精度(float)、双精度(double)和长双精度(long double)3 种。它们的长度、精度及取值范围如表 2.1 所示。

表 2.1 浮点型变量分类

类　型	二进制位数	有效数字	取值范围
float	32	6～7	$-3.4\times10^{38}\sim3.4\times10^{38}$
double	64	15～16	$-1.7\times10^{308}\sim1.7\times10^{308}$
long double	128	18～19	$-1.2\times10^{4932}\sim1.2\times10^{4932}$

以下列举了 4 个浮点型变量的声明。

```
float x,y,z;          /* x,y,z 为单精度浮点型变量 */
double area;          /* area 为双精度浮点型变量 */
```

这里要特别说明的是，C 语言中的浮点型常量都被看作是 double 类型的。通过在浮点型常量后面加 f(或 F)后缀，可将其显式转换为 float 类型。例如，2.56 被认为是 double 类型，而 2.56f 则被认为是 float 类型。

2.4.3 浮点数在内存中的存放形式

浮点数在内存中是按照指数形式存储的，即分别存储尾数部分和指数部分。尾数部分和指数部分分别占多少位，是由各个 C 编译系统自己定的。通常浮点数的表示采用 IEEE 754 标准，IEEE 754 是由电气与电子工程师协会(Institute of Electrical and Electronics Engineers，IEEE)制定的有关浮点数的工业标准。IEEE 标准规定，float 类型占 4 字节(32 位)，其中，符号位(S)占 1 位，指数部分(E)占 8 位，尾数部分(M)占 23 位；double 类型占 8 字节(64 位)，其中，符号位(S)占 1 位，指数部分(E)占 11 位，尾数部分(M)占 52 位，如图 2.6 所示。

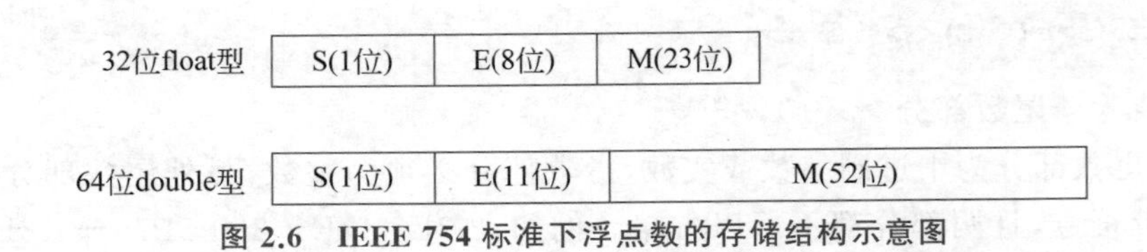

图 2.6　IEEE 754 标准下浮点数的存储结构示意图

2.5　字符数据

2.5.1　字符在内存中的存放形式

任何数据在内存中都以二进制编码的形式存放,字符数据也不例外。常用的字符编码方式是 ASCII 码。标准 ASCII 码采用 7 位二进制编码,总共可表示 128 种可能的字符。采用 ASCII 码表示的字符在内存中占用 1 字节。

每个字符的 ASCII 码可参考附录 A。存储一个字符,实际上存储的是该字符的 ASCII 码,如字符'a'的 ASCII 码为 97,转换为二进制数为 0110 0001,该二进制序列就是字符'a'在内存中的实际存储形式。

由于字符在内存中以 ASCII 码存储,因此可以像整数一样进行数值运算,其取值就是对应的 ASCII 码。通常将字符所能表示的整数范围称为**小整数**。在小整数范围内,整型数据和字符数据可以通用,具体表现如下。

(1) 字符数据可以以整型方式输出,小整数也可以以字符方式输出。

(2) 字符变量可以存放小整数,整型变量也可以存放字符。

(3) 字符数据和整型数据之间可以进行混合运算。

2.5.2　字符常量

字符常量是由单引号括起来的一个字符。例如'a'、'X'、'8'和'#'等都是字符常量。对于可显示字符,字符常量很容易表示,然而对于不可显示的字符该如何表示呢?在 C 语言中,将不可显示的字符用转义字符来表示。转义字符以反斜杠'\'开头,后面跟其他字符,反斜杠的作用就是给后面的字符赋予新的含义(即转义)。例如,'\n'就是一个转义字符,表示回车符。还有一些可显示字符,由于其在 C 语言中作为特殊的界定符使用,如单引号(')作为字符常量的界定符,因此要想表示这些字符,也要写成以反斜杠开头的转义字符的形式,如单引号字符表示为'\''。另外所有的字符都可以使用其 ASCII 码来表示,ASCII 码可以写成八进制形式或十六进制形式。八进制形式的字符以'\'开头,后跟 1~3 位八进制数;十六进制形式的字符以'\x'开头,后跟 1 或 2 位十六进制数。例如,'\141'和'\x61'都表示 ASCII 码为 97 的字符'a'。表 2.2 列出了常见的转义字符。

表 2.2 常见的转义字符及含义

分 类	字符形式	含 义	ASCII 码(十进制)
控制字符	\n	换行,将光标移到下一行开头	10
	\t	水平制表,将光标移到下一个制表位	9
	\a	响铃	7
	\b	退格,将光标移到前一列	8
	\f	换页,将光标移到下页开头	12
	\r	回车,将光标移到本行开头	13
	\v	垂直制表,将光标下移一行	11
可显示字符	\\	反斜杠字符	92
	\'	单引号字符	39
	\"	双引号字符	34

在 C 语言中,一个字符常量可以像整数一样参与运算。字符常量的取值就是该字符的 ASCII 码。例如:

```
'b'-1
```

表示字符 b 的 ASCII 码减 1,其结果为 97。又如:

```
'M'-'A'+'a'
```

在 ASCII 码表中,'A'~'Z'以及'a'~'z'的 ASCII 码是连续的,因此,上面的表达式将'M'和'A'的 ASCII 码的差值加到'a'上,结果正好是'm'的 ASCII 码,即 109。该表达式体现了将大写字母转换为其相应的小写字母的一种通用的方法。将小写字母转换为大写字母的方法类似,可仿照实现。为了编程方便,读者不妨记住相应大小写字母 ASCII 码的差为 32,这样将大写字母转换为小写字母时直接将 ASCII 码加 32,将小写字母转换为大写字母时直接将 ASCII 码减 32 就可以了。例如,'M'+32 就是'm'的 ASCII 码,'m'-32 就是'M'的 ASCII 码。

2.5.3 字符变量

字符变量用来存放单个字符,占 1 字节,其类型标识符为 char。例如:

```
char ch1='a',ch2;
ch2='b';
```

表示声明了两个字符变量 ch1 和 ch2。ch1 在声明时被初始化为'a',ch2 被赋值为'b'。由于字符数据和整数可以在一定数值范围内通用,因此也可以使用字符的 ASCII 码为字符变量赋值,以上两行也可以写成如下形式:

```
char ch1=97,ch2;
ch2=98;
```

2.5.4 字符串常量

字符串常量是指由双引号括起来的字符序列。字符串中可以包含转义字符，如"hello"、"a"和"a * b3\n"都是合法的字符串常量。

字符串中的字符序列依次存储在内存中一块连续的区域内，并且在字符串的末尾会自动附加空字符'\0'作为字符串的结束标志。因此包含 n 个字符的字符串在内存中应占 n+1 字节。"hello"和"a"在内存中的存放形式如图 2.7 所示。

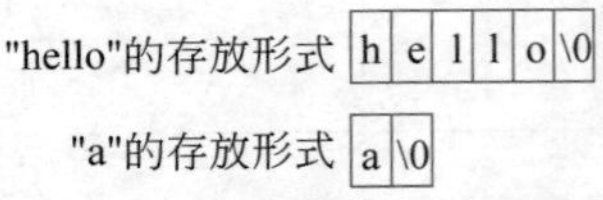

"hello"的存放形式 | h | e | l | l | o | \0 |

"a"的存放形式 | a | \0 |

图 2.7 字符串的存放形式

在 C 语言中，没有字符串变量。如果希望使用变量来存储字符串，需要使用字符数组来实现。有关字符数组的使用将在第 7 章介绍。

2.6 数据的输入输出

这里提到的输入输出都是以计算机为主体的。从计算机向输出设备（显示器、打印机等）输出数据，称为输出。从输入设备（键盘、鼠标等）向计算机输入数据称为输入。C 语言本身不提供输入输出（32 个关键字不包含用于输入输出的关键字），在 C 语言函数库中提供了一些标准输入输出函数，包括如下内容。

（1）字符输入输出——getchar 和 putchar 函数。

（2）格式化输入输出——scanf 和 printf 函数。

（3）字符串输入输出——gets 和 puts 函数。

这里所说的"标准"指的是：输入是从标准输入设备（即键盘）输入，输出是向标准输出设备（即显示器）输出。这些标准输入输出函数是系统提供的库函数，在系统文件 stdio.h 中声明，因此程序中要想使用这些函数，必须在程序开头使用文件包含命令 #include <stdio.h>。如果程序中包含输入函数，当程序执行到输入函数处将停下来等待用户输入，用户完成输入后，程序将继续执行后续语句。本节主要介绍前两组标准输入输出函数，有关字符串输入输出函数将在 7.3.4 节介绍。

2.6.1 字符数据的输入输出

getchar 和 putchar 函数是 C 语言函数库中的标准字符输入输出函数。这两个函数只能针对单个字符进行输入输出，对于其他类型数据的输入输出则需要使用格式化输入输出函数。

1. putchar 函数

putchar 函数是字符输出函数，其功能是在显示器上输出单个字符。调用形式为

```
putchar(字符常量或字符变量);
```

例如：

```
putchar('A');          /* 输出大写字母 A */
putchar(ch);           /* 输出字符变量 ch 的值 */
putchar('\101');       /* 输出字母 A,'\101'为八进制表示的 ASCII 码 */
putchar('\n');         /* 输出回车符,执行控制功能,不在屏幕上显示任何字符 */
```

例 2.3 输出单个字符。

程序如下：

```
#include <stdio.h>
int main( )
{
    char ch1='B',ch2='o',ch3='k';
    putchar(ch1);putchar(ch2);putchar(ch2);putchar(ch3);
    putchar('\t');
    putchar(ch1+32);putchar(ch2); putchar(ch2);putchar(ch3);
    putchar('\n');
    putchar(ch2-32);putchar(ch3-32);
    putchar('\n');
    return 0;
}
```

程序运行结果：

```
Book    book
OK
```

2. getchar 函数

getchar 函数是字符输入函数，其功能是从键盘输入一个字符，并把输入的字符作为函数值。调用形式为

```
char ch;
ch=getchar( );
```

getchar 后的圆括号内没有参数，但圆括号不能省略。其返回值就是输入的字符。通常把输入的字符赋给一个字符变量。

例 2.4 输入单个字符。

程序如下：

```
#include <stdio.h>
int main( )
{
    char ch;
```

```
    ch=getchar( );
    putchar(ch);
    return 0;
}
```

程序运行结果：

其中，第1行的a为输入内容，第2行的a为输出内容。即当用户输入a后，将输入字符a赋给了字符变量ch，然后通过putchar函数将变量ch的值(即字符a)输出。

使用getchar函数应注意以下3个问题。

(1) getchar函数只能接收单个字符，输入数字也按字符处理。输入多于一个字符时，只接收第一个字符。

(2) 程序中"ch=getchar();putchar(ch);"两条语句可用下面两行的任意一行代替：

```
putchar(getchar( ));
printf("%c",getchar( ));
```

(3) 空格和控制字符(如回车符)都作为有效字符输入。

例 2.5 空格和控制字符的输入。

程序如下：

```
#include <stdio.h>
int main( )
{
    char ch1,ch2,ch3,ch4,ch5;
    ch1=getchar( );
    ch2=getchar( );
    ch3=getchar( );
    ch4=getchar( );
    ch5=getchar( );
    putchar(ch1);putchar(ch2);putchar(ch3);putchar(ch4);putchar(ch5);
    return 0;
}
```

程序运行结果：

其中，前两行为用户输入内容，后两行为程序输出内容。

例2.5中共有5个输入语句，希望输入5个字符分别赋值给ch1、ch2、ch3、ch4和ch5。程序运行时，总共输入了10个字符：a、空格、b、回车符、c、空格、d、空格、e、回车符。由于空格和控制字符都将作为有效字符输入，因此取输入的前5个字符分别给变量ch1、ch2、ch3、ch4和ch5。如果希望将字符'a'、'b'、'c'、'd'和'e'分别输入给变量ch1、ch2、ch3、ch4和ch5，则输入格式应为

```
abcde 并回车
```

即字符之间没有空格，且不能分行输入。

2.6.2　格式化输入输出

printf 和 scanf 函数

前面介绍的 getchar 和 putchar 函数只能输入输出单个字符，而要实现其他类型数据的输入输出，则需要使用格式化输入输出函数。

1. printf 函数

printf 函数是格式化输出函数，其功能是向显示器输出若干任意类型的数据。printf 函数的一般格式：

```
printf(格式控制字符串,输出列表);
```

格式控制字符串是用双引号括起来的字符串，其中包含的信息可分为 3 类。

（1）格式说明：由%和格式控制字符组成。不同类型的数据输出时使用的格式控制字符不同，如整型为%d，字符型为%c 等。

（2）转义字符：以反斜杠开头的字符，如\n、\t、\"等。

（3）普通字符：除去格式说明和转义字符以外的字符，普通字符按原样输出。

输出列表是一些需要输出的数据，可以是常量、变量或表达式。输出列表中列出的数据个数、类型及顺序与格式控制字符串中以%开头的格式说明应一一对应，格式说明用来控制其对应数据的输出格式。例如：

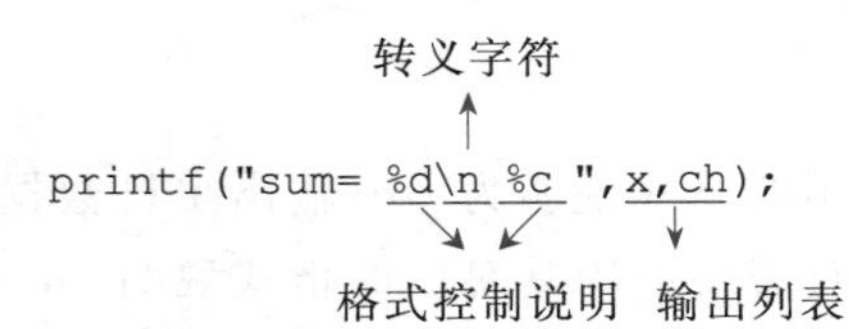

要写出输出语句的输出结果，一般先找出格式控制字符串中以%开头的格式说明，并与输出列表中的数据相对应，以上语句中包含两个格式说明：%d 和%c，%d 表示在该位置以十进制整型方式输出变量 x 的值，%c 表示在该位置以字符方式输出变量 ch 的值。然后特别注意一下格式控制字符串中是否有转义字符，如果有，则实现其相应的控制功能。除此以外的其他字符都被看作普通字符，原样输出。

如果 x=100，ch='A'，则上面输出语句的输出结果为

```
sum=100
A
```

使用 printf 函数时，可以没有输出列表，此时其格式控制字符串中通常也不包含任何以%开头的格式字符，其功能就是原样输出字符串中的内容。例如：

```
printf("hello world!\n");
```

该语句将输出

```
hello world!
```

需要特别注意的是，由于%是 printf 函数的格式说明符，若输出的字符串中本身包含字符%，那么在格式控制字符串中需要写成两个连续的%。例如：

```
printf("80%%");
```

该语句的输出结果为

```
80%
```

例 2.6 格式化输出。

程序如下：

```
#include <stdio.h>
int main( )
{
    int a,b;
    a=3;  b=4;
    printf("输出结果：");
    printf("%d  %d\n",a,b);
    printf("a=%d, b=%d\n",a,b);
    printf("a+b=%d\n",a+b);
    return 0;
}
```

程序运行结果：

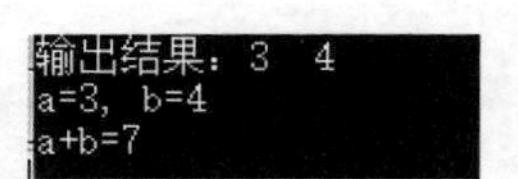

从例 2.6 可以看出，以十进制输出整型数据采用的格式说明为%d，输出字符数据采用的格式说明为%c。不同数据类型的数据在输出时需要使用其对应的格式说明，表 2.3 列出了常见的格式说明与数据类型之间的对应关系。

表 2.3 常见格式说明与数据类型之间的对应关系

数据类型	输出形式	格式说明	输出举例	输出结果
整型	以十进制形式输出	%d	int a=10; printf("%d,%d",a,20);	10,20
	以八进制形式输出	%o	int a=62; printf("%o",a);	76
	以十六进制形式输出	%x(或%X)	int a=62; printf("%x\n%X",a,a);	3e 3E
	输出无符号整数	%u	int a= -1; printf("%u",a);	4294967295
浮点型	以十进制小数形式输出，默认输出 6 位小数	%f	float a= 12.34; printf("%f",a);	12.340000

续表

数据类型	输出形式	格式说明	输出举例	输出结果
浮点型	以指数形式输出，默认以规格化的指数形式输出，小数部分占 6 位，指数部分占 3 位	%e(或%E)	float a= 12.34; printf("%e\n%E",a,a);	1.234000e+001 1.234000E+001
字符型		%c	char ch='I'; printf("%c%c",ch,'d');	Id
字符串		%s	printf("%s","Hello");	Hello

下面重点介绍%d、%f 和%c 格式说明。

(1) %d 格式。

%d 格式用来输出十进制整数。输出数据所占宽度与数据的实际宽度一致。例如：

```
printf("%d%d",100,20);
```

输出结果：

```
10020
```

以上输出结果看起来是整数 10020，而不是两个整数 100 和 20。当输出多个整数时，为了使输出结果更加清晰，可以通过在%d 之间增加其他分隔符(如空格、逗号、制表符、回车符等)来控制输出格式。

%md 是输出整数时又一种比较常见的格式，其中 m 为整型常数，用来指定输出数据的宽度。当数据本身的实际宽度小于 m 时，数据左端补空格；若数据宽度大于或等于 m，则按实际位数输出。如果希望当数据本身的实际宽度小于 m 时，数据右端补空格，则可以采用%-md 的方式输出。%后面的 m(控制输出宽度的整数)以及符号-对于其他格式说明也适用。表 2.4 列出了一些格式化输出语句及其相应的输出结果。

表 2.4　整型数据的格式化输出举例

格式化输出语句	输出结果
printf("%d %d",100,20);	100␣20
printf("%d,%d",100,20);	100,20
printf("%d\n%d",100,20);	100 20
printf("%4d%4d",100,20);	␣100␣␣20
printf("%2d%2d",100,20);	10020
printf("%-4d%-4d",100,20);	100␣20␣␣

注：␣ 表示空格。

%ld 用于长整型数据的输出，需要注意的是%后面的字符是字母 L 的小写形式，而不是数字 1。由于一些常用 C 编译器(如 Visual C++、Dev C++)中的 int 型和 long 型所占字节数相同，因此很少使用 long 型数据，故%ld 用得也比较少。

(2) %f 格式。

%f 格式用来输出十进制浮点数(float 型和 double 型均可)，整数部分按实际位数输出，小数部分默认输出 6 位。由于 float 型数据的有效位数是 6～7 位，double 型数据的有效位数是 15～16 位，因此超出有效位数的输出是没有意义的。

例 2.7 浮点型数据的输出。

程序如下：

```
#include <stdio.h>
int main( )
{
    float x, y;
    x =111111.111; y =222222.222;
    printf("%f", x+y);
    return 0;
}
```

程序运行结果：

```
333333.312500
```

例 2.7 的输出结果只有前 7 位数字是准确的，由此可见，进行浮点数运算时误差是不可避免的。

%.nf 是输出浮点数时一种常用形式，其中 n 为整型常数，用来指定小数部分的输出位数。

%m.nf 形式用来指定数据的宽度共为 m 列，其中有 n 位小数。需要特别注意的是，m 用来指定输出浮点数的整体宽度，而不单指整数部分的宽度。若数据宽度小于 m，则左侧补空格；若数据宽度大于或等于 m，则按实际位数输出。

%-m.nf 与%m.nf 类似，只是当数据宽度小于 m 时，应在右侧补空格。

例 2.8 浮点型数据的格式化输出。

程序如下：

```
#include <stdio.h>
int main( )
{
    float f=12.6789;
    printf("%f,%10f,%10.2f,%.2f,%-10.2f",f,f,f,f,f);
    return 0;
}
```

程序运行结果：

```
12.678900, 12.678900,      12.68,12.68,12.68
```

(3) %c 格式。

%c 用来输出一个字符。如果一个整数其值为 0～255，也可以用字符形式输出，在输出前，将该整数转换为对应的 ASCII 字符。反之，一个字符数据也可以用整数形式输出，输出的值为其 ASCII 码。

例 2.9 输出字符。

程序如下：

```
#include <stdio.h>
int main()
{
    char ch='A';
    int a=65;
    printf("%c,%d\n",ch,ch);
    printf("%c,%d\n",a,a);
    return 0;
}
```

程序运行结果：

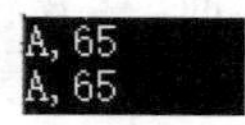

2. scanf 函数

scanf 函数是格式化输入函数，其功能是按用户指定的格式从键盘把数据输入指定的变量中。程序执行到输入语句时，会停下来等待用户输入数据，然后再继续执行。scanf 函数的一般格式为

```
scanf(格式控制字符串,地址列表);
```

格式控制字符串是用双引号括起来的字符串，用来控制数据的输入格式，其中包含的信息和 printf 函数类似，可分为如下 3 类。

(1) 格式说明：由%和格式控制字符组成。不同类型的数据输入时使用的格式控制字符不同，不同数据类型所对应的格式控制字符和 printf 函数基本一致，如**整型为%d，字符型为%c** 等。需要特别说明的是，使用 printf 函数输出 float 型或 double 型数据时可采用同样的格式控制字符%f，而使用 scanf 函数输入 float 型或 double 型数据时，采用的格式控制字符是不一样的，**float 型使用%f，double 型使用%lf**。

(2) 空白字符：空格、回车符和制表符统称为空白字符。格式控制字符串中出现的空白字符，在输入时可以使用任意一种空白字符来代替。

(3) 普通字符：除去格式说明和空白字符以外的字符，普通字符需要按原样输入。

地址列表由若干地址组成，多个地址之间用逗号隔开，可以是变量的地址或字符串的首地址。要想表示某个变量的地址，需要在变量名前加上地址运算符 &，如 &a 表示变量 a 的地址。这一点和 printf 函数是不一样的，作为初学者需要特别注意。例如：

```
scanf("%d",&a);
```

假定 a 是已经定义好的整型变量，该语句表示从键盘输入一个整数给变量 a。

我们已经知道，当使用 printf 函数输出多个数据时，多个格式说明之间应增加一些分隔符，从而使输出结果更加清晰。如输出整型变量 a 和 b 的值时，假设 a 的值为 10，b 的

值为 20,可以写成：

```
printf("%d %d",a,b);     /* 格式说明之间用空格分隔,输出结果也以空格分隔 */
```

输出结果：

```
10 20
```

如果写成：

```
printf("%d%d",a,b);     /* 格式说明之间没有分隔符,输出结果也没有分隔符 */
```

输出结果：

```
1020
```

从上面的例子可以看出,当使用 printf 函数输出多个数据时,格式说明之间必须有分隔符,否则会造成输出结果混乱。而对于 scanf 语句,当需要输入多个数据时,格式说明之间是不需要有分隔符的,因为系统默认可以使用空白字符(空格、回车符和制表符)来分隔输入的数据。例如：

```
scanf("%d%d",&a,&b);
```

假定 a、b 是已经定义好的整型变量,现在希望从键盘输入 10 给 a,20 给 b,则输入形式可以选择以下 3 种中的任意一种。

(1) 10 20 并回车

(2) 10 并回车
    20 并回车

(3) 10(按 Tab 键)20 并回车

需要特别注意的是,当使用 scanf 函数输入多个数据时,如果格式说明之间采用连写形式(即中间没有其他分隔符,提倡采用这种格式),那么输入时只能选择空白字符(空格、回车符和制表符)来分隔,而不能使用其他字符(如逗号)分隔。对于上面的输入语句,如果采用的是下面的输入格式,则是错误的。

```
10,20 并回车
```

反过来讲,当使用 scanf 函数输入多个数据时,如果格式说明之间使用了其他字符(如逗号)分隔,那么在输入多个数据时必须使用相应的分隔符来分隔数据,而不能使用空白字符。例如：

```
scanf("%d,%d",&a,&b);
```

假定 a、b 是已经定义好的整型变量,现在希望从键盘输入 10 给 a,20 给 b,则输入形式只能是

```
10,20 并回车                (使用逗号分隔多个数据)
```

另外,如果 scanf 函数的格式控制字符串中还包含其他普通字符,则必须原样输入。例如：

```
scanf("a=%d,b=%d",&a,&b);
```

对应的输入形式只能是

```
a=10,b=20 并回车(除了具体数值,a=和 b=这些字符也必须输入,不提倡如此输入)
```

对于数据的输入形式,很显然是越简单越好。因此当需要输入多个数据时,采用格式说明连写形式是最好的选择。当程序执行到输入语句时会停下来等待用户输入,此时输入界面上什么都没有,对于那些不太了解该程序的用户则无法知道需要输入数据的数量和类型。为了增加程序的交互性,最好在输入语句之前配上一条 printf 语句,用来显示输入提示。例如:

```
printf("Please input 2 integers: \n");
scanf("%d%d", &a, &b);
```

以上语句在执行时的界面显示为

```
Please input 2 integers:
```

然后用户输入:

```
10  20并回车
```

关于 scanf 函数,在使用时要特别注意以下问题。

(1) scanf 函数中的格式控制字符串后面应是变量地址,而不应是变量名。例如,如果 a、b 为整型变量,则

```
scanf("%d%d",a,b);
```

是不对的,应为

```
scanf("%d%d",&a,&b);
```

(2) scanf 函数的格式控制字符串中除了格式说明以外,还可以包含其他非空白字符,但在输入时必须输入这些字符。例如:

```
scanf("%d,%d",&a,&b);
```

输入时应输入:3,4 并回车,3 与 4 之间的逗号必须输入。

(3) 在用%c 格式输入字符时,空格字符和转义字符都作为有效字符输入。例如:

```
scanf("%c%c",&c1,&c2);
```

如果输入 a b,那么字符'a'赋给 c1,空格字符' '赋给 c2。

(4) 输入数据时,可以指定其宽度。例如:

```
scanf("%2d%2d",&a,&b);
```

如果输入 1234,那么系统会自动截取 12 赋给变量 a,34 赋给变量 b。

(5) 输入浮点型数据时,不能限定其精度。例如:

```
scanf("%8.2f",&a);
```

是不合法的。

例 2.10　格式化输入。

(1)

```
#include <stdio.h>
int main( )
{
    int a,b;
    printf("Please input integers a  b:\n");
    scanf("%d%d",&a,&b);
    printf("a=%d,b=%d\n",a,b);
    return 0;
}
```

程序运行结果：

```
Please input integers a  b:
3 5
a=3,b=5
```

其中，第 2 行为输入数据，3 和 5 之间使用空格分隔。这里 scanf 语句中的格式控制字符串为"%d%d"形式，因此输入数据除了使用空格分隔以外，还可以使用 Enter 键或 Tab 键分隔。

(2)

```
#include <stdio.h>
int main( )
{
    int a,b;
    printf("Please input a,b:\n");
    scanf("%d,%d",&a,&b);
    printf("a=%d,b=%d\n",a,b);
    return 0;
}
```

程序运行结果：

```
Please input a,b:
3,5
a=3,b=5
```

其中，第 2 行为输入数据，3 和 5 之间使用逗号分隔。这里 scanf 语句中的格式控制字符串为"%d,%d"形式，因此输入数据之间只能使用逗号分隔，不能使用空格、回车符键或制表符进行分隔。

(3)

```
#include <stdio.h>
int main( )
{
    int a,b;
    printf("Please input a=,b=:\n");
    scanf("a=%d,b=%d",&a,&b);
    printf("a=%d,b=%d\n",a,b);
```

```
    return 0;
}
```

程序运行结果：

```
Please input a= ,b= :
a=3,b=5
a=3,b=5
```

其中，第2行为输入数据。这里 scanf 语句中的格式控制字符串为"a=%d,b=%d"形式，因此需要输入"a=3,b=5"才能正常实现数据输入。通常情况下，程序设计时不建议对输入格式做太多限制，只要求用户输入必要的数据即可，因此这种输入方式一般不推荐使用。

本章介绍了C语言程序中基本数据的表达方法，其中实际应用最多的当属 int、float、char 和 double 这4种基本类型的数据，所以应该把这4种基本数据类型的变量定义及初始化、数据输入输出掌握好，为进一步学习打好基础。

习　题　2

一、简答题

1. 列出C语言中常见的数据类型以及对应的类型标识符。
2. 要保存'm'和"m"，需占用的内存字节数各是多少？

二、选择题

1. 以下选项中合法的用户标识符是________。

   A. _3D　　B. short　　C. 5Num　　D. file.dat

2. 以下合法的数值常量是________。

   A. 018　　B. 1e1　　C. 8.0E0.5　　D. 0xabh

3. 以下不合法的字符常量是________。

   A. '\xcc'　　B. '\"'　　C. 'm'　　D. "a"

三、程序分析题

1. 以下程序的输出结果是________。

```
#include <stdio.h>
#define  PRICE  100
int main( )
{
    int number,total;
    printf("Please input number: ");
    scanf("%d",&number);
    total=PRICE * number;
```

```
    printf("total=%d\n",total);
    return 0;
}
```

以上程序在运行时输入 20 并回车。

2. 以下程序的输出结果是________。

```
#include <stdio.h>
int main( )
{
    char c1,c2,c3;
    printf("Please input number: ");
    scanf("%c%c",&c1,&c2);
    c3=getchar( );
    putchar(c1);
    putchar('\n');
    printf("%c\n%c\n",c2,c3);
    return 0;
}
```

以上程序在运行时输入如下数据：

```
a
b  c
```

四、编程题

1. 编写程序，在屏幕上输出问候语，格式如下：

```
====================
How are you!
====================
```

注意：上述输出中，第 1 行和第 3 行分别用 20 个等号，中间一行各单词间保留一个空格，最后的感叹号为英文符号。

2. 编写程序实现在屏幕上输出一行如下的信息：

```
Hello,World!你好！
```

注意：逗号后面有空格，第一个感叹号是英文符号，“你好”后的感叹号是中文符号。

第3章　顺序结构程序设计

案例导入——计算圆面积问题

【问题描述】 输入一个圆的半径，计算并输出该圆的面积。

【解题分析】 假设圆半径用变量 r 表示，圆面积用变量 s 表示，圆周率近似取为 $\pi=3.14$，我们就可以利用圆面积的公式 $s=\pi r^2$ 来计算给定半径的圆的面积。

上面的过程如果用 C 语言来编程，应该如何实现呢？可以先定义计算过程中用到的变量，然后调用输入语句由用户输入半径的值，再通过适当的语句计算对应的圆面积，最后输出计算结果。

像这种按照顺序的方式依次执行特定语句的程序设计方式称为顺序结构程序设计。具体来说，本题的 C 语言程序可以编写如下：

```
#include <stdio.h>
int main( )
{
    float r;
    float s;
    scanf("%f ",&r);
    s=3.14 * r * r;
    printf("r = %.2f, s = %.2f\n",r,s);
    return 0;
}
```

程序运行时，通过键盘输入 2 后回车，则输出结果如下：

```
2
r = 2.00,  s = 12.56
```

顺序结构程序设计的编程思想比较简单，相对容易理解。不过在编写 C 语言程序的过程中往往涉及变量输入输出的格式、表达式计算等细节问题，需要多加注意。

顺序结构导学

导学与自测

扫二维码观看本章的预习视频——顺序结构导学，并完成以下课前自测题目。

【自测题 1】 数学表达式$\frac{ab}{2(a+b)}$在 C 语言程序中的正确表达为(　　)。

A. ab/2(a+b)　　B. a * b/2 * a+b

C. a * b/2 * (a+b)　　D. a * b/(2 * (a+b))

【自测题 2】 把数学表达式 $s=\frac{\sqrt{3}}{4}a^2$ 写成符合 C 语言规则的语句,正确的是(　　)。

A. s=3^(1/2)/4a^2　　B. s=sqrt(3)/4 * a^2

C. s=sqrt(3)/4 * a * a　　D. s=sqrt(3)/(4 * a**2)

程序里要对数据进行各种操作,其中进行各种运算操作是最基本的操作之一。在 C 语言程序中,使用表达式,即通常所说的计算式子,描述各种运算。表达式是由参与运算的数据和表示运算的符号,按照一定的规则组成的式子。描述运算的符号称为运算符,由一个或两个特定符号表示一种运算。

C 语言具有丰富的运算符,可分为多种类型。

(1) 算术运算符(+,-,*,/,%)。

(2) 关系运算符(>,<,==,>=,<=,!=)。

(3) 逻辑运算符(!,&&,||)。

(4) 位运算符(<<,>>,~,|,∧,&)。

(5) 赋值运算符(=,+=,-=,*=,/=,%=,等)。

(6) 条件运算符(? 和:)。

(7) 逗号运算符(,)。

(8) 指针运算符(* 和 &)。

(9) 取类型长度运算符(sizeof)。

(10) 强制类型转换运算符((数据类型))。

(11) 分量运算符(.和->)。

(12) 下标运算符([])。

(13) 其他(如函数调用运算符())。

C 语言的运算符按照参与运算的数据个数,分为单目运算符(一个运算数)、双目运算符(两个运算数据)和三目运算符(三个运算数据);按照运算的先后次序,分为 15 个优先等级(见附录 B);另外还规定了运算符的结合性,即在相同优先级的运算符相邻时,是先计算左边的还是先计算右边的,先计算左边的是左结合,先计算右边的是右结合。双目运算符都是左结合的,单目和三目运算符都是右结合的。

本章主要讨论算术运算、赋值运算、自增自减运算以及位运算的运算符,以及由它们构成的表达式,同时介绍各种运算符的优先级和结合性,最后讲解顺序结构程序设计方法。

3.1 算术运算和算术表达式

算术运算是最常用的运算，在大多数程序里都要进行。表 3.1 列出了 C 语言提供的算术运算符。

表 3.1 算术运算符

C 语言中的操作	算术运算符	C 语言中的操作	算术运算符
加法运算	+	除法运算	/
减法运算	-	取模运算(求余数)	%
乘法运算	*		

需要注意的是，C 语言中使用的特殊符号，星号(*)表示乘号，斜杠(/)表示除号，百分号(%)表示求整数相除的余数。另外，加号(+)除了可以表示两个数相加外，还表示正号，例如，+5。类似地，减号(-)除了可以表示两个数相减外，还表示负号，例如，-12。

3.1.1 整数算术运算

如果参与运算的操作数都是整数，例如：

```
3+5,5-7,4*3,6/4,7%4
```

C 语言规定，运算的结果一定是整数。也就是说，3+5 的结果是 8，5-7 的结果是 -2，4*3 的结果是 12，6/4 的结果是 1，7%4 的结果是 3。特别需要注意的是，整数除法运算和求余数运算与数学中的规定有所不同。

再如：

```
3/5,结果为 0。
3%5,结果为 3(商 0 余 3)。
```

特别注意：

(1) 运算符%只能用于整数运算。

(2) **a%b** 的值为 **0**，则 **a** 能被 **b** 整除。

(3) **a%b** 的值为 **0～b-1**。

(4) **a%b** 结果的符号与 **a** 相同。

这些性质在以后的程序中会经常用到。

思考：在 C 语言中，1+1/2+1/3+1/4+1/5 的运算结果是多少？

3.1.2 实数算术运算

如果参与运算的操作数都是实数，例如：

```
3.4+5.7,5.1-7.3,4.7*3.2,6.5/4.6
```

C语言规定,运算的结果一定是实数。也就是说,3.4+5.7的结果是9.1,5.1−7.3的结果是−2.2,4.7*3.2的结果是15.04,6.5/4.6的结果是1.41。特别需要注意的是,实数不能使用运算符%。

思考:在C语言中,1.0+1.0/2.0的运算结果是多少?

3.1.3 混合算术运算

如果参与运算的操作数一个是整数,另一个是实数,例如:

```
3+5.7,5.1-7,4.7*3,6/4.6
```

C语言规定,运算的结果一定是实数。也就是说,3+5.7的结果是8.7,5.1−7的结果是−1.9,4.7*3的结果是14.1,6/4.6的结果是1.3。这种情况也不能使用运算符%。

思考:在C语言中,1+1.0/2的运算结果是多少?

3.1.4 算术表达式

算术表达式是由参与算术运算的操作数(可以是常量、变量、函数等)、算术运算符和圆括号组成的符合C语言语法规则的式子,形式和数学中的算术表达式类似,但C语言中的算术表达式必须写成一行的形式,例如,数学中的$\frac{3}{5}$,在C语言中必须写成3/5的形式。

再如,数学表达式$\frac{x_1+x_2+x_3+x_4}{5}$的C语言表达式是(x1+x2+x3+x4)/5。

数学表达式b^2-4ac的C语言表达式是b*b−4*a*c。

数学表达式$\frac{a+b}{c-d}$的C语言表达式是(a+b)/(c−d)。

数学表达式πr^2的C语言表达式是3.1415926*r*r(π是常数,不可以写成符号π)。

数学表达式$\frac{a}{x}+by$的C语言表达式是a/x+b*y。

3.1.5 算术表达式的计算规则

算术表达式按照运算符的优先规则是从左到右计算的,C语言算术运算符的优先规则和数学中的规定是一样的,即

```
高: *  /  %
低: +  -
```

例如,算术表达式8−13/5+4*8−7+6%3,先从左到右计算13/5、4*8、6%3,得到

8－2＋32－7＋0，再从左到右计算，得到 31。

和数学中一样，算术表达式中可以有括号，但无论多少层，都只使用圆括号。圆括号中的表达式优先级别是最高的，要先计算括号中的表达式。

例如，((8－13)/5＋4) * 8－(7＋6％3)，先计算(8－13)和(7＋6％3)，其中(7＋6％3)先计算 6％3，再计算 7＋0，结果是 7；再计算(－5/5＋4)，再计算 3 * 8，再计算 24－7，结果是 17(见图 3.1)。

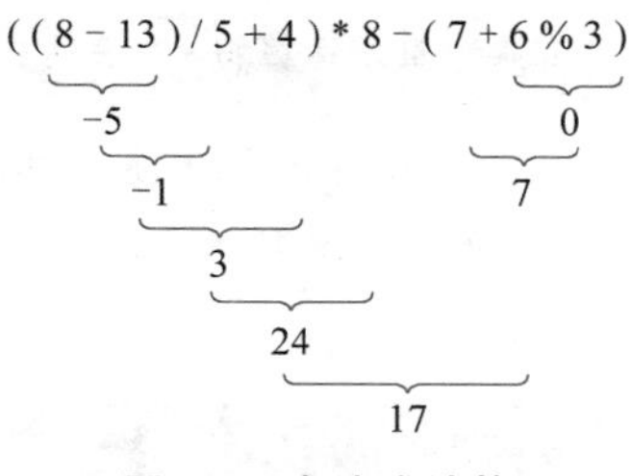

图 3.1　表达式计算过程示意图

3.2　赋值运算和赋值表达式

3.2.1　赋值运算符

1. 基本赋值运算

C 语言的赋值运算符是＝，一般表达形式如下：

```
变量=表达式
```

其中，表达式可以是常量、变量、函数等。赋值运算是优先级很低的运算，赋值运算过程：先计算赋值运算符右边的表达式的值，然后将计算结果赋给赋值运算符左边的变量。

这里一定要注意，＝左边一定要是一个变量，否则有语法错误。赋值运算是改变变量取值的一个重要手段。例如：

```
a=3                //将 3 赋值给 a
b=sum/30           //将 sum 的值除以 30 再赋值给 b
```

2. 赋值运算的类型转换问题

经常会遇到赋值运算符两侧的数据类型不一致的情况，在执行赋值运算时就要进行类型转换。转换时，以赋值运算符左侧的变量的类型为准进行。例如，有以下定义：

```
int  a;
float  x;
```

执行 a＝45.78 时，a 的取值是 45。

执行 x＝623 时，x 的取值是 623.000000。

3. 复合赋值运算符

C 语言允许将形式为

```
变量=变量  算术运算符  表达式
```

的表达式简洁地写成

注意：在算术运算符与赋值运算符之间不允许有任何空格。共有 5 种算术复合赋值运算符，如表 3.2 所示。

表 3.2 算术复合赋值运算符

C 语言中的操作	算术复合赋值运算符	C 语言中的操作	算术复合赋值运算符
加赋值运算	+=	除赋值运算	/=
减赋值运算	-=	取余赋值运算	%=
乘赋值运算	*=		

例如：

a+=1 等同于 a=a+1(将 a 的当前值加上 1 后，再赋值给 a)。

x-=y+1 等同于 x=x-(y+1)。

a*=b 等同于 a=a*b。

x/=n+1 等同于 x=x/(n+1)。

x%=10 等同于 x=x%10。

C 语言还提供了 5 种位逻辑复合赋值运算符：<<=，>>=，&=，^=，|=。

3.2.2 赋值表达式

由赋值运算符将一个变量和一个表达式连接起来的式子称为赋值表达式。

例如，x=5+6*a 是一个赋值表达式。如果 a 的值是 10，则 C 语言规定，表达式 5+6*a 的值为 65，变量 x 赋值后的值为 65，表达式 x=5+6*a 的值也为 65。

赋值运算符右侧的表达式可以是任意合法的表达式，当然也可以是一个赋值表达式。例如，x=(y=15)，赋值运算符右侧圆括号内的 y=15 就是一个赋值表达式，它的值等于 15。执行表达式 x=(y=15)，相当于执行 y=15 得到 15 后，再执行为 x 赋值的操作，结果 x 也取值 15。

赋值运算符是右结合性的运算符，即按照自右而左的结合顺序，因此，x=(y=15)与 x=y=15 等价。

赋值表达式也可以包含复合的赋值运算符。例如，a+=a*=a，假设 a 的初值为 10，按照自右而左的结合顺序，先进行 a*=a 的运算，它相当于 a=a*a，a*a 的值为 10*10，等于 100，赋值给赋值运算符左侧的 a，a 的新值成为 100，也就是表达式 a*=a 的值是 100；再进行 a+=100 的运算，相当于 a=a+(100)，a 的最终值为 100+100=200。

作为表达式的一种，赋值表达式还可以出现在其他语句(如输出语句、循环语句等)中。例如，语句“printf("%d",x=y);”，如果 y 的值为 23，先完成表达式 x=y 的运算，x 的值为 23，再输出表达式 x=y 的值，其值为 23。这样在一个语句中可以完成赋值和输出两种操作功能。

3.3 自增自减运算

在程序设计中经常会用到给变量加 1 或减 1 的运算,C 语言为此专门提供了两个运算符:自增运算符(++)和自减运算符(--),如表 3.3 所示。

表 3.3 自增自减运算符用法表

C 语言中的操作	运 算 符	用 法	含 义
自增运算	++	++n	先将 n 的值加 1,后使用 n 的值
	++	n++	先使用 n 的值,后将 n 的值加 1
自减运算	--	--n	先将 n 的值减 1,后使用 n 的值
	--	n--	先使用 n 的值,后将 n 的值减 1

自增自减运算符只对单个变量进行操作,称为单目运算符。常用于循环语句中使循环控制变量自动加 1 或减 1,也用于指针变量,使指针指向上一个或下一个地址。

对于++n 和 n++,单独使用时,意义相同,执行运算后,都是使变量 n 的值加 1。如果用在赋值语句中,意义有所不同。例如,假设有变量定义"int n,x,y;",并对变量 n 赋初值"n=4;",执行语句"x=++n;"与执行语句"y=n++;",变量 x 和 y 的值是不同的。

执行"x=++n;"是先将 n 的值加 1,再将 n 的值赋值给 x,因此 x 的值为 5。

执行"y=n++;"是先将 n 的值赋值给 y,再将 n 的值加 1,因此 y 的值为 4。

例 3.1 自增运算符的前置后置对比。

程序如下:

```
#include <stdio.h>
int main( )
{
    int  n,x,y;
    n=4;
    x=++n;
    printf("n=%d\tx=%d\n",n,x);
    n=4;
    y=n++;
    printf("n=%d\ty=%d\n",n,y);
    return  0;
}
```

程序运行结果:

```
n=5     x=5
n=5     y=4
```

类似地,对于--n 和 n--,单独使用时,意义也相同,都是使变量 n 在原值的基础上减 1。但如果用在赋值语句中,意义就有所不同。

例 3.2　自减运算符的前置与后置对比。

程序如下：

```
#include <stdio.h>
int main( )
{
    int  n,x,y;
    n=4;
    x=--n;
    printf("n=%d\tx=%d\n",n,x);
    n=4;
    y=n--;
    printf("n=%d\ty=%d\n",n,y);
    return  0;
}
```

程序运行结果：

```
n=3     x=3
n=3     y=4
```

如果自增/自减运算符分别采用前置或后置方式用于 printf 函数的输出项，输出结果也是不一样的。例如，“printf("n=%d\n",n++);”和“printf("n=%d\n",++n);”。前者输出 n 原来的值，然后 n 增 1；后者先执行 n 增 1，然后输出增 1 之后的新 n 值。

例 3.3　自增自减运算用在输出语句中。

程序如下：

```
#include <stdio.h>
int main( )
{
    int  n;
    n=4;
    printf("%d\t",n);
    printf("%d\t",++n);
    printf("%d\n\n",n);
    n=4;
    printf("%d\t",n);
    printf("%d\t",n++);
    printf("%d\n\n",n);
    n=4;
    printf("%d\t",n);
    printf("%d\t",--n);
    printf("%d\n\n",n);
    n=4;
    printf("%d\t",n);
    printf("%d\t",n--);
    printf("%d\n\n",n);
    return 0;
}
```

程序运行结果：

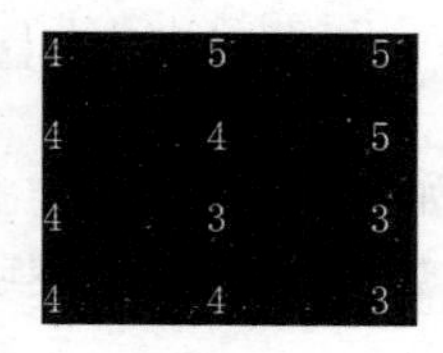

运算符的优先级与结合性

3.4 优先级和类型转换

如果一个表达式中有多个运算符，那么运算的先后顺序就显得很重要。在C语言中，优先级顺序由符合标准数学用法的一系列排列规则决定，称为优先级法则。如果一个表达式中参与运算的数据类型不同，在运算前就需要进行类型转换，在C语言中有自动类型转换和强制类型转换两种方法。

3.4.1 优先级

3.1节已经介绍了，在由多个算术运算符构成的算术表达式中，运算符的优先级别由高到低是：圆括号(())；双目算术运算符乘、除、取余(＊,/,%)；双目算术运算符加、减(＋,－)。这些运算符的结合性是由左向右。

如果加入单目算术运算符＋＋,－－,＋(正号),－(负号)，则算术运算符的优先级别由高到低变为：圆括号(())；单目算术运算符(＋＋,－－,＋,－)；双目算术运算符乘、除、取余(＊,/,%)；双目算术运算符加、减(＋,－)。其中，单目算术运算符的结合性是由右向左。

赋值运算符的优先级别低于所有算术运算符，结合性是由右向左。

上述规则用表格总结如表3.4所示。

表3.4 前面已学的运算符的优先级和结合性

运 算 符	优先级别	结 合 性	类 型
()	高	由左向右	圆括号
＋＋,－－,＋,－	↑	由右向左	单目算术运算符
＊,/,%	│	由左向右	双目算术运算符乘、除、取余
＋,－	│	由左向右	双目算术运算符加、减
＝,＋＝,－＝,＊＝,/＝,%＝	低	由右向左	赋值运算符

3.4.2 类型转换

1. 自动类型转换

在3.1节和3.2节中都提到，不同类型数据参与运算时，C语言采用自动类型转换的方式处理，转换处理隐含在计算过程中，将一种类型的数据转换为另一种兼容的类型。

例如，表达式 2＋4.5 的计算，将整型数据 2 转换为 double 型数 2.0，再与 4.5 进行加法运算，这个转换是 C 语言编译系统自动完成的，无须程序员关心。

在有赋值运算符参与的表达式中，也可以进行自动转换。例如，如果有变量定义：double x，则赋值运算 x＝45 的结果是变量 x 取值为 45.0，整型数据 45 自动转换为 double 型数据。

注意：这时如果将一个 double 型数据赋值给一个整型变量，会出现截尾情况，例如，如果有变量定义：int a，执行赋值运算 a＝123.756 的结果是变量 a 取值 123，小数部分被截去。

C 语言自动类型转换规则如图 3.2 所示，当不同数据进行混合运算时，基本原则就是表达数据范围小的类型会自动转换为表达数据范围大的类型进行运算。

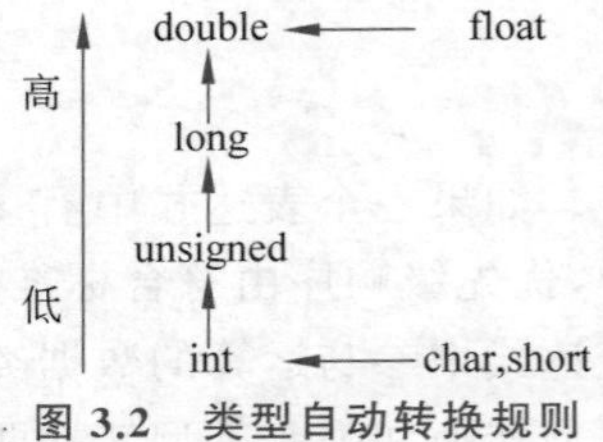

图 3.2　类型自动转换规则

2. 强制类型转换

C 语言也允许根据需要按与自动类型转换不同的方式进行强制类型转换。

例 3.4　自动转换效果示例。

程序如下：

```
#include <stdio.h>
int main( )
{
    int  x,y;
    float  ave;
    x=12 ;y=25 ;
    ave=(x+y)/2;
    printf("ave=%f\n",ave);
    return  0;
}
```

程序运行结果：

```
ave=18.000000
```

其中，表达式(x＋y)/2，由于变量 x、y 都为整数，因此要依据整数除法的规则进行，按照 C 语言的运算规则，表达式的值为整数 18，赋值给 float 型变量 ave，结果为 18.0，所以在输出时得到了 ave＝18.000000 的结果(Visual C++ 默认 6 位小数)。

例 3.5　使用强制类型转换示例。

程序如下：

```
#include <stdio.h>
int main( )
{
    int  x,y;
    float  ave;
    x=12 ;y=25 ;
```

```
    ave=(float)(x+y)/ 2;
    printf("ave=%f\n",ave);
    return  0;
}
```

程序运行结果：

```
ave=18.500000
```

其中，表达式(float)(x＋y)/2 中，将整型表达式(x＋y)强制转换为 float 类型，再按照自动转换规则进行实数除法的运算，表达式的值为 18.5。为了得到 18.5 的实型结果，程序中也可不对 x＋y 进行强制转换，而将整数 2 写成 2.0，读者可自行尝试。

例如，在以下程序中：

```
#include <stdio.h>
int main( )
{
    double  sum;
    sum=1+1/2+1/3+1/4+1/5;
    printf("sum=%f\n",sum);
    return  0;
}
```

由于所有的分数计算 1/2、1/3 中分子小于分母，分数结果为 0(整数除法结果)，若 sum 计算改为如下的形式：

```
sum=1+1/(double)2+1/(double)3+1/(double)4+1/(double)5;
```

虽然可以得到结果：sum＝2.283333，但书写稍显烦琐，为此可将计算 sum 的语句写为

```
sum=1+1.0/2+1.0/3+1.0/4+1.0/5;
```

此外，对于 x/y 这样的分数表达式，如果 x 和 y 都是整型变量，要想得到实型的商，可以使用下列表达之一：

```
1.0*x/y             x/1.0/y
```

强制类型转换的一般形式为

```
(类型名)表达式
```

其中，类型名表示 C 语言的标准数据类型，表达式可以是常量、变量或表达式。

例如：

```
(double)ave          ave 按照 double 类型参与运算
(int)(x+y)           将 x+y 的值转换成整型参与运算
(float)(7%3)         将 7%3 的值转换成 float 型参与运算
```

需要注意的是，知道了 C 语言的自动运算规则，可以灵活采用简洁的形式达到所需的要求，并不一定要使用强制类型转换。强制类型转换并不是真的把被转换的对象变成了强制的类型，而是让被强制的对象在这次运算时按照强制的类型参与运算。例如，(double)ave，如果 ave 原来是整型，经过(double)ave 后，ave 还是整型，不会因为曾被强

制按 double 型参与运算而改变 ave 本身的类型。

位运算符

3.5 位运算符

位运算是指按二进制位进行的运算。在系统软件中，常常需要处理二进制位的问题。C 语言提供了 6 个位运算符。位运算符的操作对象只能是整型或字符型数据，不能是浮点型数据，即只能用于带符号或无符号的 char、int、short、long 与 long long 类型。

C 语言提供的位运算符如表 3.5 所示。

表 3.5 位运算符

<table>
<tr><th>运算符</th><th>含义</th><th>描述</th></tr>
<tr><td>&</td><td>按位与</td><td>如果两个相应的二进制位都为 1，则该位的结果值为 1，否则为 0</td></tr>
<tr><td>|</td><td>按位或</td><td>两个相应的二进制位中只要有一个为 1，该位的结果值为 1</td></tr>
<tr><td>^</td><td>按位异或</td><td>若参加运算的两个二进制位值相同则为 0，否则为 1</td></tr>
<tr><td>~</td><td>按位取反</td><td>用来对一个二进制数按位取反，即将 0 变 1，将 1 变 0</td></tr>
<tr><td><<</td><td>按位左移</td><td>用来将一个数的各二进制位左移 N 位，右补 0</td></tr>
<tr><td>>></td><td>按位右移</td><td>将一个数的各二进制位右移 N 位，移到右端的低位被舍弃，对于无符号数，高位补 0</td></tr>
</table>

3.5.1 按位与运算符

按位与运算是指参加运算的两个数据按二进制位进行与运算。如果两个相应的二进制位都为 1，则该位的结果值为 1，否则为 0。这里的 1 可以理解为逻辑中的 true，0 可以理解为逻辑中的 false。按位与其实与后面要讲的逻辑运算符 && 的运算规则一致。逻辑运算符 &&，只有参与运算的运算数都不为 0（这里的 0 是指十进制数据，而不是二进制位，也就是说参与 && 运算的数据整体的值，而不是某一个二进制位的值），结果才为 1，只要有一个为 0，结果为 0。

若 A=true，B=true，则 A&&B=true。

例如，3&5，3 的二进制编码是$(11)_2$（为了区分十进制和其他进制，本教材中，凡是非十进制的数据均给数据加上圆括号，圆括号后下标注明其进制，二进制则下标为 2）。内存储器存储数据的基本单位是字节(B)，一字节由 8 个二进制位(b)组成。位是用以描述数据量的最小单位。在二进制系统中，每个 0 或 1 就是一个二进制位。将$(11)_2$补足成一字节，则是$(00000011)_2$。5 的二进制编码是$(101)_2$，将其补足成一字节，结果则是$(00000101)_2$。

按位与运算：

$$
\begin{array}{r}
(00000011)_2 \\
\&\ (00000101)_2 \\
\hline
(00000001)_2
\end{array}
$$

由此可知，3&5=1。

用C语言程序验证：

```
#include <stdio.h>
int main( )
{
    int a=3;
    int b =5;
    printf("%d\n",a&b);
    return  0;
}
```

程序运行结果：

```
1
```

按位与有以下用途。

(1) 清零。若想对一个存储单元清零，即使其全部二进制位为0，只要找一个二进制数，其中各位符合以下条件：原来的数中为1的位，新数中相应位为0。然后使二者进行按位与运算，即可达到清零的目的。

例如，原数为43，即$(00101011)_2$；另找一个数，设它为148，即$(10010100)_2$；将两者按位与运算：

$$
\begin{array}{r}
(00101011)_2 \\
\&\ (10010100)_2 \\
\hline
(00000000)_2
\end{array}
$$

C语言源代码：

```
#include <stdio.h>
int main()
{
    int a=43;
    int b =148;
    printf("%d\n",a&b);
    return 0;
}
```

程序运行结果：

```
0
```

(2) 取一个数中某些指定位。若有一个整数a(2字节)，想要取其中的低字节，只需要将a与8个1按位与即可。

$$\begin{array}{r} (0010110010101100)_2 \leftarrow a \\ \underline{\&(0000000011111111)_2} \leftarrow b \\ (0000000010101100)_2 \leftarrow c \end{array}$$

(3) 保留指定位。与一个数进行按位与运算,此数在指定位取1。

例如,有一个数84,即$(01010100)_2$,想把其中从左边算起的第3、4、5、7、8位保留下来,运算如下:

$$\begin{array}{r} (01010100)_2 \leftarrow a \\ \underline{\&(00111011)_2} \leftarrow b \\ (00010000)_2 \leftarrow c \end{array}$$

即a=84,b=59,c=a&b=16。

C语言源代码:

```
#include <stdio.h>
int main()
{
    int a=84;
    int b =59;
    printf("%d\n",a&b);
    return 0;
}
```

程序运行结果:

```
16
```

3.5.2 按位或运算符

按位或运算是指两个相应的二进制位中只要有一个为1,该位的结果值为1。借用逻辑学中或运算的规则来说就是一真为真。

例如,$(60)_8|(17)_8$,将八进制数60与八进制数17进行按位或运算。

$$\begin{array}{r} (00110000)_2 \leftarrow a \\ \underline{|\,(00001111)_2} \leftarrow b \\ (00111111)_2 \leftarrow c \end{array}$$

C语言源代码:

```
#include <stdio.h>
int main()
{
    int a=060;
    int b =017;
    printf("%d",a|b);
    return 0;
}
```

程序运行结果：

```
63
```

按位或运算常用来对一个数据的某些位定值为1。例如，如果想使一个数a的低4位改为1，则只需要将a与$(17)_8$进行按位或运算即可。

3.5.3 按位异或运算符

按位异或的运算规则是：若参加运算的两个二进制位值相同则为0，否则为1。即0^0=0，0^1=1，1^0=1，1^1=0。例如：

$$\begin{array}{r} (00111001)_2 \leftarrow a \\ \hat{}\ (00101010)_2 \leftarrow b \\ \hline (00010011)_2 \leftarrow c \end{array}$$

C语言源代码：

```
#include <stdio.h>
int main( )
{
    int a=071;
    int b =052;
    printf("%d\n",a^b);
    return 0;
}
```

程序运行结果：

```
19
```

按位异或运算有以下3个用途。

(1) 使特定位翻转。设有数$(01111010)_2$，想使其低4位翻转，即1变0，0变1，可以将其与$(00001111)_2$进行异或运算，即

$$\begin{array}{r} (01111010)_2 \\ \hat{}\ (00001111)_2 \\ \hline (01110101)_2 \end{array}$$

运算结果的低4位正好是原数低4位的翻转。可见，要使哪几位翻转，就将与其进行按位异或运算的这几位置为1即可。

(2) 与0相异或，保留原值。例如：

$$12\hat{}0=12$$

$$\begin{array}{r} (00001010)_2 \\ \hat{}\ (00000000)_2 \\ \hline (00001010)_2 \end{array}$$

因为原数中的1与0进行异或运算得1，0^0得0，故保留原数。

(3) 交换两个值,不用临时变量。例如,a=3,即$(11)_2$;b=4,即$(100)_2$。想将 a 和 b 的值互换,可以用以下赋值语句实现:

```
a=a^b;
b=b^a;
a=a^b;
```

具体计算过程如下:

a=$(011)_2$

b=$(100)_2$

a=$(111)_2$(a=a^b 的结果,a 已变成 7)

b=$(011)_2$(b=b^a 的结果,b 已变成 3)

a=$(100)_2$(a=a^b 的结果,a 已变成 4)

上述过程等效于以下两步。

① 执行前两个赋值语句:"a=a^b;"和"b=b^a;",相当于"b=b^(a^b);"。

② 再执行第三个赋值语句:a=a^b。由于 a 的值等于(a^b),b 的值等于(b^a^b),因此,相当于 a=a^b^b^a^b,即 a 的值等于 a^a^b^b^b,等于 b。

C 语言源代码:

```
#include <stdio.h>
int main( )
{
    int a=3;
    int b =4;
    a=a^b;
    b=b^a;
    a=a^b;
    printf("a=%d b=%d\n",a,b);
    return 0;
}
```

程序运行结果:

```
a=4 b=3
```

3.5.4 按位取反运算符

按位取反运算符(~)是单目运算符,用于求整数的二进制反码,即分别将操作数各二进制位上的 1 变为 0,0 变为 1。

例如,求~$(77)_8$的 C 语言源代码:

```
#include <stdio.h>
int main( )
{
    int a=077;
    printf("%d\n",~a);
```

```
    return 0;
}
```

程序运行结果：

```
-64
```

八进制数 077 对应的 8 位二进制数为$(00111111)_2$，按位取反得到$(11000000)_2$，由于整数在计算机中使用补码表示，通过将二进制补码$(11000000)_2$除符号位外各位取反再加 1 得到其对应真值为－64。

3.5.5 按位左移运算符

按位左移运算符(<<)是用来将一个数的各二进制位左移若干位，移动的位数由右操作数指定(右操作数必须是非负值)，其右边空出的位用 0 填补，高位左移溢出的则舍弃。

例如，将 a 的二进制数左移 2 位，右边空出的位补 0，左边溢出的位舍弃。若 a=15，即$(00001111)_2$，左移 2 位得$(00111100)_2$。

C 语言源代码：

```
#include <stdio.h>
int  main( )
{
    int a=15;
    printf("%d\n",a<<2);
    return 0;
}
```

程序运行结果：

```
60
```

左移 1 位相当于该数乘以 2，左移 2 位相当于该数乘以 $2^2=4$。15<<2=60，即 15 乘以 4。但此结论只适用于该数左移时被溢出舍弃的高位中不包含 1 的情况。

假设以 1 字节(8 位)存一个整数，若 a 为无符号整型变量，则 a=64 时，左移一位时溢出的是 0，而左移 2 位时，溢出的高位中包含 1。

3.5.6 按位右移运算符

按位右移运算符(>>)是用来将一个数的各二进制位右移若干位，移动的位数由右操作数指定(右操作数必须是非负值)，移出右端的低位被舍弃，对于无符号数，高位补 0。对于带符号数，某些机器将左边空出的部分用符号位填补(即算术移位)，而另一些机器则将左边空出的部分用 0 填补(即逻辑移位)。注意：对无符号数，右移时左边高位移入 0。对于带符号数，如果符号位原来为 0(该数为正)，则左边也是移入 0；如果符号位原来为

1(即负数),则左边移入 0 还是 1 要取决于所用的计算机系统。有的系统移入 0,有的系统移入 1。移入 0 的称为逻辑移位,即简单移位;移入 1 的称为算术移位。

例如,a 的值是八进制数$(113755)_8$,即$(1001011111101101)_2$。

```
a>>1 (0100101111110110)₂   (逻辑右移时)
a>>1 (1100101111110110)₂   (算术右移时)
```

在有些系统中,a>>1 得八进制数 045766,而在另一些系统上可能得到的是八进制数 145766。Visual C++ 和其他一些 C 语言编译系统采用的是算术右移,即对有符号数右移时,如果符号位原来为 1,左边移入高位的是 1。

C 语言源代码:

```
#include <stdio.h>
int main( )
{
  short int a=0113755;
  printf("%ho\n",short(a>>1));
  printf("%hd\n",short(a>>1));
  return 0;
}
```

程序运行结果:

```
145766
-13322
```

这里 a 被定义为短整型变量,所占存储空间的长度为 16 位,初值为八进制数 113755,即二进制数 1001011111101101,最高位(即符号位)为 1。由于这里右移运算采取的是算术右移策略,因此左侧空出来的最高位使用原符号位的值填充,即最高位补 1。因此,右移一位后的二进制结果为 1100101111110110,对应的八进制值为 145766,对应的十进制值为−13322。

3.5.7 位逻辑复合赋值运算符

位运算符与赋值运算符可以组成位逻辑复合赋值运算符,如 &=,|=,>>=,<<=,^=等。

例如:

```
a &=b 相当于 a =a & b
a <<=2 相当于 a =a <<2
```

3.6 使用数学库函数

C 语言程序是由一个一个的函数组成的,有一些函数是用户编写的自定义函数(第 6 章详细介绍),还有一些是预先定义的标准 C 函数。程序中经常用到的一些操作(例如,输入输出等)都被事先编写成相应的函数,保存在C的函数库中,可以供用户使用时直接调用。

预定义的含义就是该函数已编写好并已编译。在连接时,与用户写的程序连接在一起形成可执行的程序。

在ANSI C中,所有的函数在使用之前都必须被声明。根据标准C函数不同的类别,将其声明信息放在不同的头文件中,例如,printf()和scanf()等输入输出函数的声明信息放在头文件stdio.h中,需要时使用预编译处理命令#include <stdio.h>进行声明。

标准C函数中还有一类是数学函数,用来完成一些常用的数学计算。这些数学函数的声明信息放在头文件math.h中。需要时使用预编译处理命令#include <math.h>进行声明,告诉编译器程序将会调用数学函数库,这个命令要放在程序的开始处。

函数通常是按如下顺序书写的:函数名、左圆括号、参数(或用逗号分隔的参数列表)、右圆括号。例如,计算x的平方根的函数sqrt的书写格式是sqrt(x),计算e^x的函数exp的书写格式是exp(x),计算x^y的函数pow的书写格式是pow(x,y),计算$|x|$的函数fabs的书写格式是fabs(x),计算弧度值x的三角函数的书写格式是sin(x)、cos(x)、tan(x),等等。

当需要处理的表达式中出现数学函数时,表达式要按照C语言的格式书写。例如:

$(x+2)e^{2x}$的C语言表达式是(x+2) * exp(2 * x)。

$\frac{-b+\sqrt{b^2-4ac}}{2a}$的C语言表达式是(-b+sqrt(b * b-4 * a * c))/(2 * a)。

$money(1+rate)^{year}$的C语言表达式是money * pow((1+rate),year)。

数学函数中没有提供余切函数,可以利用正弦函数和余弦函数进行计算,假设要计算的角度x是以角度为单位的,还需要将它转换为弧度。x的余切计算公式是

```
cos (x * 3.14/180) / sin (x * 3.14/180)
```

或者利用正切函数:

```
1/tan(x * 3.14/180)
```

3.7 C语句及顺序结构程序设计

顺序结构程序设计

结构化程序的基本结构之一是顺序结构。C语言程序由函数组成,而函数的功能靠语句实现。因此,需要先学习C语句的语法。

3.7.1 C语句概述

C语言的语句用来向计算机系统发出指令,完成特定操作。一个语句经编译后产生若干机器指令。

一个实际的C语言程序通常包含若干语句。

C语言的语句分成两类：简单语句和控制语句(包括复合语句)。简单语句执行一些基本的操作,控制语句控制程序中语句的执行流程。在默认情况下,C语言程序的执行流程是顺序的,即逐个执行按书写顺序排列的语句,除非遇到控制语句改变流程的执行顺序。

3.7.2 简单语句

简单语句由一个表达式以及紧跟其后的分号构成。虽然任何表达式都可以加分号构成语句,但只有赋值类表达式语句才有实际意义。

表达式语句格式如下：

```
表达式;
```

例如：

```
n++;
x1 =(-b+sqrt(b * b-4 * a * c))/(2 * a);
x2 =(-b-sqrt(b * b-4 * a * c))/(2 * a);
z =x+a%3 * (int)(x+y)%2/4;
w =(float)(a+b)/2+(int)x%(int)y;
p =money * pow((1 +rate), year);
```

函数调用语句格式如下：

```
函数调用;
```

例如：

```
printf("Hello!");
printf("sum=%f\n",sum);
scanf("%d%d",&a,&b);
putchar(ch1);
```

二者结合构成的赋值语句示例如下：

```
ch1=getchar( );
```

3.7.3 顺序结构程序设计举例

顺序结构是最简单、最常用的程序结构,这种结构的C语言程序完全按照语句书写的先后顺序执行,主要由表达式语句和标准库函数调用语句构成。例如,由赋值操作、输入输出操作构成的程序很多都是顺序结构。

通常编写程序解决实际问题的步骤如下。

(1) 分析实际问题。

(2) 写出算法。

(3) 根据算法写出相应的C语言程序。

下面举例说明顺序结构的程序设计过程。

例 3.6　编写程序，实现两个变量值的交换功能。例如，假设两个变量是 a 和 b，a 的初值是 10，b 的初值是 25，经过程序的处理，结果使得 a 的值为 25，b 的值为 10。要求分别输出交换前后的变量值。

问题分析：交换两个变量的值是一种非常有用的运算，以后在很多问题的解决中都会用到。由于一个变量在任意时刻只能保存一个数据，要想实现两个变量值的交换，需要借助于第三变量(假设为 t)，先把 a 的值暂存在 t 中，然后将 b 的值存入 a 中，最后将 t 的值(a 原来的值)存入 b 中。

源程序如下：

```
#include <stdio.h>
int main( )
{
    int  a,b,t;
    printf("请输入 a,b 的初值: \n ");
    scanf("%d%d", &a, &b);
    printf("交换之前 a,b 的值: \n");
    printf("a=%d\tb=%d\n",a,b);
    t=a;
    a=b;
    b=t;
    printf("交换之后 a,b 的值: \n");
    printf("a=%d\tb=%d\n",a,b);
    return  0;
}
```

程序运行结果：

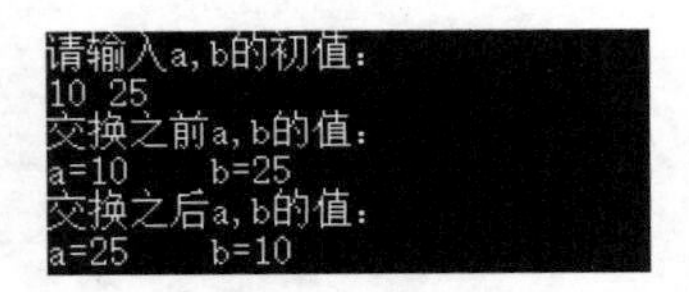

例 3.7　编写程序，实现从键盘输入三角形的 3 个边长，求三角形面积的功能。

问题分析：假设保证输入的三角形 3 个边长能构成三角形。用变量 a、b、c 分别表示 3 个边长，根据已有的数学知识，有以下面积公式：

$$\text{area}=\sqrt{s(s-a)(s-b)(s-c)},\ s=\frac{1}{2}(a+b+c)$$

这里要用到平方根函数 sqrt(x)，因此要将数学库函数头文件包含在程序中。源程序如下：

```
#include <stdio.h>
#include <math.h>
int main( )
{
    double  a,b,c,s,area;
    printf("请输入三角形的 3 个边长: \n ");
    scanf("%lf%lf%lf", &a, &b, &c);       //double 型变量输入用%lf 格式
    printf("输入的三角形 3 个边长: ");
```

```
    printf("a=%.2f    b=%.2f    c=%.2f\n", a, b, c);
    s=(a+b+c)/2;
    area=sqrt(s*(s-a)*(s-b)*(s-c));
    printf("三角形的面积: ");
    printf("area=%.2f\n", area);
    return  0;
}
```

程序运行结果：

```
请输入三角形的 3 个边长:
3 4 5
输入的三角形 3 个边长: a=3.00    b=4.00    c=5.00
三角形的面积: area=6.00
```

例 3.8 编写程序，实现从键盘输入一个大写字母，输出对应的小写字母的功能。

问题分析：从键盘输入一个大写字母，经过程序的处理得到对应的小写字母，将这个小写字母输出到显示器上。

C 语言对字符数据是按照字符的 ASCII 码来存放的，同一字母的大小写形式的 ASCII 码相差十进制 32，因此转换算法可以采用大写字母 ASCII 码加上 32 得到对应小写字母 ASCII 码的方法，变量输入输出均采用字符格式。源程序如下：

```
#include <stdio.h>
int main( )
{
    char  ch1,ch2;
    printf("请输入一个大写字母: \n");
    ch1=getchar();
    printf("转换前: %c   %d\n",ch1,ch1);
    ch2=ch1+32;
    printf("转换后: %c   %d\n",ch2,ch2);
    return  0;
}
```

程序运行结果：

```
请输入一个大写字母:
D
转换前: D   68
转换后: d   100
```

例 3.9 编写程序，分行输出一个 3 位整数的每位数字，即分 3 行输出个位数字、十位数字和百位数字。

问题分析：一个 3 位整数，例如 123，要把每位数字求出来，可以利用 C 语言的整数除法和求余运算，123%10 值为 3，123/10 值为 12。源程序如下：

```
#include <stdio.h>
int main( )
{
    int  x,a,b,c;
    printf("请输入一个 3 位整数: \n");
```

```
    scanf("%d",&x);
    printf("您输入的 3 位整数是: %d\n",x);
    a=x/100;
    b=x%100/10;
    c=x%10;
    printf("分行输出每位数是: \n");
    printf("%d\n",c);
    printf("%d\n",b);
    printf("%d\n",a);
    return 0;
}
```

程序运行结果：

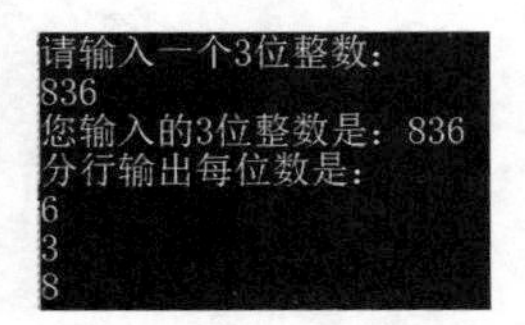
```
请输入一个3位整数:
836
您输入的3位整数是: 836
分行输出每位数是:
6
3
8
```

上述各个程序的结构都具有如下特征：

```
预处理命令
主函数首部
主函数体开始
    变量声明
    输入已知变量值
    计算或处理操作
    输出结果
主函数体结束
```

程序中语句是顺序执行的。

习　题　3

一、将下列数学表达式写成符合 C 语言规则的表达式

1. $\frac{4}{3}\pi R^3$

2. $|(a+b)(x-y)|$

3. $\dfrac{3}{12-\dfrac{1}{x+1}}$

4. $1-\dfrac{\sin 45^\circ + x e^{2x}}{z+x^y}$

5. $\dfrac{x+2y-\dfrac{z}{12}}{\sqrt{x+y}-z(\sin xy+\sin 5z)}$

二、程序分析题

1. 以下程序的输出结果是________。

```
#include <stdio.h>
```

```
int main( )
{
    char  ch ='b';
    printf("%c, %d\n", 'b', 'b');
    printf("%c, %d\n", 98, 98);
    printf("%c, %d\n", 97, 'b'-1);
    printf("%c, %d\n", ch -'a' +'A', ch -'a' +'A');
    return  0;
}
```

2. 以下程序的输出结果是________。

```
#include <stdio.h>
int main( )
{
    int  n;
    n=4;
    printf("%d\t",n);
    printf("%d\t",++n);
    printf("%d\n\n",n);
    printf("%d\t",n);
    printf("%d\t",n++);
    printf("%d\n\n",n);
    printf("%d\t",n);
    printf("%d\t",--n);
    printf("%d\n\n",n);
    printf("%d\t",n);
    printf("%d\t",n--);
    printf("%d\n\n",n);
    return  0;
}
```

3. 以下程序的输出结果是________。

```
#include <stdio.h>
int main( )
{
    int  a,b;
    float x,y,z,w;
    x=2.5; a=7; y=4.7 ;
    z=x+a%3 * (int)(x+y)%2/4;
    a=2;b=3;x=3.5;y=2.5;
    w=(float)(a+b)/2+(int)x%(int)y;
    printf("x+a%%3 * (int)(x+y)%%2/4=%f\n",z);
    printf("(float)(a+b)/2+(int)x%%(int)y =%f\n",w);
    return  0;
}
```

4. 以下程序的输出结果是________。

```
#include <stdio.h>
int main( )
{
```

```
    float  score1,score2,score3,total,ave;
    scanf("%f%f%f",&score1,&score2,&score3);
    total=score1+score2+score3;
    ave=(score1+score2+score3)/3;
    printf("total=%.2f,ave=%.2f\n",total,ave);
    return  0;
}
```

输入：67　87　95 并回车。

5. 以下程序的输出结果是________。

```
#include <stdio.h>
#include <math.h>
#define  PI  3.14
int main( )
{
    double  x,y,z;
    x=30;
    y=15 * sin(x * PI/180);
    z=15 * cos(x * PI/180);
    printf("y=%.2f,z=%.2f\n",y,z);
    return  0;
}
```

三、编程题

1. 编写程序，实现从键盘输入两个整数，输出它们的加、减、乘、除、取余 5 种算术运算结果的功能(结果均为整数)。假定除数不为 0。例如，输入的两个整数是 23 和 12，输出结果如下：

```
23+12=35
23-12=11
23 * 12=276
23/12=1
23%12=11
```

2. 编写程序，实现从键盘输入一个圆的半径，输出圆的半径、周长和面积的功能(结果保留两位小数)。

3. 编写程序，从键盘输入一个 3 位整数，依次输出这个 3 位整数的个位、十位和百位。

4. 编写程序，从键盘输入一个 6 位整数，输出该整数的后 3 位数值。例如，对于 6 位整数 342071，程序应该输出 71。

5. 编写程序，将从键盘输入的小写字母转换为大写字母输出。

6. 编写程序，将从键盘输入的整数秒数转换为对应的小时数、分钟数和秒数。例如，输入 5000，则输出为 1:23:20。

第4章 选择结构程序设计

案例导入——学生成绩计算与判定

【问题描述】 已知学生某门课程的考试成绩与平时成绩，要求计算该课程总成绩（总成绩＝平时成绩＊30％＋考试成绩＊70％），并对总成绩做出是否及格的判断，最后输出该学生的总成绩以及“及格/不及格”。

【解题分析】 程序设计主要由数据和算法两部分构成。学生平时成绩和考试成绩以及最后的总成绩，可以使用3个单精度浮点型变量(float)进行存储。针对该题目的算法分为两部分。

(1) 计算总成绩：声明变量，存储输入的考试成绩和平时成绩，然后按照公式求解总成绩。

(2) 判断并输出总成绩是否及格：将总成绩与60分进行比较，如果大于或等于60分则输出“及格”，否则输出“不及格”。

变量的声明、平时成绩与考试成绩的输入以及总成绩的求解，只需要使用之前学习的结构化程序设计中的第一种结构——顺序结构，按照执行先后顺序书写所有的语句即可。然而接下来总成绩的判定与输出所涉及的语句，并不能都按部就班地顺序执行，需要根据一定条件选择执行。输出“及格”与“不及格”这两条语句，哪条语句实际执行依赖于“总成绩大于或等于60分”这个条件是否成立，流程图如图4.1所示。

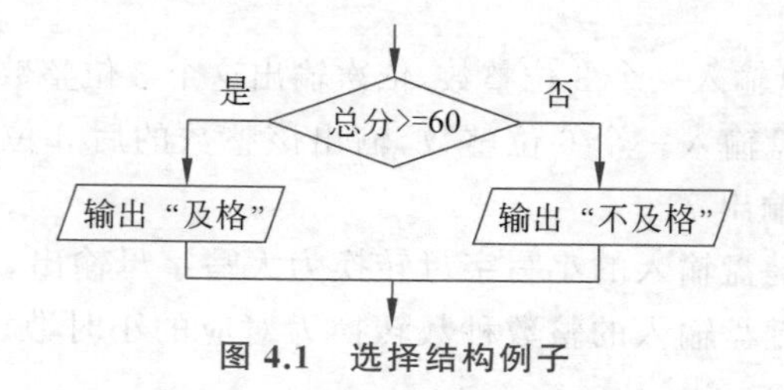

图4.1 选择结构例子

这种操作就需要用到本章将要介绍的结构化程序设计的第2种结构——选择结构来实现。选择结构是结构化程序设计的3种基本结构之一，是程序设计中常用的结构。前面介绍的顺序结构，程序中的所有语句按照书写顺序依次执行，而在日常生活中，处理事情的顺序并不都是按部就班地顺序进行，有时会根据某些条件进行选择，这种情况就需要用选择结构来实现。选择结构的作用是根据所给条件的真假决定程序的运行途径。

上述示例中，“总成绩大于或等于60”是控制条件，它的作用是决定程序的流程。如果总成绩大于或等于60分，则条件为真，执行输出“及格”这条语句；如果总成绩不大于或等于60分，则条件为假，执行输出“不及格”这条语句。输出“及格”与输出“不及格”这两条语句只能执行一条，这种情况可以使用双分支选择结构语句实现：

```
if(sum>=60)                    //判断总成绩是否大于或等于60
  printf("及格");              //输出"及格"
else
  printf("不及格");            //输出"不及格"
```

选择结构执行完毕，则继续执行后续语句。选择结构除了双分支结构以外，还有单分支结构和多分支结构。另外，选择结构中条件的表达也有多种不同的方法，本章接下来介绍C语言的关系运算符和逻辑运算符及其对应的表达式，以及实现选择结构程序设计的多种语句。

导学与自测

选择结构程序设计

扫二维码观看本章的预习视频——选择结构程序设计，并完成以下课前自测题目。

【自测题1】 以下程序语句输出结果是(　　)。

```
int a=3,b;
if(10>a>5)
  b=a;
else
  b=1;
printf("%d",b);
```

A. 3　　B. 0　　C. 不确定　　D. 1

【自测题2】 判断变量a与b的大小关系，以下选项中表达式不正确的是(　　)。

A. a>=b　　B. a=b　　C. a!=b　　D. a<b

4.1 关系运算和逻辑运算

在选择结构程序设计中，选择结构的流程是根据条件的真假来控制的，在条件表达中常用的3种表达方式如下。

(1) 比较两个量的大小关系：用关系运算符和关系表达式实现。

(2) 单个或两个表达式的逻辑关系：用逻辑运算符和逻辑表达式实现。

(3) 其他表达式，如单个变量和赋值表达式等。

在C语言中，没有逻辑类型，所以用整数0来表示假，非0表示真。也就是说，如果表达式计算得到的值是非0，认为表达式为真，程序执行表达式为真的条件下应该执行的语句；如果表达式计算得到的值是 0，则表达式为假，程序执行表达式为假的条件下应该执行的语句。

4.1.1 关系运算符和表达式

比较两个量大小关系的运算符称为关系运算符，在 C 语言中有以下关系运算符：

＜　　小于

＜＝　小于或等于（注意：小于号和等号之间没有空格）

＞　　大于

＞＝　大于或等于（注意：大于号和等号之间没有空格）

＝＝　等于（注意：两个等号连写，两个等号之间没有空格）

!＝　不等于（注意：叹号和等号之间没有空格）

关系运算符都是双目运算符，即都是两个量进行比较。其结合性均为左结合，优先级相同的几个关系运算符在一个表达式同时出现时，按从左向右的顺序运算。

关系运算符的优先级低于算术运算符，高于赋值运算符。在 6 个关系运算符中＜，＜＝，＞，＞＝的优先级相同，高于＝＝和!＝的优先级，＝＝和!＝的优先级相同。

用关系运算符连接起来的式子称为关系表达式。

关系表达式的一般形式：

```
表达式  关系运算符  表达式
```

例如：

```
a>b              比较两个变量的大小
5<4              比较两个常量的大小
a>=5             比较变量和常量的大小
a+b==c*d         比较表达式的值的大小
a>b>c            比较表达式的值的大小
a!=b<c           比较表达式的值的大小
```

以上都是合法的关系表达式。由于关系表达式也是表达式的一种，因此也允许出现关系表达式参与比较的情况，如(a＞b)＜＝c。

关系表达式的值是真和假，用 1 和 0 表示。如果分别设 a＝5，b＝4，c＝3，d＝7，则

a＞b：由于 5 大于 4，因此 a＞b 为真，表达式值为 1。

5＜4：由于 5 小于 4 不成立，因此表达式值为 0。

a＞＝5：表达式值为 1。

a＋b＝＝c＊d：由于算术运算符的优先级高于关系运算符，因此先计算 a＋b 的值为 9，c＊d 的值为 21，再判断运算符两边的值是否相等，表达式值为 0。

a＞b＞c：首先按从左到右的顺序先计算表达式 a＞b 的值，结果为 1，再计算 1＞c 的值，表达式值为 0。注意：此表达式经常被误当作是判断 b 的值是否在 a 与 c 之间，使用关系表达式连写的时候要特别小心。

a!＝b＜c：由于!＝的优先级低于＜的优先级，因此先计算 b＜c 的值为 0；再比较 a

和 0 的值是否满足不等关系，由于 5 不等于 0 满足条件，因此该表达式值为 1。

例 4.1 已知 num1，num2，num3，num4 均为整型变量，其值是 num1＝50，num2＝－13，num3＝31，num4＝82，求下列表达式的值。

例 4.1

```
num1<num2
num2!=num3
num2+num3<=num1
num4=num1+num3>num2
num4==num1>num2+num3
num1>num2>num3
```

解：根据关系运算的特性，各表达式的值如下。

num1＜num2 值为 0。

num2！＝num3 值为 1。

num2＋num3＜＝num1 值为 1。

num4＝num1＋num3＞num2 值为 1。

num4＝＝num1＞num2＋num3 值为 0。

num1＞num2＞num3 值为 0。

注意：表达式 num4＝num1＋num3＞num2 中 num4 后面跟一个等号，表示赋值运算。

4.1.2 逻辑运算符和表达式

关系运算符只能表达简单的条件，像表达数学关系式 $1\leqslant x\leqslant 9$，即 x 的值为 1～9，如果写成下面的 C 语言表达式，1＜＝x＜＝9，是不能表达上述含义的。要正确表达上述数学表达式，就要使用 C 语言的逻辑运算符。C 语言提供了 3 种逻辑运算符：

```
&&      与运算，表示并且
||      或运算，表示或
!       非运算，表示取反
```

与运算符(&&)和或运算符(||)均为双目运算符，具有左结合性；非运算符(!)为单目运算符，具有右结合性。它们的优先级从高到低依次是!、&&、||。

逻辑运算符和其他种类运算符的优先级关系：

!→算术运算符→关系运算符→&&→||→赋值运算符

用逻辑运算符连接起来的式子称为逻辑表达式。

逻辑表达式的一般形式：

```
表达式  逻辑运算符  表达式
```

a＞b&&c＞4、!b＝＝c||d＜a、a＋b＞c&&x＋y＜b 都是合法的逻辑表达式。

逻辑运算的结果也为真和假两种，仍然用整数 1 和 0 来表示，其求值规则如下。

(1) 与运算相当于日常生活中常用的并且，只有参与运算的两个量都为真时，结果才为真；只要两个量中有一个为假，结果就为假。例如，5＞0&&4＞2，由于 5＞0 为真，4＞2

也为真,相与的结果也为真。

(2) 或运算相当于日常生活中常用的或者,参与运算的两个量只要有一个为真,结果就为真;只有两个量都为假时,结果才为假。例如,5>0||5>8,由于5>0为真,不管5>8是真还是假,相或的结果均为真。

(3) 非运算的功能就是取反,当参与运算量为真时,结果为假;参与运算量为假时,结果为真。例如,!(5>0)的结果为假。

虽然逻辑运算结果以1代表真,0代表假。但如果需要判断一个量是真还是假时,则是以0代表假,以非0的数值代表真的。

例如,由于6和9均为非0,因此6&&9的值为真,即为1。

又如,5||0的值为真,即为1。

例 4.2 已知a=1,b=0,求逻辑表达式!a&&(5>3)||b的值。

因为a=1,所以a为真,那么!a就为假;由于!a为假,所以不再求解表达式5>3,此时表达式!a&&(5>3)的运算结果为假,其值为0;又知b=0,所以逻辑表达式!a&&(5>3)||b的运算结果为假,其值为0。

例 4.3 求逻辑表达式4&&5>3||2的值。

因为4非0,为真,所以继续求解表达式5>3;又因为5大于3,所以关系表达式5>3成立,运算结果为真,其值为1,因此4&&5>3为真,其值为1;由于||运算符的左边为真,所以逻辑表达式4&&5>3||2的运算结果为真,其值为1。

4.1.3 选择结构的种类

选择结构包括单分支选择结构、双分支选择结构和多分支选择结构,如图4.2所示。

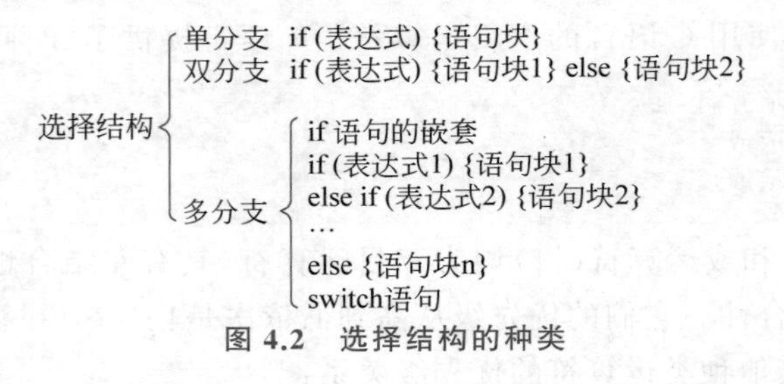

图 4.2 选择结构的种类

下面通过一个例子来了解选择结构的意义及设计方法。

例 4.4 输入3个整数,找出并打印其中的最小数。

问题分析:

(1) 设置变量。需要3个变量用于存储输入数据的3个整数,还需要一个变量用于存储最小数,一共4个变量,数据类型为整型。

变量定义如下:

```
int  num1,num2,num3,min;
```

其中,num1、num2、num3从键盘输入,变量min存放最小数。定义变量时尽量要能做到见名知意，如可以用 min 作为存放最小值的变量，max 作为存放最大值的变量。

（2）寻找最小值。首先比较 num1 和 num2，得到这两个数中较小的那一个，并将其值赋给 min，再用第 3 个数 num3 与 min 比较，再将较小值赋给 min。则最后 min 即 num1、num2、num3 中的最小数。

算法如下：

（1）输入 num1、num2、num3。

（2）将 num1 与 num2 中较小的一个值赋给 min。即比较 num1 和 num2 的大小，如果 num1＜num2，则将 num1 的值赋给 min，否则将 num2 的值赋给 min。流程图如图 4.3 所示。

（3）将 num3 与 min 中较小的一个值赋给 min。即比较 num3 和 min 的大小，如果 num3＜min，则将 num3 的值赋给 min，否则将 min 保持原值，即什么都不做。流程图如图 4.4 所示。

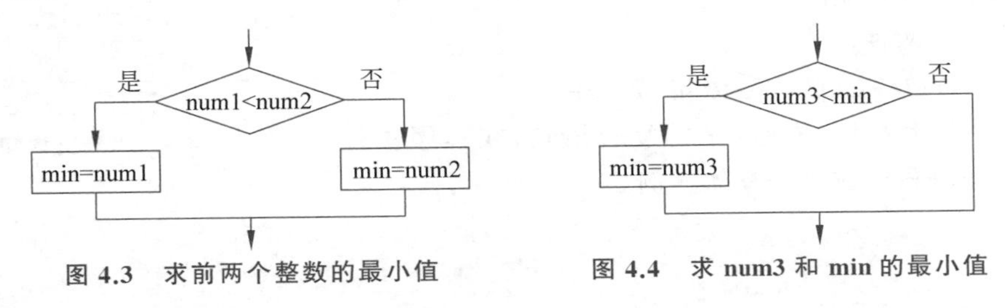

图 4.3　求前两个整数的最小值　　**图 4.4　求 num3 和 min 的最小值**

（4）输出 min。

对应图 4.3 和图 4.4，正是 if 语句的两种基本形式，与图 4.4 对应的 if 语句的格式为

```
if (表达式)
    语句块
```

当表达式为真时，执行语句块；当表达式为假时，跳过语句块。这种结构称为单分支结构。

与图 4.3 对应的 if 语句的格式：

```
if(表达式)
    语句块 1
else
    语句块 2
```

当表达式为真时，执行语句块 1；当表达式为假时，执行语句块 2。这种结构称为双分支结构。在任何情况下，语句块 1 与语句块 2 每次只能有一个被执行。

上述两种形式是根据表达式的两种取值进行选择的情况。此外，还有根据表达式的多种取值进行选择的情况，可通过嵌套的 if 语句及 switch 语句实现。

使用 if 语句实现的选择结构

4.2 使用 if 语句实现的选择结构

4.2.1 使用 if 语句实现的单分支结构

基本形式为

```
if(表达式)
   语句
```

其中，if 是语句关键字。其语义：如果表达式的值为真，则执行其后的语句，否则不执行该语句。其过程可表示为如图 4.5 所示的流程图。

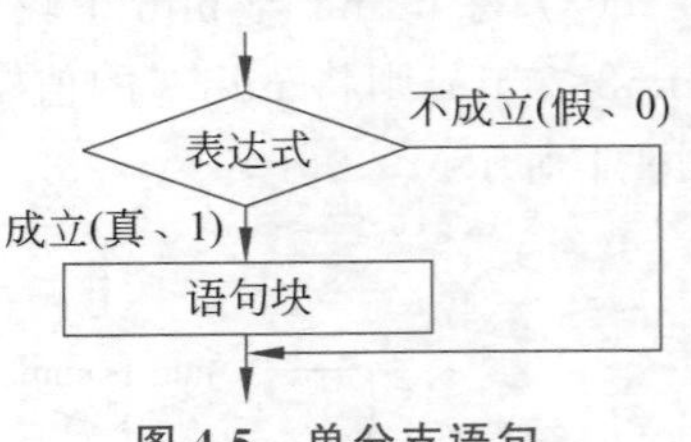

图 4.5　单分支语句

语句块有两种形式。

（1）一条单一的 C 语言语句，如“c＝a＋b;”。

（2）一条由花括号括起来的复合语句，在程序执行过程中复合语句看成一个整体。例如：

```
{
    t=a;
    a=b;
    b=t;
}
```

例 4.5　输入两个整数，输出其中的较大数。

问题分析：

（1）定义变量。需要定义两个变量 num1 和 num2 用于存放两个整数，需要定义变量 max 存放其中较大的数，总共 3 个整型变量，可以用“int num1,num2,max;”语句定义。

（2）输入数据。使用 scanf 语句从键盘输入两个变量 num1 和 num2 的值。

（3）判定较大数：先假定 num1 较大，把 num1 的值赋给变量 max；再用 if 语句判别 max 和 num2 的大小，若 max 小于 num2，则 num2 较大，把 num2 的值赋给 max。因此，max 中总是较大数，最后输出 max 的值。

程序如下：

```
#include <stdio.h>
int main( )
{
    int num1,num2,max;
    printf("input two numbers: \n ");
    scanf("%d%d",&num1,&num2);
    max=num1;
    if (max<num2)
      max=num2;
    printf("max=%d\n",max);
```

```
    return  0;
}
```

程序运行结果：

```
input two numbers:
 56 41
max=56
```

例 4.6 任意输入两个实型数，然后按其值由小到大的顺序输出它们。

问题分析：

(1) 定义变量。这里需要定义两个实型的变量，可以使用“float a,b;”定义。

(2) 输入数据。变量 a、b 的值。

(3) 判断条件 a>b 是否成立，如果成立，将 a、b 的值交换；如果不成立，a、b 保持原值。这样，变量 a 就保存原来 a、b 中较小的数，b 则保存原来 a、b 中较大的数。交换 a、b 的值需要有一个中间变量(见例 3.6)，所以还要定义中间变量 t，定义部分改为“float a,b,t;”。

(4) 依次输出变量 a、b 的值。

```
#include <stdio.h>
int  main()
{
    float a,b,t=0;
    scanf("%f,%f",&a,&b);
    if (a>b)     /* 如果 a>b 成立，交换 a,b 的值，t 为中间变量 */
    {
        t=a;
        a=b;
        b=t;
    }
    printf("%.2f,%.2f\n",a,b);
    return 0;
}
```

程序运行结果 1：

```
3.2,4
3.20,4.00
```

程序运行结果 2：

```
4,3.2
3.20,4.00
```

注意： 由于 scanf 语句中的两个格式控制符(%f)之间是用逗号分隔的，所以在输入数据时，数据之间也一定要用逗号分隔。

例 4.7 分析下面程序的运行结果。

```
#include <stdio.h>
int  main( )
{
```

```
    float a,b,t=0;
    scanf("%f,%f",&a,&b);
    if (a>b)
        t=a;
    a=b;
    b=t;
    printf("%.2f,%.2f\n",a,b);
    return 0;
}
```

程序分析：

程序运行时，从键盘输入变量 a、b 的值。

判断条件 a＞b 是否成立，如果成立，则执行 if 语句后面的“t＝a;”语句，然后执行“a＝b;”语句和“b＝t;”语句，最后输出 a 和 b 的值；如果不成立，则不执行“t＝a;”语句，直接执行“a＝b;”语句和“b＝t;”语句，最后输出 a 和 b 的值。

程序运行结果 1：

```
3.2,4
4.00,0.00
```

程序运行结果 2：

```
4,3.2
3.20,4.00
```

注意：例 4.6 与例 4.7 运行结果的差别显示了复合语句的作用。如果在 a＞b 成立的条件下要执行“t＝a;a＝b;b＝t;”3 条语句，a≤b 时这 3 条语句一句也不执行，则需要将这 3 条语句使用{}括起来成为复合语句。

4.2.2 使用 if 语句实现的双分支结构

if 语句实现的双分支结构为

```
if(表达式)
    语句块 1
else
    语句块 2
```

其中，if 和 else 是语句关键字。其语义：如果表达式的值为真，则执行语句块 1，否则执行语句块 2。对应的流程图如图 4.6 所示。

例 4.8 输入两个整数，输出其中的较大数(使用双分支结构)。

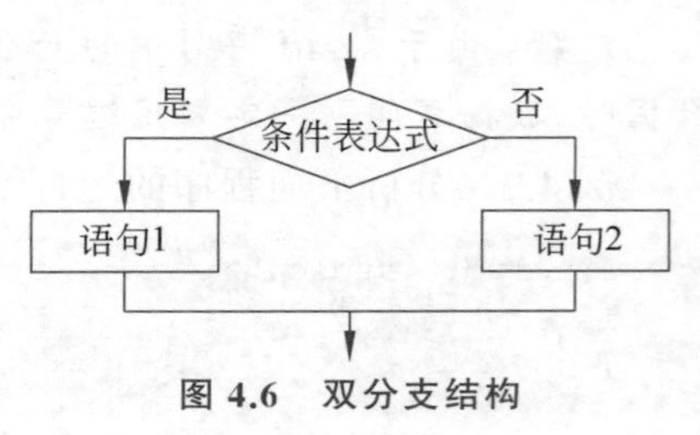

图 4.6 双分支结构

问题分析：

(1) 定义变量和输入数据：同例 4.5。

(2) 判断较大数：改用 if…else 语句判别 num1 和 num2 的大小，若 num1 大，则输出 num1，否则输出 num2。

程序实现如下：

```
#include <stdio.h>
int main( )
{
    int num1, num2;
    printf("input two numbers:\n ");
    scanf("%d%d", &num1, &num2);
    if(num1>num2)
        printf("max=%d\n",num1);
    else
        printf("max=%d\n",num2);
    return 0;
}
```

程序运行结果：

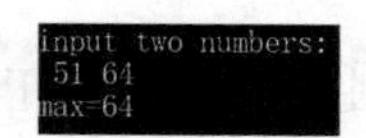

注意：同一个问题可能有多种解题方法，编程时应尝试多种思路和方法，有利于编程能力的提高。

例 4.9 输入三角形的 3 个边，求三角形的面积。

问题分析：已知 3 个边 a、b、c，求面积 area，可以使用面积计算公式：

$$\text{area}=\sqrt{s(s-a)(s-b)(s-c)}$$

其中，$s=(a+b+c)/2$。

定义实型变量 a、b、c 存储 3 个边的边长，变量 s 用于存储中间值 $(a+b+c)/2$，变量 area 用于存储面积。

输入 3 个边的边长，由于并不是任意输入的 3 个边长数值都能够构成三角形，所以需要根据构成三角形 3 个边的条件“任意两个边之和大于第三个边”，判断输入的 3 个边长是否能构成三角形，如果能构成三角形，根据公式求面积，否则，提示不能构成三角形。

计算三角形面积需要开平方运算，这可以通过调用标准函数 sqrt 求平方根，该函数是数学库里的函数，需要在程序开始处加＃include <math.h>。

程序实现如下；

```
#include <stdio.h>
#include <math.h>
int  main( )
{
    float  a,b,c,s,area;
    scanf("%f,%f,%f",&a,&b,&c);
    if (a+b>c && a+c>b && b+c>a)
    {
        s=(a+b+c)/2;
        area=sqrt(s*(s-a)*(s-b)*(s-c));
        printf("area=%.2f\n",area);
```

```
    }
    else
        printf("Not a triangle!\n");
return  0;
}
```

程序运行结果 1：

```
3,4,5
area=6.00
```

程序运行结果 2：

```
3,4,1
Not a triangle!
```

例 4.10　求一元二次方程 $ax^2+bx+c=0$ 的两个不相等的实数根，a、b、c 从键盘输入且 a 不为 0。如果没有实数根，则给出提示。

问题分析：求一元二次方程的根，要使用判别式 b^2-4ac。若判别式大于或等于 0，可求两个实数根；若判别式小于 0，则方程没有实数根。

（1）定义所需的实型变量 a、b、c、x1、x2、disc、p、q。

（2）从键盘输入变量 a、b、c 的值。

（3）计算 disc＝b * b－4 * a * c。

（4）判断条件 disc＞＝0 是否成立，若成立，计算 p＝－b/(2 * a)，q＝sqrt(disc)/(2 * a)，然后计算两个实数根 x1＝p＋q，x2＝p－q 并将其输出；若不成立，输出“该方程没有实数根”。源程序如下：

```
#include <stdio.h>
#include <math.h>
int main( )
{
    float  a,b,c,x1,x2,disc,p,q;
    scanf("%f%f%f",&a,&b,&c);
    disc=b * b-4 * a * c;
    if(disc>=0)
    {
        p=-b/(2 * a);  q=sqrt(disc)/(2 * a);
        x1=p+q;
        x2=p-q;
        printf("root1=%5.2f\troot2=%5.2f\n",x1,x2);
    }
    else
        printf("该方程没有实数根。\n");
    return  0;
}
```

程序运行结果 1：

```
3 4 1
root1=-0.33      root2=-1.00
```

程序运行结果 2：

```
4 3 1
该方程没有实数根。
```

4.2.3 多分支结构

1. if…else if 形式

如图 4.7 所示，实际应用中常常面对更多的选择，这时，将 if…else 扩展一下，就得到 if…else if 结构，其一般形式为

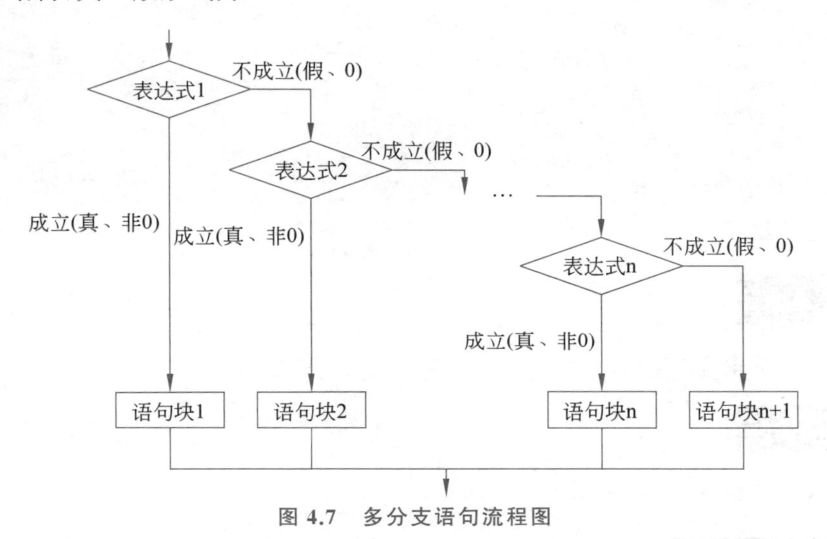

图 4.7 多分支语句流程图

```
if (表达式 1)
    语句块 1
else if(表达式 2)
        语句块 2
        …
        else if (表达式 n >
            语句块 n
        else 语句块 n+1
```

例 4.11 编程实现分段函数。

$$y=\begin{cases}0 & x\leqslant 0\\ 1.0/x & 0<x\leqslant 10\\ 2x+1 & 10<x\leqslant 20\\ 5x-1 & x>20\end{cases}$$

输入 x 值，求对应的 y 值并输出。

问题分析：

(1) 判断条件 x<=0.0 是否成立，如果成立 y=0.0。

(2) 判断条件 x<＝10.0 是否成立，如果成立 y＝1.0/x。

(3) 判断条件 x<＝20.0 是否成立，如果成立 y＝2 * x＋1。

(4) 以上条件都不成立，y＝5 * x－1。

(5) 最后执行 printf 语句输出 y 的值。

源程序如下：

```
#include <stdio.h>
int  main( )
{
    float  x,y;
    scanf("%f",&x);
    if(x<=0.0)   y=0.0;
      else if(x<=10.0)   y=1.0/x;
          else if(x<=20.0)   y=2 * x+1;
              else   y=5 * x-1;
    printf("x=%.2f, y=%.2f\n",x,y);
    return 0;
}
```

程序运行结果 1：

```
5
x=5.00, y=0.20
```

程序运行结果 2：

```
15
x=15.00, y=31.00
```

程序运行结果 3：

```
21.67
x=21.67, y=107.35
```

2. if 语句嵌套结构

if 语句嵌套即在 if 语句执行的语句块中又包含一个或多个 if 语句。其一般格式如下：

```
if (表达式 1)
    if (表达式 2)        语句块 1
    [else  语句块 2]
[else
      if (表达式 3)        语句块 3
      [else  语句块 4]
]
```

对应的流程图如图 4.8 所示。

该形式的意义：判断表达式 1 的值，进入对应的语句块中，在语句块中再判断表达式 2 或表达式 3 的值并执行对应的程序。

外层条件语句和内层条件语句既可以是单分支，也可以是双分支。

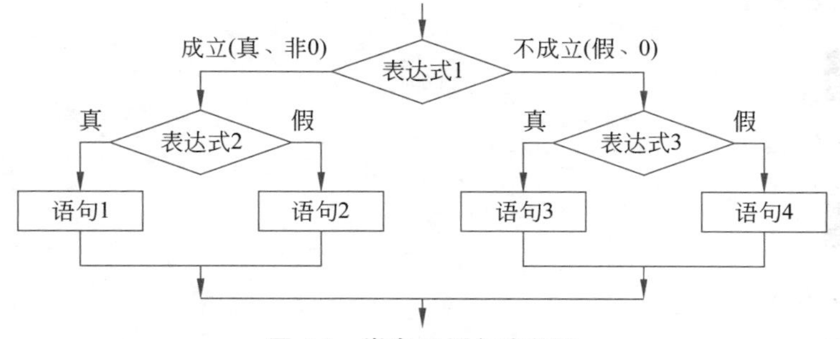

图 4.8　嵌套 if 语句流程图

if 与 else 的配对原则：else 总是与它上面、同层次、最近、未配对的 if 配对。

例 4.12　已知 a=3，b=4，c=5，d=0，求下列程序段中的 d 值。

```
(1) if (a>b)  d=a;
    else
        if (c>b)     d=c;
        else d=b;
```

```
(2) if (a>b)
            if (c>b)     d=c;
            else d=b;
        else d=a;
```

```
(3) if (a>b)
        if (c>b)     d=c;
    else d=b;
```

```
(4) if (a>b)
            {if (c>b)     d=c;}
            else d=b;
```

解：(1) d=5；(2) d=3；(3) d=0；(4) d=4。

例 4.13　输入三角形的 3 个边 a、b、c，判断 a、b、c 能否构成三角形，若不能则输出相应的信息，若能则判断构成的是直角三角形还是一般三角形。

问题分析：

(1) 先根据"任意两个边之和大于第三个边"的条件判断是否构成三角形。

(2) 在可以构成三角形的条件下，根据"两个边的平方和等于第三个边的平方和"条件判断是否构成直角三角形。

程序实现如下：

```
#include <stdio.h>
#include <math.h>
int  main( )
{
    int  a,b,c;
    scanf("%d,%d,%d",&a,&b,&c);
    if (a+b>c && a+c>b && b+c>a)
    {
        if (a*a+b*b==c*c ||a*a+c*c==b*b||b*b+c*c==a*a)
            printf("直角三角形\n");
        else
            printf("一般三角形\n");
    }
    else
        printf("不是三角形!\n");
    return 0;
}
```

程序运行结果 1：

```
3,4,5
直角三角形
```

程序运行结果 2：

```
2,3,4
一般三角形
```

程序运行结果 3：

```
1,3,4
不是三角形!
```

4.2.4 使用 if 语句应注意的问题

在使用 if 语句时应注意以下 3 个问题。

(1) 在 3 种形式的 if 语句中，在 if 关键字之后的圆括号内为表达式，该表达式通常是逻辑表达式或关系表达式，但也可以是其他任何合法的 C 表达式，如赋值表达式等，甚至也可以是一个变量。例如，if(a=5)语句和 if(b)语句都是允许的。只要表达式的值为非 0，即为真，圆括号外的语句就会执行。如在"if(a=5)…;"中表达式的值永远为非 0，所以其后的语句是肯定要执行的，当然这种情况在程序中一般不会出现，往往是用户将 if(a==5)语句误写成的，尤其是初学者有时对赋值号=和相等的比较判断符==混淆而致，但在语法上是合法的。

又如，有程序段：

```
if(a=b)
    printf("%d",a);
else
    printf("a=0");
```

本语句的语义：把 b 值赋给 a，若为非 0 则输出该值，否则输出 a=0 字符串。这种用法在程序中是经常出现的。

(2) 在 if 语句中，条件判断表达式必须用圆括号括起来，在语句之后必须加分号。

(3) 在 if 语句的 3 种形式中，所有的语句应为单个语句，如果要想在满足条件时执行一组(多个)语句，则必须把这一组语句用{}括起来组成一个复合语句。但要注意的是在}之后不能再加分号。例如：

```
if(a>b)
{
    a=10;
    b =0;
}
else
{
    a=0;
```

```
    b=10;
}
```

4.3 条件运算符和条件表达式

如果在条件语句中只执行单个赋值语句，可使用条件表达式来实现。这样不但使程序简洁，也提高了运行效率。条件运算符为？和：，它是一个三目运算符，即有 3 个参与运算的量。由条件运算符组成条件表达式的一般形式为

```
表达式 1? 表达式 2:表达式 3
```

其求值规则：如果表达式 1 的值为真，则运算结果取表达式 2 的值，否则取表达式 3 的值。条件表达式通常用于赋值语句中。

例如，以下的条件语句：

```
if(a>b)
  max=a;
else
  max=b;
```

可用条件表达式写为"max=(a>b)?a:b;"，执行该语句的语义：若 a>b 为真，则把 a 值赋给 max，否则把 b 值赋给 max。

使用条件表达式时，还应注意以下 3 点。

(1) 条件运算符的运算优先级低于关系运算符和算术运算符，但高于赋值符。因此，max=(a>b)?a:b 可以去掉圆括号而写为 max=a>b?a:b。

(2) 条件运算符?和:是一对运算符，不能分开单独使用。

(3) 条件运算符的结合方向是自右至左。

例如，a>b?a:c>d?c:d 应理解为 a>b?a:(c>d?c:d)，这就是条件表达式嵌套的情形，即其中的表达式 3 又是一个条件表达式。

例 4.14 使用条件表达式求两个数的较大值。

问题分析：

(1) 从键盘输入变量 num1、num2 的值。

(2) 判断条件 num1>num2 是否成立，若成立，则把 num1 值赋给 max；若不成立，则把 num2 值赋给 max。

(3) 执行 printf 语句输出 max 的值，即输出 num1 和 num2 中的较大值。

源程序如下：

```
#include <stdio.h>
int  main( )
{
    float  num1,num2,max=0;
    scanf("%f,%f",&num1,&num2);
    max=(num1>num2)? num1:num2;
```

```
    printf("%5.2f\n",max);
    return 0;
}
```

程序运行结果 1：

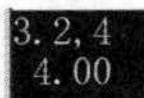

程序运行结果 2：

```
4,3.2
 4.00
```

例 4.15 通过键盘输入一个字符，由程序判别它是不是大写字母，如果是，将它转换为小写字母，否则不转换。

问题分析：由于一个英文字母的大写与小写的 ASCII 码相差 32，所以，将一个大写字母转换为小写字母时，只要在大写字母的 ASCII 码上加 32 即可。判定一个字符变量 ch 的值是否为大写字母，只要判断表达式 ch>='A'&&ch<='Z'是否成立即可。将一个大写字母转换为小写字母的表达式为(ch>='A'&&ch<='Z')?(ch+32):ch。

（1）定义所需的字符型变量 ch。

（2）从键盘输入变量 ch 的值。

（3）判断条件 ch>='A'&&ch<='Z'是否成立，若成立，说明 ch 为大写字母，将 ch 变为小写字母，即 ch+32 的值赋给 ch；若不成立，将 ch 的值重新赋给 ch。

```
#include <stdio.h>
int main( )
{
    char  ch;
    printf("请输入一个字符：\n");   //输入数据时的提示信息
    scanf("%c",&ch);
    ch=(ch>='A' && ch<='Z')?(ch+32):ch;
    printf("ch=%c\n",ch);
    return  0;
}
```

程序运行结果 1：

程序运行结果 2：

```
请输入一个字符：
e
ch=e
```

4.4 switch 语句

if 语句只能处理从两者间选择其一，当要实现多种可能之一时，就要用 if…else if 甚至多重的嵌套 if 来实现，当分支较多时，程序变得复杂冗长，可读性降低。C 语言提供了 switch 开关语句专门处理多路分支的情形，使程序变得简洁。

switch 语句的一般格式为

```
switch (表达式)
{
    case  常量表达式 1: 语句块 1;
    case  常量表达式 2: 语句块 2;
    …
    case  常量表达式 n : 语句块 n ;
    default: 语句块 n +1 ;
}
```

其中，常量表达式的值必须是整型或字符型；各语句序列允许有多条语句。

其语义：计算表达式的值，并逐个与其后的常量表达式值相比较，当表达式的值与某个常量表达式的值相等时，则执行其后的语句块，然后不再进行判断，继续执行后面所有 case 后的语句。如表达式的值与所有 case 后的常量表达式的值均不相同时，则执行 default 后的语句。

例 4.16　输入一个数字，输出该数字对应星期几的英文单词。

例 4.16

使用 switch 语句程序实现如下：

```
#include <stdio.h>
int main( )
{
    int  a;
    printf("input integer number:\n ");
    scanf("%d",&a);
    switch (a)
    {
        case  1:printf("Monday\n");
        case  2:printf("Tuesday\n");
        case  3:printf("Wednesday\n");
        case  4:printf("Thursday\n");
        case  5:printf("Friday\n");
        case  6:printf("Saturday\n");
        case  7:printf("Sunday\n");
        default: printf("error\n");
    }
    return  0;
}
```

程序运行结果：

```
input integer number:
 4
Thursday
Friday
Saturday
Sunday
error
```

本例题目要求输入4后输出Thursday，但是当输入4后，却执行了case 4以后的所有语句，即输出了Thursday及以后的所有单词，这当然是不正确的。为什么会出现这种情况呢？这恰恰反映了switch语句的一个特点。在switch语句中，“case 常量表达式”只相当于一个语句标号，表达式的值和某标号相等则转向该标号后的语句执行，但不能在执行完该标号的语句后自动跳出整个switch语句，所以出现了继续执行所有后面case语句的情况。这是与前面介绍的if语句完全不同的，应特别注意。为了避免上述情况，C语言还提供了一个break语句，用于跳出switch语句，break语句只有关键字break，没有参数。修改例4.16的程序，在每一case语句之后增加break语句，使每次执行后均可跳出switch语句，从而避免输出不应有的结果。

修改后的程序实现如下：

```c
#include <stdio.h>
int main( )
{
    int  a;
    printf("input integer number:\n ");
    scanf("%d",&a);
    switch (a)
    {
        case  1:printf("Monday\n");break;
        case  2:printf("Tuesday\n"); break;
        case  3:printf("Wednesday\n");break;
        case  4:printf("Thursday\n");break;
        case  5:printf("Friday\n");break;
        case  6:printf("Saturday\n");break;
        case  7:printf("Sunday\n");break;
        default: printf("error\n");
    }
return 0;
}
```

程序运行结果：

```
input integer number:
 4
Thursday
```

在使用switch语句时应注意以下9点。

(1) switch结构是由一些case分支和一个可省略的default分支组成的复合语句，因此需要用花括号括起来。

(2) switch后面的表达式一般为整型表达式或字符表达式，与之对应，case后面应该是一个整数常量或字符常量，也可以是常量表达式。

(3) case 后面的各常量表达式的值应互不相同。

(4) 每个 case 分支中允许有多个语句，可不用花括号括起来。

(5) 多个 case 分支可以共用一组处理语句。

(6) default 子句可以省略。

(7) switch 允许嵌套。

(8) 用 switch 实现的多分支选择结构可以用 if 语句和 if 语句的嵌套来解决。

(9) 可以在每个 case 分支后加上一个 break 语句，以便跳出 switch 结构，从而实现多分支选择的功能。

例 4.17 根据输入的考试成绩等级打印出百分制分数段。考试等级与对应的分数段如下：

$$grade=\begin{cases}A: 80\sim100\\B: 70\sim79\\C: 60\sim69\\D: 0\sim59\end{cases}$$

问题分析：

(1) 考试成绩分为 4 个等级，不同等级对应不同的分数段。

(2) 如果成绩为 A 等，则应输出的分数段是 80～100；如果成绩为 B 等，则应输出的分数段是 70～79；如果成绩为 C 等，则应输出的分数段是 60～69；如果成绩为 D 等，则应输出的分数段是 0～59，否则输出“该成绩有误”。因此，需要进行多次比较判断，应该利用多分支选择结构来完成程序设计，解决该问题可以采用嵌套的 if 结构，也可以采用 switch 结构，本例用 switch 结构完成。

算法如下：

(1) 定义所需的字符型变量 grade 来存放等级值。

(2) 从键盘输入变量 grade 的值。

(3) 判断 grade 的值是 4 个等级中的哪个，条件 grade=='A'成立，输出 80～100；条件 grade=='B'成立，输出 70～79；条件 grade=='C'成立，输出 60～69；条件 grade=='D'成立，输出 0～59；否则输出“该成绩有误”。

程序实现如下：

```
#include <stdio.h>
int  main( )
{
    char grade;
    printf("请输入考试等级 A～D: \n");
    scanf("%c",&grade);
    switch (grade)
    {
        case  'A': printf("80～100\n");break;
        case  'B': printf("70～79\n");break;
        case  'C': printf("60～69\n");break;
        case  'D': printf("0~59\n");break;
```

```
        default:  printf("该成绩有误\n");
    }
    return 0;
}
```

程序运行结果：

```
请输入考试等级A~D:
B
70~79
```

4.5 选择结构程序设计举例

例 **4.18** 根据输入的百分制考试成绩，选择显示 4 个等级评价中的一个。等级评价标准如下：

$$score=\begin{cases}80\sim100:\ A\\70\sim79:\ B\\60\sim69:\ C\\0\sim59:\ D\end{cases}$$

分别用 if 语句和 switch 语句实现。

(1) 使用 if 语句实现。

程序如下：

```
#include <stdio.h>
int  main( )
{
    int  score, grade;
    printf("请输入考试成绩 0~100: \n");
    scanf("%d",&score);
    if(score<0 || score>100)
        printf("请输入 0~100 的整数\n");
    else  if (score>=80)
            printf("A");
          else if (score>=70)
                printf("B");
              else if (score>=60)
                    printf("C");
                  else   printf("D");
    return  0;
}
```

(2) 使用 switch 语句实现。

问题分析：设成绩 score 为整型变量，则 score 从 0 到 100 将可能是 0,1,2,…,100，共有 101 种情况。用多分支 case 把这些值都列出来太麻烦，可以利用两个整数相除，结果自动取整的方法。也就是说，当 80≤score≤100 时，score/10 只有 8、9 和 10 三种情况，如 score＝

89,则 score/10=8;当 70≤score≤79 时,score/10 只有 7 一种情况,这样用 switch 语句来解决。

算法如下:

(1) 定义所需的整型变量 score 用来存放百分制考试成绩,整型变量 grade 用来存放 score/10 后的整型数。

(2) 从键盘输入变量 score 的值,如果 score 的值小于 0 或大于 100,则输出"请输入 0~100 的整数"。

(3) 计算 grade=score/10。

(4) 判断 grade 的值,如 grade 为 10、9、8,则输出 A;如 grade 为 7,则输出 B;如 grade 为 6,则输出 C;如 grade 为 5、4、3、2、1、0,则输出 D。

程序如下:

```
#include <stdio.h>
int  main( )
{
    int  score, grade;
    printf("请输入考试成绩 0~100: \n");
    scanf("%d",&score);
    if(score<0 || score>100)
        printf("请输入 0~100 的整数\n");
    else
    {   grade=score/10;
        switch (grade)
        {
          case  10:
          case  9:
          case  8:printf("A\n");break;
          case  7:printf("B\n");break;
          case  6:printf("C\n");break;
          case  5:
          case  4:
          case  3:
          case  2:
          case  1:
          case  0:printf("D\n");break;
        }
    }
    return 0;
}
```

程序运行结果 1:

程序运行结果 2:

```
请输入考试成绩0~100:
101
请输入0~100的整数
```

习　题　4

一、选择题

1. 以下判断 char 型变量 c 是否为小写字母的表达式正确的是________。

A. 'a'<=c<='z'　　B. (c>="a")&&(c<="z")

C. ("a"<=c)AND("z">=c)　　D. (c>='a')&&(c<='z')

2. 以下程序的输出结果是________。

```
#include <stdio.h>
int  main()
{
    int x=3, y=2, z=1;
    printf("%d\n",(z<y? z:x));
    return  0;
}
```

A. 1　　B. 2　　C. 3　　D. 0

3. 设有整型变量 x=10,y=9,表达式(x&&y)&&(x‖x‖0&&y)的值为________。

A. 0　　B. 1　　C. 10　　D.11

4. if(w)…else…;中的表达式 w 的等价表示是________。

A. w==0　　B. w==1　　C. w!=0　　D. w!=1

5. 3&&6&&9 的值为________。

A. 3　　B. 6　　C. 9　　D. 1

6. 设 int a=3,b=4,c=5,则 a+b>c&&b==c 的值是________。

A. 0　　B. 1　　C. 2　　D. 3

二、程序分析题

1. 以下程序的输出结果是________。

```
#include <stdio.h>
int main()
{
    int  a,b;
    a=100;
    b=a>100? a+100:a+200;
    printf("%d,%d",a,b);
    return  0;
}
```

2. 以下程序的输出结果是________。

```
    #include <stdio.h>
```

```
int main( )
{
    int x=10, y=5;
    if(x>5)
    {
        x=x+y;
        y=y-x;
    }
    else
    {
        x=x * y;
        y=y+4;
    }
    printf("%d,%d\n",x,y);
    return 0;
}
```

三、程序填空题

1. 下列程序用于判断输入的整数是奇数还是偶数。

```
#include <stdio.h>
int main( )
{
    int x;
    scanf("%d",&x);
    if (___(1)___)
        printf("x=%d 是奇数\n",x);
    else
        printf("x=%d 是偶数\n",x);
    return  0;
}
```

2. 某服装店既经营套服,也单件出售。若买的套服数量不少于 50 套,则每套 80 元;若买的套服数量不足 50 套,则每套 90 元;若只买上衣则每件 60 元;若只买裤子,则每条 45 元。以下程序的功能是输入所买上衣 c 和裤子 t 的件数,计算应付款 m。

```
#include <stdio.h>
int  main( )
{
    int c,t,m;
    printf("input the number of coat and trousers your want buy:\n");
    scanf("%d%d",&c,&t);
    if(___(1)___)
        if(c>=50) m=c * 80;
        else m=c * 90;
    else
        if(___(2)___)
          if(t>=50) m=t * 80+(c-t) * 60;
          else m=t * 90+(c-t) * 60;
        else
```

```
            if(  (3)  )  m=c*80+(t-c)*45;
            else m=c*90+(t-c)*45;
    printf("%d",m);
    return  0;
}
```

四、编程题

1. 有一个分段函数：

$$y=\begin{cases}x^2 & x<1\\5x-1 & 1\leqslant x<10\\2x+4 & x\geqslant 10\end{cases}$$

编写程序，输入 x，输出 y。

2. 从键盘输入 3 个实数，输出最大数和最小数。

3. 输入三角形的 3 个边，判断 a、b、c 能否构成三角形，若不能则输出相应的信息，若能则判断组成的是等边三角形、等腰三角形、直角三角形还是一般三角形。

4. 编程设计一个简单的计算器程序，要求根据用户从键盘输入的表达式：

```
操作数 1  运算符 op  操作数 2
```

计算表达式的值，指定的运算符为加(+)、减(-)、乘(*)、除(/)。用 switch 语句实现。

5. 货物征税问题。价格在 1 万元及以上的征 5%，5000 元及以上 1 万元以下的征 3%，1000 元及以上 5000 以下的征 2%，1000 元以下的免税，输入货物价格，计算并输出税金。

6. 编写程序，完成对从键盘输入的任意一个字符进行分类。如果输入的字符是大写字母，输出 1；如果输入的字符是小写字母，输出 2；如果输入的字符是数字，输出 3；如果不是以上 3 类，则输出 4。

7. 小王的生日是 2 月 29 日，你可能已经发现了这个日子的特殊性。2 月份一般是 28 天称为平年，29 天称为闰年。小王特别关心闰年的问题。下面是他搜集的一些关于闰年的信息。

关于公历闰年有这样的规定：地球绕太阳公转一周称为一回归年，一回归年长 365 日 5 时 48 分 46 秒。因此，公历规定有平年和闰年，平年一年有 365 日，比回归年短 0.2422 日，4 年共短 0.9688 日，故每 4 年增加一日，这一年有 366 日就是闰年。但 4 年增加一日比 4 个回归年又多 0.0312 日，400 年后将多 3.12 日，故在 400 年中少设 3 个闰年，也就是在 400 年中只设 97 个闰年，这样公历年的平均长度与回归年就相近了。

据此，聪明的小王发现，符合以下条件之一的年份即为闰年：

(1) 能被 4 整除而不能被 100 整除(如 2100 年就不是闰年)。

(2) 能被 400 整除。

帮助小王设计一个程序来判断输入的年份是不是闰年。

8. 编程实现，任意输入 3 个整数，判断这 3 个整数是否相邻，如是则输出 yes，否则输出 no。例如，输入 1 2 3，输出 yes；输入 1 2 4，输出 no。

第5章 循环结构程序设计

案例导入——计算30名学生"C语言程序设计"课程的平均成绩

【问题描述】 从键盘输入30名学生"C语言程序设计"课程的成绩，计算该课程的平均成绩。

【解题分析】 要处理该问题，首先要了解题目的含义和要求，该题目只需要输入30名学生的成绩，并不需要保存这些成绩，因此只需要输入一个成绩做一次累加，此操作要处理30次，之后用成绩的累加值除以30就可以得到平均成绩。使用之前学过的顺序结构可以处理该问题：

首先定义3个变量分别存储学生成绩score、成绩的和total和平均成绩average，根据目前学校的常规约定，学生成绩score可以定义为整型，成绩的和total定义为整型，平均成绩average定义为单精度浮点型。学生成绩通过键盘输入，不需要给出初值；成绩的和total需要做累加，应该给出初值0；平均成绩average直接被赋值，也不需要给出初值。

```
int score,total=0;
float average;
```

然后输入一个学生的"C语言程序设计"课程的成绩score，并累加到成绩的和total中。

```
scanf("%d",&score);
total+=score;
```

以上两条语句需要再重复29次，才能完成30名学生"C语言程序设计"课程的成绩的输入和累加。

最后利用total除以30得到平均值，并保留两位小数输出。

```
average=total/30.0;          /* total是整型变量、30是整型常量,想得到实型结果则需
                                要将其中一个转化为实型数据 */
printf("average=%.2f\n",average);
```

利用以上方式确实能够完成题目要求，但显然不可取。此题目要求得到30名学生的平均成绩，重复书写30次相同的代码还可以忍受，但如果要求得到3000、30 000名学生

的平均成绩，输入和累加的代码段就需要重复书写 3000、30 000 次，那是难以想象的。工作量太大，也导致程序冗长、可读性差。另外，如果学生人数不确定，只是要求计算一批学生的"C 语言程序设计"课程的平均成绩，使用之前的顺序结构和选择结构根本没办法完成。

实际上，每种计算机的高级语言都提供了循环控制结构，用来处理需要重复操作的运算。在 C 语言中，可以使用循环语句完成该题目：

```
#include <stdio.h>
int main()
{
    int score,i,total=0;
    float average;
    i=0;                                   //变量 i 初值设置为 0
    while(i<30)                            //当 i 的值小于 30 时执行花括号内的语句
    {
        scanf("%d",&score);                //输入一名学生的成绩
        total+=score;                      //将该学生的成绩累加到 total 中
        i++;                               //每执行一次循环 i 的值加 1
    }
    average=total/30.0;                    //循环结束后计算平均值赋给变量 average
    printf("average=%.2f\n",average);      //输出 30 名学生的平均成绩
    return 0;
}
```

可以看出，用一个循环语句（while 语句）就可以解决代码段重复书写 30 次的问题。

循环结构的理解

导学与自测

扫二维码观看本章的预习视频——循环结构的理解，并完成以下课前自测题目。

【自测题 1】 下面程序的输出结果是（　　）。

```
#include <stdio.h>
int main()
{
    int i,sum=0;
    i=1;
    while(i<11)
    {
        sum+=i;
        i++;
    }
    printf("sum=%d\n",sum);
    return 0;
}
```

A. 55　　B. sum=55　　C. sum=66　　D. sum=65

【自测题 2】 下面程序的输出结果是（　　）。

```
#include <stdio.h>
int main()
{
    int i,sum=0;
```

```
    i=1;
    while(i<11)
    {
        i++;
        sum+=i;
    }
    printf("sum=%d\n",sum);
    return 0;
}
```

A. 55　　　　B. sum=55　　　　C. sum=65　　　　D. sum=66

【自测题 3】 下面程序段中 while 循环的执行次数是(　　)。

```
int t=10;
while(t=1)
{
    t++;
}
```

A. 一次也不执行　　　　B. 执行 10 次

C. 无限次　　　　D. 语法错误

我们在处理实际问题时,有些问题的处理过程是采用重复的动作来完成的。例如,要统计某班学生某一学期某门课程的平均成绩,就需要对每名学生的成绩进行输入和累加,这个输入和累加的过程是需要不断重复进行的。这种重复执行的过程在计算机的程序设计中称为循环。

循环结构是结构化程序设计的 3 种基本结构之一,也是程序流程控制中一种很重要的结构,几乎在所有的解决实际问题的应用程序中都要用到循环控制结构。它与顺序结构、选择结构一起实现复杂结构的程序设计。

现实生活中所遇到的循环形式根据实际问题的不同,其表现形式也不同,有的是已知重复(循环)次数,如上面提到的统计某班学生某一学期某门课程的平均成绩,学生人数定了,重复计算(循环)的次数也就确定了;有的则不能预知重复(循环)次数,如从 1 开始,多少个自然数的和刚好能超过 10 000。为解决上述两类循环问题,C 语言提供了 3 种实现循环结构的语句,分别是 while 语句(当型循环)、do…while 语句(直到型循环)和 for 语句。

本章首先介绍 C 语言实现循环结构的这 3 种循环语句的语法及使用方法,然后对能够改变循环体中语句执行顺序的 continue 语句和 break 语句做简单介绍,最后介绍使用循环结构解决的一些实际问题。

5.1　while 语句

while 语句的一般格式为

```
while(循环条件表达式)
{循环体语句}
```

语句的执行过程：在执行 while 语句时，先对循环条件表达式进行计算，若其值为真(非 0)，则执行循环体语句，然后重复上述过程，直到循环条件表达式的值为假(0)时，循环结束，程序控制转至 while 语句的下一个语句。这种先判断循环条件的循环称为当型循环。语句的执行过程如图 5.1 所示。

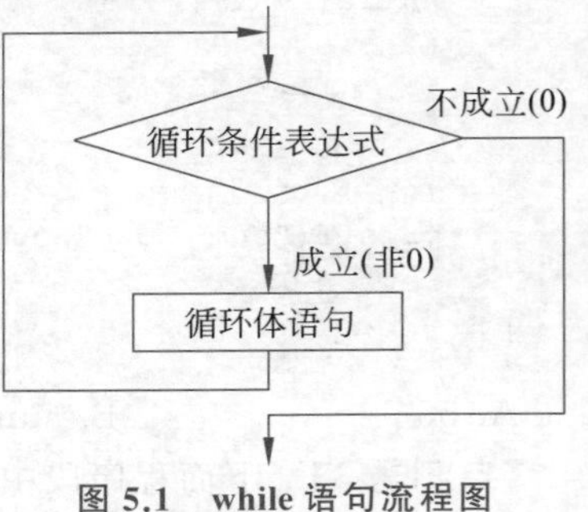

图 5.1　while 语句流程图

使用 while 语句时，应注意以下 4 个问题。

(1) while 语句的特点是“先判断，后执行”，如果循环条件表达式的值一开始就是 0，则循环体一次也不执行，但循环条件表达式是要执行的。

(2) while 语句中的循环条件表达式一般是关系表达式或逻辑表达式，但也可以是数值表达式或字符表达式，只要能判断真假即可。

(3) 循环体如果是一条语句，则花括号可以省略。

(4) 在循环体中，必须有使循环条件趋向于不成立(假)的语句。如果没有使循环条件趋向于不成立(假)的语句，则循环永远不能结束，称为死循环。

例 5.1　计算 $\sum_{n=1}^{100} n$ 。即计算 1＋2＋3＋…＋100，也就是求自然数 1～100 之累加和。

问题分析：这是一个累加(求和)问题，其计算过程如下。第一次计算 0＋1；第二次用第一次的求和结果加上 2，实际计算的是前两项的和；以此类推，第 n 次用第 $n-1$ 次的求和结果加上 n，即为自然数 1～n 之和，当 n 的取值为 100 时，即得到自然数 1～100 之和。

按照这一思路，可以构建如下算法。

(1) 声明一个变量(sum)存放加法的和，并设置初值为 0。

(2) 将 1 加入 sum。

(3) 将 2 加入 sum。

(4) 将 3 加入 sum。

…

(101) 将 100 加入 sum。

(102) 输出 sum 的值。

可以看出，步骤(2)～(101)描述的是相同的动作，因此，完成这种重复的操作可以利用 C 语言提供的循环结构来实现。

因此，程序可如下设计。

(1) 声明一个变量 sum，初值为 0。

(2) 设置变量 n，初值为 1。

(3) 将 n 加入 sum。

(4) 让 n 的值加 1。

(5) 当 n＜＝100 成立时，重复执行步骤(3)和(4)；当 n＞100 时，执行步骤(6)。

(6) 输出 sum 的值。

从上面的描述可以看出，步骤(3)和(4)要重复执行 100 次。

程序如下：

```c
#include <stdio.h>
int  main( )
{
    int  n,sum=0;
    n=1;
    while(n<=100)
    {
        sum=sum+n;           //求和
        n++;
    }
    printf("sum=%d\n",sum);
    return  0;
}
```

程序运行结果：

```
sum=5050
```

从例 5.1 中可以看出，当给定条件成立时，反复执行某几个步骤(程序段)，直到条件不成立为止。给定的条件称为循环条件，反复执行的程序段称为循环体。其中，变量 n 称为循环控制变量，在循环体外的赋值 n＝1 中的 1 称为循环控制变量的初值，在 while(n<＝100)中的 100 称为循环控制变量的终值，在循环体内的 n＋＋称为循环控制变量的增量。为了保证循环能正常退出，循环体内的循环控制变量的增量一定是使循环控制变量的值从初值慢慢接近终值，直到循环条件为假。

例 5.2　现有某班若干学生的 C 语言成绩，求该班学生的 C 语言的平均成绩。

计算平均值

问题分析：本例仍然是一个累加(求和)问题。但本题没有确定学生人数，不知道应该从键盘输入多少名学生的 C 语言成绩，即不知道循环多少次。这种类型的题目的解决办法可以采用以下两种方式。第一种方式是定义一个整型变量 count，用来存储学生人数，即循环次数，并从键盘输入；之后利用循环每输入一个成绩 score 就进行一次累加，当所有 count 名学生的成绩输入完成后，此时 total 的值即为 count 名学生的 C 语言成绩的累加和，用成绩的累加和除以 count 即得到该门课程的平均成绩。

因此，程序可如下设计(学生成绩为实型数据)。

(1) 声明整型变量 count，存放学生人数；声明实型变量 total，初值为 0，存放成绩的累加和；声明实型变量 score，存放每名学生的成绩；声明实型变量 average，存放平均成绩。

(2) 声明一个整型变量 i 作为循环控制变量，初值为 0。

(3) 输入学生人数，即为变量 count 赋值。

(4) 当 i<count 成立时，重复执行步骤(5)～(7)；当 i>＝count 时，执行步骤(8)。

(5) 输入每名学生的成绩，即为变量 score 赋值。

(6) 将 score 加入 total 中。

(7) 循环控制变量 i 加 1。

(8) 计算 average＝total/count，输出 average 的值(平均值保留 1 位小数)。

程序如下：

```
#include <stdio.h>
int main( )
{
    int count;
    float  total=0,score,average;
    int  i=0;
    printf("请输入学生人数:");
    scanf("%d",&count);
    printf("请输入学生成绩:");
    while(i<count)
    {   scanf("%f",&score);
        total=total+score;
        i++;
    }
    average=total/count;
    printf("%d名学生的C语言平均成绩:% .1f\n",count,average);
    return  0;
}
```

程序运行结果1：

```
请输入学生人数：20
请输入学生成绩：23  89  67  78  94  56  34  83  90  67  48  72  81  65  74  87  73  67  90  98
20名学生的C语言平均成绩： 71.8
```

程序运行结果2：

```
请输入学生人数：10
请输入学生成绩：68 78 86 66 51 90 97 61 72 81
10名学生的C语言平均成绩： 75.0
```

第二种方式是根据题目的描述找出处理问题的方法，本例处理的是一门课程的学生成绩，而学生成绩的取值范围是大于或等于0并且小于或等于100的。可以利用这个条件设置循环，即当输入的数据满足条件时进行累加；否则退出循环，并计算平均成绩。

因此，程序可如下设计（学生成绩为实型数据）。

（1）声明整型变量count，初值为0，用来统计学生人数；声明实型变量total，初值为0，存放成绩的累加和；声明实型变量score，存放学生的成绩；声明实型变量average，存放平均成绩。

（2）输入第一名学生的C语言成绩，即为变量score赋值。

（3）当score满足大于或等于0并且小于或等于100时，重复执行步骤（4）～（6）；当score小于0或者大于100时，执行步骤（7）。

（4）将score加入total中。

（5）统计学生人数的变量count加1。

（6）输入下一名学生的成绩，即为变量score赋值。

（7）计算average＝total/count，输出average的值（平均值保留1位小数）。

程序如下：

```
#include <stdio.h>
```

```c
int main( )
{
    int count=0;
    float  total=0,score,average;
    printf("请输入学生成绩:");
    scanf("%f",&score);
    while(score>=0 && score<=100)
    {
        total=total+score;
        count++;
        printf("请输入学生成绩:");
        scanf("%f",&score);
    }
    average=total/count;
    printf("%d 名学生的 C 语言平均成绩:%.1f\n",count,average);
    return  0;
}
```

程序运行结果 1：

```
请输入学生成绩: 85.6
请输入学生成绩: 78.5
请输入学生成绩: 89
请输入学生成绩: 68
请输入学生成绩: 75.5
请输入学生成绩: -2
5名学生的C语言平均成绩: 79.3
```

程序运行结果 2：

```
请输入学生成绩: 88.5
请输入学生成绩: 79.5
请输入学生成绩: 92
请输入学生成绩: 101
3名学生的C语言平均成绩: 86.7
```

例 5.3　设 $s=1\times2\times3\times\cdots\times n$，求 s 不大于 400 000 时最大的 n。

问题分析：

(1) 本例实际是计算前 n 个自然数的乘积。即用每次的乘积(s)与 400 000 比较，并记录乘积次数。所以它是一个不定次数的循环，循环体(计算乘积)是否执行，由 s 的值决定。

(2) 当 $s\leqslant400\ 000$ 时，需要计算自然数的乘积，即需要执行循环体。

(3) 当 $s>400\ 000$ 时，退出循环体。但此时 s 已经超过 400 000，所以所要的 n 值应该是实际求出的 n 值减 1。

因此，程序可如下设计。

(1) 定义所需的整型变量 n 存放参与乘积运算的自然数，整型变量 s 存放乘积，它们初值均为 1。

(2) 判断条件 s<=400 000 是否成立。若成立，则转步骤(3)；若不成立，则转步骤(4)。

(3) 计算每项的值 n，并用该值与前 n-1 项的乘积进行相乘运算，回到步骤(2)。

(4) 循环结束后，输出 n-1 的值，该值即为前 n 个自然数的乘积不大于 400 000 时最大的 n。不大于 400 000 的 s 值应该是退出循环时的 s 值除以 n。

程序如下：

```
#include <stdio.h>
int  main()
{
    int  n=1;
    int  s=1;
    while(s<=400000)
    {
        n=n+1;
        s=s*n;
    }
    printf("不大于 400000 时最大的 n 为%d\ns 值为%d\n",n-1,s/n);
    return  0;
}
```

程序运行结果：

```
不大于400000时最大的n为  9
s值为 362880
```

素数的判断

例 5.4　从键盘输入一个非负整数，判断 m 是不是素数。

问题分析：

(1) 素数是指除 1 以外的只能被 1 和其自身整除的自然数，如 2、3、5、7、11 都是素数。所以，判断一个正整数 m 是不是素数所采用的方法如下：用$[2,m-1]$的所有整数除 m，但实际上用$[2,\sqrt{m}]$的所有整数除 m 即可，只要$[2,\sqrt{m}]$中有一个数能整除 m，m 就不是素数；若 m 不能被$[2,\sqrt{m}]$中的任何一个数整除，则 m 才是素数。

(2) 由(1) 的分析可以看出，判断一个正整数是素数还是非素数，判定的次数是不同的，也就是说，循环次数是不固定的。因此，可以采用设置标志的循环，一旦确定了某个正整数不是素数，就改变标志的初值。根据标志的值，即可区分素数和非素数。

(3) 循环体主要是判断$[2,\sqrt{m}]$中的某个整数 i 是否能整除 m，若能整除，则置标志变量 flag 为 1(在开始前先置 flag 为 0)。因此，循环采用当型循环结构实现，执行循环体的条件是 i<=sqrt(m)&&flag==0 的结果为真。退出循环有两种可能：一种是对于$[2,\sqrt{m}]$的所有整数都已判断完毕，且均不能整除 m，即 flag 仍为 0，在此情况下就认为 m 是素数；另一种是标志变量 flag 已改为 1，这表示在$[2,\sqrt{m}]$中已发现了一个整数 i 能整除 m，即说明 m 不是素数。

因此，程序可如下设计。

(1) 定义所需的整型变量 m，标志 flag=0，循环变量 i=2。

(2) 从键盘输入变量 m 的值(2 是最小的素数)。

(3) 如果 m<2，输出“输入错误！”，程序结束；否则执行步骤(4)～(6)。

(4) 判断条件 i<=sqrt(m) && flag==0 是否成立，若成立，执行循环体；若不成立，结束循环。

(5) 在循环体中判断条件 m%i==0 是否成立，若成立，m 不是素数，flag=1；若不成立,i++。

(6) 循环结束后,判断 flag==0 是否成立,若成立,m 是素数;若不成立,m 不是素数。

程序如下:

```
#include <math.h>
#include <stdio.h>
int  main()
{
    int  m,flag=0,i=2;
    printf("请输入一个非负整数: \n");
    scanf("%d",&m);
    if(m<2)
        printf("输入错误!\n");
    else
    {
        while(i<=sqrt(m) && flag==0)
        {
            if(m%i==0)
                flag=1;   //m不是素数,修改flag的值
            else
                i++;
        }
        if(flag==0)
            printf("%d是素数。\n",m);
        else
            printf("%d不是素数。\n",m);
    }
    return 0;
}
```

程序运行结果 1:

```
请输入一个非负整数:
17
17是素数。
```

程序运行结果 2:

请输入一个非负整数:
297
297不是素数。

例 5.5 求两个非负整数 m 和 n 的最大公约数和最小公倍数。

问题分析:

(1) 两个非负整数 m 和 n 的最大公约数一定小于或等于 m 和 n 中的较小数,所以将 m 和 n 中的较小数存入变量 t 中。若 m 不能被 t 整除或者 n 不能被 t 整除,则 t 一定不是 m 和 n 的最大公约数。此时,应使 t 的值减 1,再重复上述过程,直到 m 和 n 能同时被 t 整除为止,如果 m 和 n 是两个互质的非负整数,则 t 最终会减为 1。

(2) 两个非负整数 m 和 n 的最小公倍数一定大于或等于 m 和 n 中的较大数,所以将 m 和 n 中的较大数存入变量 t 中。若 t 不能被 m 整除或者 t 不能被 n 整除,则 t 一定不是 m 和 n 的最小公倍数。此时,应使 t 的值增 1,再重复上述过程,直到 t 能同时被 m 和

n 整除为止，如果 m 和 n 是两个互质的非负整数，则 t 最终会增至 m 和 n 的乘积。

因此，程序可如下设计。

(1) 定义所需的变量 m、n、t。

(2) 从键盘输入变量 m、n 的值。

(3) 将 m、n 中的较小数赋值给 t。

(4) 判断条件 m%t!=0||n%t!=0 是否成立。若成立，t 不是最大公约数，计算 t--，重复执行步骤(4)；若不成立，则说明 m%t、n%t 均为 0，即求得最大公约数 t。

(5) 将 m、n 中的较大数赋值给 t。

(6) 判断条件 t%m!=0||t%n!=0 是否成立。若成立，t 不是最小公倍数，计算 t++，重复执行步骤(6)；若不成立，则说明 t%m、t%n 均为 0，即求得最小公倍数 t。

程序如下：

```
#include <stdio.h>
int  main( )
{  int  m,n,t;
    scanf("%d%d",&m,&n);
    t=(m<=n)?m:n;
    while (m%t!=0||n%t!=0)         //t 能否整除 m、n
          t--;
    printf("最大公约数为%d\n",t);
    t=(m>n)?m:n;
    while (t%m!=0||t%n!=0)         //m、n 能否整除 t
          t++;
    printf("最小公倍数为%d\n",t);
    return  0;
}
```

程序运行结果 1：

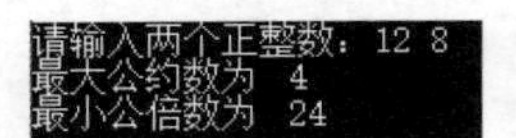

程序运行结果 2：

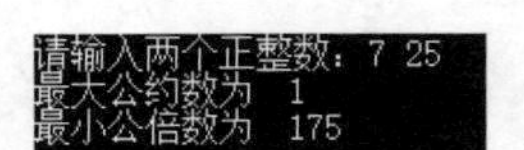

5.2 do…while 语句

do…while 语句的一般格式为

```
do {
      循环体语句
}while(循环条件表达式);
```

语句的执行过程：先执行循环体语句，然后对循环条件表达式进行计算，若其值为真

(非0),则重复上述过程,直到条件表达式的值为假(0)时,循环结束,程序控制转至while语句的下一个语句。与while语句相比,do…while语句至少执行一次循环体。这种先执行循环体语句的循环称为直到型循环。语句的执行过程如图5.2所示。

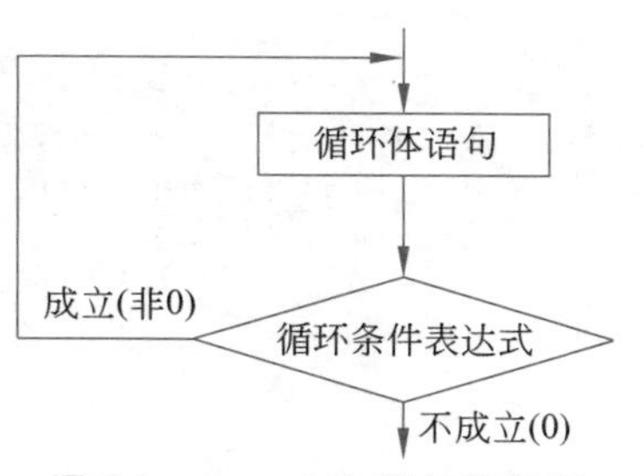

图5.2 do…while语句流程图

注意:while(循环条件表达式)后面的分号不要忘记。

例5.6 计算1+3+5+…+99,也就是求自然数1～100的奇数和。

问题分析:本例仍然是一个求和问题,与例5.1不同的是,循环变量的值每次增加2。

程序如下:

```
#include <stdio.h>
int  main( )
{
    int  i,sum=0;
    i=1;
    do
    {
        sum=sum+i;
        i=i+2;
    }while(i<100);
    printf("sum=%d\n",sum);
    return  0;
}
```

程序运行结果:

```
sum=2500
```

例5.7 设有一张厚为x毫米、面积足够大的纸,将它不断对折。对折多少次后,其厚度可达8848m的珠穆朗玛峰的高度。

问题分析:首先将x的数值单位由毫米转换成米,如果纸的厚度x小于8848m,则将纸继续对折,并计算对折次数;如果纸的厚度大于或等于8848m,则纸对折结束,输出对折次数。

因此,程序可如下设计。

(1) 定义所需的实型变量x。

(2) 从键盘输入变量x的值,并将x的数值单位由毫米转换成米,即x=x*0.001。

(3) 判断条件x<8848是否成立。若成立,执行步骤(4);若不成立,执行步骤(5)。

(4) 计算x=x*2,i=i+1。转步骤(3)。

(5) 循环结束后,输出i的值。

程序如下:

```
#include <stdio.h>
int  main( )
```

```
{
    int  i=0;
    float  x;
    printf("请输入纸的厚度:\n");
    scanf("%f",&x);
    x=x*0.001;   //将毫米转换为米
    do
    {
        x=x*2;
       i=i+1;
    }while(x<8848);
    printf("折叠次数=%d\n",i);
    return  0;
}
```

程序运行结果 1：

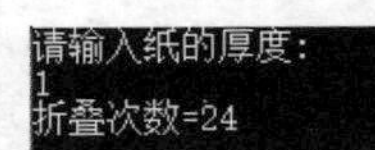

```
请输入纸的厚度:
1
折叠次数=24
```

程序运行结果 2：

```
请输入纸的厚度:
1.2
折叠次数=23
```

例 5.8 求两个非负整数 m 和 n 的最大公约数和最小公倍数。

问题分析：在数学上，辗转相除法是一种求解最大公约数的方法，也称欧几里得算法。先用小的数除大的数，得余数；再用所得的余数除小的数，得第二个余数；然后用第二个余数除第一个余数，得到第三余数，以此类推，直至最后一个余数为 0。最后一个除数就是所求的最大公约数。计算公式 gcd (a, b)＝ gcd (b, a mod b)。其中，a mod b 的含义：a 对 b 取余数。

因此，程序可如下设计。

(1)定义所需的整型变量 m、n、a、b、r、t。

(2)从键盘输入变量 m、n 的值，并将 m 的值赋给 a，n 的值赋给 b。

(3)如果 a＜b，则将 a、b 的值交换，保证 a 存放大数，b 存放小数。

(4)将 a%b 赋值给 r，并将 a＝b，b＝r，判断条件 r! ＝0 是否成立。若成立，则重复执行步骤(4)；若不成立，即 r 等于 0，则退出循环，a 就是最大公约数。

(5)输出最大公约数 a 和最小公倍数 m * n/a。

程序如下：

```
#include <stdio.h>
int  main()
{
    int m,n,a,b,r,t;
    printf("请输入两个正整数:");
    scanf("%d%d",&m,&n);
    a=m;
```

```
    b=n;
    if(a<b)
    {
        t=a;
        a=b;
        b=t;
    }
    do{
        r=a%b;
        a=b;
        b=r;
    }while(r!=0);
    printf("%d 和%d 的最大公约数为%d\n",m,n,a);
    printf("%d 和%d 的最小公倍数为%d\n",m,n,m*n/a);
    return 0;
}
```

程序运行结果：

```
请输入两个正整数：12 8
12和8的最大公约数为：4
12和8的最小公倍数为：24
```

在使用循环结构时，一般需要考虑以下 3 个问题。

(1) 参与循环的各个变量的初值，如 sum＝0，n＝1。

(2) 在满足什么条件的情况下进行循环，即循环条件，如 n≤100、x＜8848 等。

(3) 在满足条件的情况下执行什么操作，即循环体，如将 n 加入 sum，n 的值加 1。

其中，最难把握的是循环控制问题，循环控制一般有两种方法：固定次数的循环与不固定次数的循环。固定次数的循环是先确定循环次数，当达到预先规定的循环次数时，循环结束，如例 5.6；不固定次数的循环是达到某一目标后，循环结束，如例 5.7。

有时对于同一个问题既可以用 while 语句处理，也可以用 do…while 语句处理。它们既有相同点，又有不同点，主要体现在以下 3 方面。

(1) 在当型(while)循环中，循环体可以一次也不执行(例如，执行当型循环结构的一开始，其条件就不成立)。在直到型(do…while)循环中，循环体至少要执行一次，这是因为条件判断是在执行循环体之后才进行的。因此，在有些问题中，如果其重复的操作(即循环体)有时可能一次也不执行(即开始时条件就不成立)，则要使用当型循环结构来处理，而不能使用直到型循环结构来处理。

(2) 无论是当型循环结构还是直到型循环结构，在循环体内部都必须有能改变循环条件表达式值的语句，否则将造成死循环。

(3) 对于有些问题既可以采用当型循环结构来处理，也可以采用直到型循环结构来处理。若二者的循环体部分一样，则它们的结果也一样。

5.3 for 语句和逗号表达式

5.3.1 for 语句

for 语句是 C 语言提供的结构紧凑、使用广泛的一种循环语句。

for 语句的一般格式为

```
for(表达式 1;表达式 2;表达式 3)
{循环体语句}
```

for 语句的执行流程如图 5.3 所示。

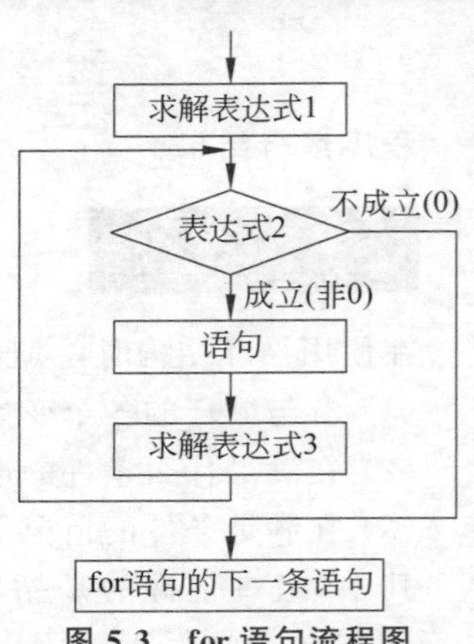

图 5.3 for 语句流程图

表达式 1：通常用来给循环变量赋初值，一般是赋值表达式，称为初始化表达式。也允许在 for 语句外给循环变量赋初值，此时可以省略表达式 1。

表达式 2：通常是用来控制循环次数的条件表达式，一般为关系表达式或逻辑表达式，称为条件表达式。

表达式 3：通常用来修改循环变量的值，一般是赋值表达式。

3 个表达式可以都是逗号表达式，而且逗号表达式常用于 for 循环语句中。3 个表达式都是任选项，都可以省略，但是圆括号中的两个分号是一定不能省略的。省略表达式 1，要在 for 循环语句前给循环控制变量赋初值；省略表达式 2，为无条件循环（永真循环），没有循环结束条件，会构成死循环，所以，一般要在循环体中利用 if 和 break 语句退出循环；省略表达式 3，应把改变循环变量值的语句放在循环体内。

for 语句的执行过程如下。

(1) 计算表达式 1 的值。

(2) 计算表达式 2 的值，若其值为真，则执行循环体语句一次，然后执行步骤(3)；若为假，则结束循环，转到步骤(4)。

(3) 计算表达式 3 的值，然后转回步骤(2) 重复执行。

(4) 循环结束，执行 for 语句下面的一个语句。

在整个 for 循环过程中，表达式 1 只执行一次，表达式 2 和表达式 3 则可能执行多次。循环体可能被多次执行，也可能一次都不执行。

例 5.9 计算 $s=\frac{1}{2}+\frac{2}{3}+\frac{3}{4}+\cdots+\frac{30}{31}$。

问题分析：由题意可知，求解 $s=\frac{1}{2}+\frac{2}{3}+\frac{3}{4}+\cdots+\frac{30}{31}$是一个累加过程，可以用循环结构来实现，每次循环的加数的分子和分母的值的变化是有规律的，即第 n 项为$\frac{n}{n+1}$，第一项的分子为 1，最后一项的分子为 30，因此循环控制变量的初值为 1，终值为 30。

因此，程序可如下设计。

(1) 定义一个存放累加结果的实型变量 sum，其初值为 0.0。

(2) 定义一个整型变量 n，存储自然数，也就是项数，其初值为 1，并通过 n/(n+1)表达式来构成每次需要累加的新的加数。

(3) 用 for 循环结构建立 30 次的循环，并在循环体中实现每次对加数的累加过程，即 sum=sum+n/(float)(n+1)。注意：因为在 C 语言中 n/(n+1)的值为 0，所以要将 n/(n+1)改为 n/(float)(n+1)，即进行强制类型转换，将整型数转化为实型数。

程序如下：

```
#include <stdio.h>
int  main( )
{
    float  sum=0.0;
    int  n;
    for(n=1;n<=30;n++)
      sum=sum+n/(float)(n+1);    //也可以改为 sum=sum+n*1.0/(n+1);
    printf("sum=%.2f\n",sum);
    return  0;
}
```

程序运行结果：

```
sum=26.97
```

例 5.10　求 $S_n=a+aa+aaa+\cdots\cdots+\underbrace{aaa\cdots a}_{n}$ 的值。如 $a=5$，$n=3$ 时，即求表达式 5+55+555 的值。a 和 n 由键盘输入(a 是一位数字，n 不能太大)。

问题分析：本例中，如果 $a=5$，另定义一个变量 m，赋值为 0，则求和公式中的第一项为 5，由表达式 $m=m*10+a$ 计算得到，然后把 m 加到和值 s 中，即 $s=s+m$；第二项为 55，可以写成"50+5"，可以继续由表达式 $m=m*10+a$ 计算得到，再将 m 加到和值 s 中，即 $s=s+m$；以此类推。

因此，程序可如下设计。

(1) 定义所需的整型变量 a、n、i，m，s。其中，i 为循环变量；m 用来存放公式中的每项的值，s 存放和数；m 和 s 的初值均为 0。

(2) 从键盘输入 a、n 的值。

(3) 判断条件 $i<=n$ 是否成立。若成立，计算公式中每项的值及其和值；若不成立，结束循环，输出和值 s。

程序如下：

```
#include <stdio.h>
int main( )
{
    int  i,a,n,m=0;
    int s=0;
    printf("Please input a and n:");
```

```
    scanf("%d%d",&a,&n);
    for(i=1;i<=n;i++)
    {
        m=m*10+a;                /*也可以使用"m=a*pow(10,i-1)+m;"语句。如果使用
                                   该语句需要包含头文件 math.h*/
        s=s+m;
    }
    printf("SUM=%d\n",s);
    return 0;
}
```

程序运行结果 1：

```
Please input a and n: 2 3
SUM=246
```

程序运行结果 2：

```
Please input a and n: 5 3
SUM=615
```

5.3.2 逗号运算符和逗号表达式

在C语言中，有一种运算符被称为逗号运算符，即用逗号(,)连接两个或多个表达式，而用逗号连接的表达式则称为逗号表达式。逗号表达式的一般形式为

表达式 1,表达式 2,…,表达式 n

逗号表达式的求解过程：从左到右，依次计算各表达式的值，最后一个表达式的值即为整个逗号表达式的值。

说明：

(1) 逗号运算符的优先级最低，为第15级，结合性是从左到右。

(2) 使用逗号表达式的目的通常是想分别得到各个表达式的值，而并非一定要得到整个表达式的值，常用于 for 循环语句中。

(3) 并不是在所有出现逗号的地方都构成逗号表达式，如在变量说明和函数的参数列表中逗号只是用作各变量之间的分隔符。例如：

```
int  a,b,c;
scanf("%d%d%d",&a,&b,&c);
max(max(a,b),c);
```

例 5.11 若 a=5，求下列表达式及经过运算后 a 的值。

(1) a=(3+2,7+8)　　(2) a=2*5,a*3　　(3) (a=3*5,a*4),a+5,a+=10

解：

(1) 表达式 a=(3+2,7+8)是一个赋值表达式，先计算右边的逗号表达式(3+2,7+8)，依次求得其中表达式的值5,15；然后将最后一个表达式的值 15 赋给 a。所以，a=(3+2,7+8)的值为 15，a 的值也为 15。

(2) 表达式 a=2 * 5,a * 3 是一个逗号表达式,先计算第一个表达式 a=2 * 5 的值,即把 10 赋给 a;然后计算第二个表达式 a * 3 的值,即 10 * 3 得 30。所以,a=2 * 5,a * 3 的值为 30,a 的值为 10。

(3) 表达式(a=3 * 5,a * 4),a+5,a+=10 是一个逗号表达式,先计算第一个表达式(a=3 * 5,a * 4)的值,表达式的值为 60,a 的值变为 15;然后计算第二个表达式 a+5 的值,表达式的值为 20,a 的值未改变;最后计算第三个表达式 a+=10 的值,即 a=a+10,表达式的值为 25,a 的值变为 25。所以,(a=3 * 5,a * 4),a+5,a+=10 的值为 25,a 的值为 25。

例 5.12 分析下面程序的运行结果。

```
#include <stdio.h>
int main( )
{
    int  i,sum;
    for(i=1,sum=0;i<10;i++,i++,sum+=i);
    printf("sum=%d\n",sum);
    return 0;
}
```

程序分析:其中逗号表达式 i=1,sum=0 为 for 循环的表达式 1,条件表达式 i<10 为 for 循环的表达式 2,逗号表达式 i++,i++,sum+=i 为 for 循环的表达式 3,该 for 循环的循环体只包含一个空语句,因此在 for 循环后面有一个语句结束标记——分号(;)。

程序运行结果:

```
sum=35
```

5.4 流程转向语句 break 和 continue

流程转向语句不形成独立控制结构,只是简单地使程序执行流程从所在结构的某一处转向另一处。

5.4.1 break 语句

在 switch 语句中,break 语句的作用是使程序流程跳出 switch 结构,执行 switch 语句下面的语句。而在循环体中,break 语句的作用则是跳出循环体(即结束循环),执行循环体下面的语句。注意,由于 break 既可以用在 switch 语句中,又可以用在循环体中,因此 break 只能跳出离它最近的结构,如循环体里有 switch 语句,switch 语句里的 break 只能跳出 switch,不能结束循环。循环体中 break 语句的一般使用格式为

```
if(条件表达式)break;
```

break 语句的执行流程如图 5.4 所示。

```
while(循环条件表达式)          do                          for(表达式1;表达式2;表达式3)
{                              {                           {
    ⋮                              ⋮                           ⋮
    if(条件表达式) break;           if(条件表达式) break;        if(条件表达式) break;
    ⋮                              ⋮                           ⋮
}                              } while(循环条件表达式);       }
```

图 5.4 break 语句的执行流程

例 5.13 分析下面程序的运行结果。

```
#include <stdio.h>
int  main()
{   int  i=0,a=0;
    while(i<20)
    {
       if(i%10==0)
          break;
       i++;
    }
    i+=11;
    a+=i;
    printf("%d\n",a);
    return 0;
}
```

程序分析：本例是 while 循环形式。首先，根据 i 的初值等于 0 判断 while 后面圆括号中的表达式 i<20 的值为真，接着执行循环体中的 if 语句，判断表达式 i%10==0 的值为真，执行 break 语句，跳出循环，此时 i 和 a 的值都没有发生变化，依然是 0；之后执行“i+=11;”和“a+=i;”语句，i 和 a 的值均为 11；执行下面的 printf 语句，输出 a 的值。

程序运行结果：

```
a=11
```

例 5.14 输出 100 以内能被 7 整除的最大数。

问题分析：100 以内能被 7 整除的最大数应该是 100 以内所有能被 7 整除的数当中最接近 100 的那个数，所以采用固定次数的循环，循环变量 n 从 100 开始，依次递减，每次循环均判定 n%7==0 是否成立，若成立，说明 n 即是 100 以内能被 7 整除的最大数，输出该数，结束循环。

因此，程序可如下设计。

(1) 定义所需的循环变量 n，初值为 100。

(2) 判断 n%7==0 是否成立，若成立，则用 break 语句结束循环；若不成立，n--，继续执行循环体。

程序如下：

```
#include <stdio.h>
int  main()
{
    int n;
```

```
    for(n=100;n>=1;n--)
      if(n%7==0)
        {
            printf("100 以内能被 7 整除的最大数为%d\n",n);
            break;
        }
    return  0;
}
```

程序运行结果：

```
100以内能被7整除的最大数为  98
```

例 5.15　从键盘输入一个非负整数，判断 m 是不是素数。

问题分析：判断 m 是不是素数的问题可以在循环中使用 break 语句进行判断。在例 5.4 中分析了如何判断素数，在循环体内如果遇到一个[2，m－1]的数能整除 m，则 m 就不是素数，就不需要再判断其他数，可以退出循环。代码如下：

```
for(i=2;i<m;i++)
    if (m%i==0)
        break;
```

退出此循环的两种情况。

(1) for 循环条件不成立退出，即 i<m 不成立。说明没有执行 break 语句。也就是说，在整个循环过程中表达式 m%i==0 一直不成立，即说明[2，m－1]的所有数都不能整除 m，因此可以判断 m 是素数。

(2) 执行 break 退出，即 m%i==0 成立。说明[2，m－1]存在一个 i 能整除 m，可以判断 m 不是素数，此时循环条件 i<m 还成立。

退出循环后，可以根据表达式 i<m 是否成立判断 m 是否是素数。

程序如下：

```
#include <stdio.h>
int  main()
{
    int  m,i;
    printf("请输入一个非负整数:\n");
    scanf("%d",&m);
    if(m<2)
        printf("输入错误!\n");
    else
    {
        for(i=2;i<m;i++)
            if(m%i==0)
                break;
        if(i>=m)
            printf("%d 是素数。\n",m);
        else
            printf("%d 不是素数。\n",m);
    }
```

```
    return 0;
}
```

程序运行结果：

```
请输入一个非负整数:
13
13是素数。
```

5.4.2 continue 语句

continue 语句只能用在循环体中，其功能是结束本轮循环的执行，但不结束整个循环结构的执行过程。continue 语句的一般使用格式为

```
if(条件表达式)continue;
```

continue 语句的执行流程如图 5.5 所示。

```
while(循环条件表达式)            do                              for(表达式1;表达式2;表达式3)
{                               {                               {
    ⋮                               ⋮                               ⋮
    if(条件表达式) continue;         if(条件表达式) continue;         if(条件表达式) continue;
    ⋮                               ⋮                               ⋮
}                               } while(循环条件表达式);          }
```

图 5.5　continue 语句的执行流程

注意：在 for 循环结构中，continue 语句的执行导致计算表达式 3，即循环变量修改。

例 5.16　分析下面程序的运行结果。

```
#include <stdio.h>
int  main( )
{
    int  i=0,s=0;
    do
    {
        if(i%2)          //i 为奇数
        {  i++;  continue; }
        i++;   s+=i;
    }while(i<7);
    printf("%d\n",s);
    return 0;
}
```

程序分析：在 do…while 循环中有一条语句 if(i%2){i++;continue;}，其含义是，若 i 是奇数，则增加 i 的值后，继续判断 i<7 是否成立，从而决定是否继续循环；若 i 是偶数，则增加 i 的值后，把 i 加到 s 中。由于 i 每次加 1，当 i=6 时，循环条件 i<7 成立，继续执行循环体语句，i++后 i 值为 7，所以 7 也会加到 s 中，因此可以判断 do…while 循环中是将小于 9 的奇数相加。即 s=1+3+5+7，该程序的运行结果应该是 16。

程序运行结果：

```
s=16
```

例 5.17 使用 continue 语句,完成输出 100～200 能被 13 整除的数。

问题分析:要在 100～200 的 101 个数中找出能被 13 整除的数输出,显然要用固定次数的循环,即用 for 循环结构实现。判断 100～200 的任意一个正整数 n 是否能被 13 整除,就是判定 n%13==0 是否成立,若成立,说明 n 能被 13 整除。如果使用 continue 语句,则判断 n%13!=0 是否成立,若成立,说明 n 不能被 13 整除,则结束本次循环,继续执行下一次循环;若不成立,说明 n 能被 13 整除,输出 n 值,继续执行下一次循环。

因此,程序可如下设计。

(1) 定义所需的整型变量 n,初值为 100,同时也用作循环变量。

(2) 判断条件 n<=200 是否成立,若成立,执行步骤(3);若不成立,结束循环。

(3) 判断条件 n%13!=0 是否成立,若成立,用 continue 语句结束本次循环,继续执行下一次循环;若不成立,输出 n 值,继续执行下一次循环。

程序如下:

```
#include <stdio.h>
int  main()
{
    int  n;
    for(n=100;n<=200;n++)
    {
        if(n%13!=0)
            continue;
        printf(" %d  ",n);
    }
    printf("\n");
    return  0;
}
```

程序运行结果:

```
104  117  130  143  156  169  182  195
```

5.5 循环嵌套

如果在循环体中又包含循环语句,即在一个循环结构中包含另一个完整的循环结构,称为循环嵌套。嵌套在循环结构内的循环结构称为内循环,内循环外的循环结构称为外循环。内循环体内还可以嵌套循环结构,这种嵌套的循环结构又称多重循环。while 语句、do…while 语句和 for 语句都可以互相嵌套。

循环嵌套

在嵌套的循环结构中,要求内循环必须完整包含在外循环的循环体中,不允许出现内外层循环体交叉的情况。

嵌套的循环结构的执行过程:外循环的循环变量每变化一次,内循环的循环变量要从初值变到终值,其间也可以用 break 语句中止内或外循环。

例 5.18 马克思曾经做过这样一道趣味数学题：有 30 个人在一家小饭馆里用餐，其中有男人、女人和小孩。每个男人花 3 先令，每个女人花 2 先令，每个小孩花 1 先令，共花去 50 先令。问男人、女人和小孩各几个人（男人、女人和小孩均存在）？

问题分析：

(1) 30 个人中男人、女人和小孩的人数有多种组合，即 1 个男人，18 个女人，11 个孩子，则刚好是 30 个人，而且共花去 50 先令。也可以是 2 个男人，16 个女人，12 个孩子，则刚好也是 30 个人，而且也是共花去 50 先令。

(2) 男人的人数最少是 1 个人，最多是 28 个人；女人的人数同样最少是 1 个人，最多是 28 人；则小孩的人数应该是总人数 30 个人减去男人的人数和女人的人数。

(3) 当男人的人数乘以 3，加上女人的人数乘以 2，再加上小孩的人数乘以 1 等于 50（先令）时，此时男人、女人和小孩的人数刚好是题目中所要求的人数。

(4) 本题中男人和女人的人数都是不定值，所以要用到双重循环，外循环用来确定男人的人数，内循环用来确定女人的人数。

因此，可如下设计程序。

(1) 定义变量 man、women、child，分别用来存放男人、女人和小孩的人数；同时，用 man 作为外循环的循环变量，取值为 1～28；用 women 作为内循环的循环变量，取值为 1～29－man；小孩的人数 child＝30－man－women。

(2) 判断条件 man＜＝28 是否成立。若成立，执行内循环；若不成立，结束外循环。

(3) 判断条件 women＜＝29－man 是否成立。若成立，执行内循环，计算小孩的人数。判断 man＊3＋women＊2＋child＊1＝＝50 是否成立。若成立，分别输出 man、women、child 的值；若不成立，结束内循环，继续执行外循环。

程序如下：

```
#include <stdio.h>
int  main( )
{
    int  man,women,child;
    for(man=1;man<=28;man++)
        for(women=1;women<=29-man;women++)
        {
            child=30-man-women;
            if(man*3+women*2+child*1==50)
                printf("man=%-6dwowen=%-6dchild=%-6d\n",man,women,child);
        }
    return  0;
}
```

程序运行结果：

```
man=1     wowen=18    child=11
man=2     wowen=16    child=12
man=3     wowen=14    child=13
man=4     wowen=12    child=14
man=5     wowen=10    child=15
man=6     wowen=8     child=16
man=7     wowen=6     child=17
man=8     wowen=4     child=18
man=9     wowen=2     child=19
```

例 5.19 打印如下的九九乘法表。

```
1*1=1   1*2=2    …   1*9=9
2*1=2   2*2=4    …   2*9=18
  ⋮       ⋮       ⋱    ⋮
9*1=9   9*2=18   …   9*9=81
```

问题分析：在九九乘法表中给出了被乘数、乘数和两个数的乘积值，被乘数对应行号，乘数对应列号，这两个数的乘积值为所在位置的对应行号和列号的乘积。例如，对于算式2*9=18，被乘数对应行号 2，乘数对应列号 9，则两个数的乘积值为对应行号与对应列号的乘积，即 2*9 的值等于 18。如果用变量 i 代表被乘数（行号），变量 j 代表乘数（列号），则这两个变量的取值范围均是 1～9，且需要双重循环嵌套方式来实现构建乘法表的过程。其中，用外循环控制被乘数（行）的变化，内循环控制乘数（列）的变化。

本例中使用了一个 for 循环的嵌套结构，外层 for 循环实现了控制行的变化，当行值 i 每变化一次，内层 for 循环中的列值 j 就从 1～9 执行一轮，内层 for 循环实现了计算第 i 行上的 1～9 列位置上的乘积值。当外层 for 循环中的 i 值从 1 变化到 9 后，也就完成了九九乘法表中 9 行的乘积运算过程。

因此，可如下设计程序。

（1）定义外循环变量 i，内循环变量 j。

（2）判断条件 i<=9 是否成立。若成立，则执行外循环体；若不成立，则结束外循环。

（3）判断条件 j<=9 是否成立。若成立，则执行内循环体，输出九九乘法表的第 i 行；若不成立，则结束内循环，继续执行外循环。

程序如下：

```
#include <stdio.h>
int  main()
{
    int  i,j,result;
    for(i=1;i<=9;i++)
    {
        for(j=1;j<=9;j++)
        {
            result=i*j;          //计算 i 行 j 列上的元素值
            printf("%d*%d=%-3d\t",i,j,result);
        }
        printf("\n");
    }
    return  0;
}
```

程序运行结果：

```
1*1=1   1*2=2   1*3=3   1*4=4   1*5=5   1*6=6   1*7=7   1*8=8   1*9=9
2*1=2   2*2=4   2*3=6   2*4=8   2*5=10  2*6=12  2*7=14  2*8=16  2*9=18
3*1=3   3*2=6   3*3=9   3*4=12  3*5=15  3*6=18  3*7=21  3*8=24  3*9=27
4*1=4   4*2=8   4*3=12  4*4=16  4*5=20  4*6=24  4*7=28  4*8=32  4*9=36
5*1=5   5*2=10  5*3=15  5*4=20  5*5=25  5*6=30  5*7=35  5*8=40  5*9=45
6*1=6   6*2=12  6*3=18  6*4=24  6*5=30  6*6=36  6*7=42  6*8=48  6*9=54
7*1=7   7*2=14  7*3=21  7*4=28  7*5=35  7*6=42  7*7=49  7*8=56  7*9=63
8*1=8   8*2=16  8*3=24  8*4=32  8*5=40  8*6=48  8*7=56  8*8=64  8*9=72
9*1=9   9*2=18  9*3=27  9*4=36  9*5=45  9*6=54  9*7=63  9*8=72  9*9=81
```

从运行结果可以看出，除了 i 等于 j 时的乘积表达式只有一个外，其他的乘积表达式都有两个，例如 1 * 9=9 和 9 * 1=9、2 * 7=14 和 7 * 2=14、5 * 8=40 和 8 * 5=40 等。如果每个乘积表达式只保留一个，即保留下三角的九九乘法表，如何修改代码呢？

由以上的分析可知，由 i 控制的外循环控制的是行，下三角中行数没变，因此外循环不变；由 j 控制的内循环控制的是列，对于不同的行，输出的列是一个变化的值：第 1 行输出 1 个乘积表达式、第 2 行输出 2 个乘积表达式、第 i 行输出 i 个乘积表达式，因此，内循环的控制变量应该取 1～i。

程序如下：

```
#include <stdio.h>
int  main()
{
    int  i,j,result;
    for(i=1;i<=9;i++)
    {
        for(j=1;j<=i;j++)
        {
            result=i * j;          //计算 i 行 j 列上的元素值
            printf("%d * %d=%-3d\t",i,j,result);
        }
        printf("\n");
    }
    return  0;
}
```

程序运行结果：

```
1*1=1
2*1=2   2*2=4
3*1=3   3*2=6   3*3=9
4*1=4   4*2=8   4*3=12  4*4=16
5*1=5   5*2=10  5*3=15  5*4=20  5*5=25
6*1=6   6*2=12  6*3=18  6*4=24  6*5=30  6*6=36
7*1=7   7*2=14  7*3=21  7*4=28  7*5=35  7*6=42  7*7=49
8*1=8   8*2=16  8*3=24  8*4=32  8*5=40  8*6=48  8*7=56  8*8=64
9*1=9   9*2=18  9*3=27  9*4=36  9*5=45  9*6=54  9*7=63  9*8=72  9*9=81
```

5.6　循环结构程序设计举例

例 5.20　求 Fibonacci 数列：1,1,2,3,5,8…的前 40 个数，并每行输出 4 个数。

问题分析：Fibonacci 数列是这样的一个数列，它的第一项和第二项均为 1，从数列的第三项开始，每项都是它的前面两项之和，即如果用 f_1 表示数列第一项，f_2 表示数列第二项，f_n 表示数列第 n 项，则 $f_1=1$，$f_2=1$，$f_n=f_{n-1}+f_{n-2}$。

本例中，除了数列的第一项和第二项外，其余 38 项采用统一计算方法，且每次计算数列的两项，所以采用循环结构实现，并且边计算边打印。由于已知数列的第一项和第二项，因此在循环体外先把已知项打印出来，剩余 38 项通过 19 次计算打印完成。在循环体内打印数列时，还要保证每行打印 4 个数，即用循环变量能否被 2 整除来进行控制。

程序如下：

```
#include <stdio.h>
int main( )
{
    int  n;
    long int  f1,f2;
    f1=1;
    f2=1;
    printf("%10d%10d",f1,f2);
    for(n=1;n<=19;n++)
    {
        if(n%2==0)
            printf("\n");
        f1=f1+f2;
        f2=f2+f1;
        printf("%10d%10d",f1,f2);
    }
    printf("\n");
    return  0;
}
```

程序运行结果：

```
         1         1         2         3
         5         8        13        21
        34        55        89       144
       233       377       610       987
      1597      2584      4181      6765
     10946     17711     28657     46368
     75025    121393    196418    317811
    514229    832040   1346269   2178309
   3524578   5702887   9227465  14930352
  24157817  39088169  63245986 102334155
```

例 5.21 用双重 for 循环打印出下列图形。

菱形的打印

问题分析：

(1) 每行中包含的要素分别为：空格、*（图形元素）和换行。

(2) 前 4 行空格数在减少，* 数在增加，而后 3 行空格数在增加，* 数在减少，因此可以将这个图形分上下两部分考虑，即包含 4 行 * 的上三角和包含 3 行 * 的下三角。

(3) 通过找每行的空格数与行号之间的关系，以及每行的 * 数与行号之间的关系构造循环。

(4) 先考虑前 4 行 * 的输出，第一行输出 3 个空格和 1 个 *，第二行输出 2 个空格和 3 个 *，第三行输出 1 个空格和 5 个 *。以此类推，第 i 行应输出 4－i 个空格和 2 * i－1 个 *。因此，输出前 4 行 * 时，用双重循环，外循环控制行的变化，两个并列的内循环控制列的变化，也就是控制输出空格和 * 的个数。

(5) 输出后 3 行 * 时，第一行输出 1 个空格和 5 个 *，第二行输出 2 个空格和 3 个 *，第三行输出 3 个空格和 1 个 *。因此，第 i 行应输出 i 个空格和 7－2 * i 个 *。同样输出后 3 行 * 时，也用双重循环，外循环控制行的变化，两个并列的内循环控制列的变化，也就是控制输出空格和 * 的个数。

程序如下：

```
#include <stdio.h>
int main( )
{
    int  i,j;
    for(i=1;i<=4;i++)
    {
        for(j=1;j<=4-i;j++)
           printf(" ");
        for(j=1;j<=2*i-1;j++)
           printf("*");
        printf("\n");
    }
    for(i=1;i<=3;i++)
    {
        for(j=1;j<=i;j++)
           printf(" ");
        for(j=1;j<=7-2*i;j++)
           printf("*");
        printf("\n");
    }
    return  0;
}
```

程序运行结果：

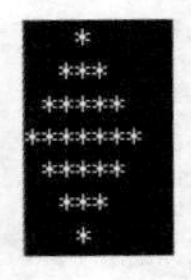

例 5.22　输入一行字符，分别统计其中英文字母、空格、数字和其他字符的个数。

问题分析：本例实际上是逐个接收从键盘输入的字符，并进行逐个字符的判断，直到接收到回车符(因题目要求输入一行字符，因此回车符'\n'即为输入结束的标志)，程序运行结束。用到 4 个计数变量，分别存放英文字母、空格、数字和其他字符的个数。

程序如下：

```
#include <stdio.h>
int  main( )
{
```

```
    char  ch;
    int letter=0,space=0,number=0,other=0;
    printf("请输入一串字符");
    scanf("%c",&ch);
    while(ch!='\n')
    {   if (ch>='a' && ch<='z' || ch>='A' && ch<='Z')
            letter++;
        else if(ch==' ')
            space++;
        else if(ch>='0' && ch<='9')
            number++;
        else
            other++;
        scanf("%c",&ch);
    }
    printf("字符数=%d\n 空格数=%d\n 数字数=%d\n 其他字符的个数=%d\n",letter,
space,number,other);
    return  0;
}
```

程序运行结果 1：

```
请输入一串字符I am a student!
字符数=11
空格数=3
数字数=0
其他字符的个数=1
```

程序运行结果 2：

```
请输入一串字符There are 56 nationalilties in our country!
字符数=34
空格数=6
数字数=2
其他字符的个数=1
```

从键盘输入字符也可以使用 getchar 函数，删掉程序中的 scanf 函数，while 的循环条件表达式可以用(ch=getchar())!='\n'，含义是从键盘接收一个字符赋给变量 ch，然后判断 ch 的值是否为'\n'。

习 题 5

一、选择题

1. C 语言程序的 3 种基本结构是顺序结构、选择结构和________。
   A. 递归结构　　B. 转移结构　　C. 循环结构　　D. 嵌套结构
2. 下面程序段中 while 循环执行的次数是________。

```
int  t=0;
while(t=1)  t=t+1;
```

A. 无限次　　B. 一次也不执行
C. 执行一次　　D. 有语法错，不能执行

3. 以下程序的输出结果是________。

```
#include <stdio.h>
int main( )
{
    int i, sum ;
    for(i=1; i<6; i++)   sum+=i;
    printf("%d\n",sum);
    return 0;
}
```

A. 15　　B. 14　　C. 0　　D. 不确定

4. 设 x 和 y 均为 int 型变量，则执行下面的循环后，x 值为________。

```
for(y=1,x=1;y<=50;y++)
{
    if(x>=10) break;
        if(x%2==1)
        {x+=5;continue;}
    x-=3;
}
printf("%d",x);
```

A. 4　　B. 6　　C. 8　　D. 10

5. 以下程序结束时，i、j、k 的值为________。

```
#include <stdio.h>
int main( )
{
    int a=10,b=5,c=5,d=5;
    int i=0,j=0,k=0;
    for(;a>b;++b)i++;
    while(a>++c)j++;
    do{
        k++;
    }while(a>d++);
    printf("i=%d,j=%d,k=%d\n",i,j,k);
    return 0;
}
```

A. i=5,j=5,k=6　　B. i=5,j=4,k=6
C. i=6,j=5,k=7　　D. i=6,j=6,k=6

二、程序分析题

1. 以下程序的输出结果是________。

```
#include <stdio.h>
int main( )
```

```
{
    int  x,i;
    for(i=1;i<=100;i++)
    {
        x=i;
        if(++x%2==0)
          if(++x%3==0)
            if(++x%7==0)
              printf("%d\n",x);
    }
    return  0;
}
```

2. 以下程序的输出结果是________。

```
#include <stdio.h>
int main( )
{
    int i,k=19;
    while(i=k-1)
    {
        k-=3;
        if(k%5==0) {i++;continue;}
        else if(k<5) break;
        i++;
    }
    printf("i=%d,k=%d\n",i,k);
    return  0;
}
```

3. 以下程序的输出结果是________。

```
#include <stdio.h>
int main( )
{
    int i,j;
    float s;
    for(i=6;i>4;i--)
    {
        s=0.0;
        for(j=i;j>3;j--)  s=s+i*j;
    }
    printf("%f\n",s);
    return 0;
}
```

4. 以下程序的输出结果是________。

```
#include <stdio.h>
int main( )
{
    int  a=10, b=0;
    while(a!=0)
```

```
    {
        --a;
        if(a%3!=0)  continue;
        b++;
        if(a<=4)  break;
    }
    printf("b=%d\n", b);
    return 0;
}
```

三、程序填空题

1. 以下程序功能是打印 100 以内个位数为 6 且能被 3 整除的所有数。

```
#include <stdio.h>
int main( )
{
    int i,j;
    for(i=0;____(1)____;i++)
    {
        j=i * 10+6;
        if(____(2)____)  continue;
        printf("%d,",j);
    }
    return 0;
}
```

2. 以下程序的功能是求 1～1000 满足"用 3 除余 2,用 5 除余 3,用 7 除余 2"的数,且一行只打印 5 个数。

```
#include <stdio.h>
int main( )
{
    int  i=1,j=0;
    do
    {
        if(____(1)____)
        {  printf("%4d",i);
           j=j+1;
           if(____(2)____) printf("\n");
        }
        i=i+1;
    }while(i<1000);
    return 0;
}
```

四、编程题

1. 输入一个整数初值,输出该初值后的 20 个不能被 3 整除的整数。

2. 鸡和兔一共有 40 只,脚共有 100 只,计算鸡兔各有多少只。

3. 求 $1+(1+2)+(1+2+3)+\cdots+(1+2+3+\cdots+n)$的值，n 的值由键盘输入。

4. 打印所有的水仙花数。水仙花数是指一个三位数，其各位数字立方和等于该数。例如，$153=1^3+5^3+3^3$。

5. 输入两个正整数 m 和 n，用辗转相除法求 m 和 n 的最大公约数，然后再求它们的最小公倍数。辗转相除法求 m 和 n 的最大公约数的算法用图 5.6 所示的流程图表示。

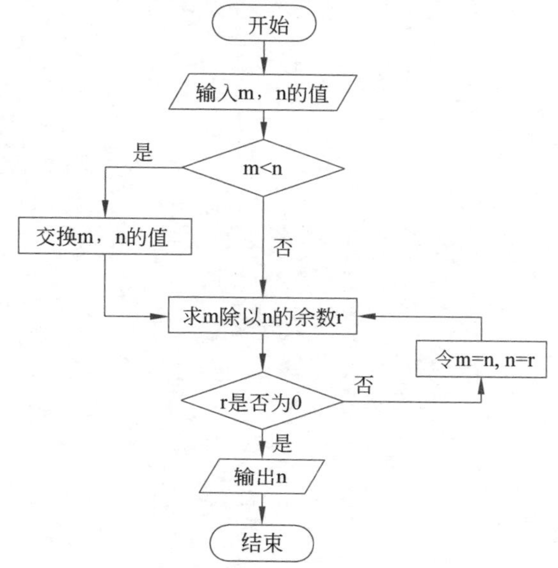

图 5.6　最大公约数的另一种算法流程图

6. 求 100～200 的素数，把它们按每行 5 个数全部显示出来，并给出素数的个数。

7. 统计一个正整数的位数及各位数字的和。

例如：输入 123456，输出“6 位数，各位数字的和为 1＋2＋3＋4＋5＋6＝21”。

8. 购买商品房现在(2005 年)可采用 3 种按揭方式。

方式一：公积金贷款。首期支付房款的 30%，余款全部申请公积金贷款。贷款期限≤5 年，利率为 3.6%；贷款期限＞5 年，利率为 4.05%。

方式二：商业性贷款。首期支付不少于房款的 20%，余款全部申请商业性贷款。贷款期限≤5 年，利率为 4.77%；贷款期限＞5 年，利率为 5.04%。

方式三：混合性贷款。首期支付房款的 30%，因公积金贷款限额而不能采用“方式一”者，可申请一部分公积金贷款，其余差额部分再申请商业性贷款支付。

无论采用以上哪种贷款方式，购房者还须在首付款中加上以下费用。

保险费：房款总额的 2%；

贷款税：贷款总额的 0.05%；

贷款公证费：贷款总额的 0.3%。

用 C 语言编写“购房按揭计算工具”。该计算工具能根据输入的购房款总额、拟采用的按揭方式和贷款期限(1 年为 12 期，贷款利息是按期复利计算的)计算首付款和每月付款。

9. 从键盘输入一个正整数 n,再从键盘输入 n 个整数,输出 n 个整数中奇数的乘积。例如,从键盘输入的数据为 4 2 3 4 5,则输出为 15;如果从键盘输入的数据为 3 1 2 3,则输出为 3。

10. 编写一个程序,其功能：分别输入一年 12 个月某家庭的实际花销,计算并输出这一年该家庭的总花销和月平均花销。

第6章 模块化程序设计——函数

案例导入——彩票中奖概率的计算

【问题描述】 彩票,即使你没有买过,也听说过。彩票有很多种,最常见的是数字型彩票。人们在购买彩票时,往往需要计算中奖概率作为参考。下面以中国体育彩票北京市33选7为例,尝试计算该彩票的中奖概率。一等奖的中奖条件:从1～33个数字中选出7个数字,不考虑顺序,如果购买时选择的号码与开奖的7个数字完全相同,则为中了一等奖。计算该彩票一等奖的中奖概率。

【解题分析】 根据概率的基础知识可以知道,一等奖的中奖概率为中奖的彩票数量除以所有可以购买的彩票数量。一等奖中奖的彩票数量最多只有一个,即需要选择的号码与开奖号码完全相同。所有可能彩票的数量为从33个数字中任意选择7个的组合数,即C_{33}^{7}。因此,一等奖的中奖概率为$1/C_{33}^{7}$。可见本题目的核心问题就是计算组合数,关于组合数的计算有如下公式:

$$C_n^m = \frac{n!}{m!\,(n-m)!}$$

利用该公式,通过计算3个阶乘值就可以进一步计算组合数,从而得到中奖概率,可以用如下代码来实现。

```
#include <stdio.h>
int main()
{
    int n,m,i;                          //n=33,m=7
    double c,fac1,fac2,fac3;            // c为组合数,fac1、fac2、fac3分别为阶乘数
    printf("Input n&m:");
    scanf("%d%d",&n,&m);
    //计算 n!
    fac1=1;
    for(i=1;i<=n;i++)
        fac1*=i;
    //计算 m!
    fac2=1;
    for(i=1;i<=m;i++)
        fac2*=i;
    //计算(n-m)!
```

```
    fac3=1;
    for(i=1;i<=n-m;i++)
        fac3*=i;
    c=fac1/(fac2*fac3);
    printf("%d选%d一等奖中奖概率是%.0f分之一\n",n,m,c);
    return 0;
}
```

程序运行结果：

```
Input n&m:33 7
33选7一等奖中奖概率是4272048分之一
```

虽然以上程序实现了一等奖中奖概率的计算，但通过分析程序，不难发现 3 次计算阶乘的代码非常相似，但却被重复书写了 3 遍。这种重复性的工作效率较低，能否将功能相似的代码抽取出来，只书写一遍，却可以被多次重复使用呢？本章要介绍的函数就是可以实现代码复用的一种方式。函数可以将某些特定功能的代码段封装成一个特定格式的模块，能够实现一次书写、多次使用，从而实现了代码的复用，避免了重复书写相同或相似的代码。下面的程序就实现了将计算阶乘的功能单独封装成了一个函数 fac，在主函数中 3 次调用该函数，分别计算 3 个阶乘，最后求出组合数和中奖概率。具体代码如下：

```
#include <stdio.h>
double fac(int n)                              //计算阶乘的函数定义
{
    double result=1;
    int i;
    for(i=1;i<=n;i++)
        result=result*i;
    return result;
}
int main()
{
    int n,m,i;
    double c;
    printf("Input n&m:");
    scanf("%d%d",&n,&m);
    c=fac(n)/(fac(m)*fac(n-m));    //3次调用阶乘函数，并求出组合数
    printf("%d选%d一等奖中奖概率是%.0f分之一\n",n,m,c);
    return 0;
}
```

函数除了可以实现代码复用以外，还可以实现结构分解、信息隐藏、协作开发等很多优点，大家可以在后续学习中慢慢体会。

函数的定义

导学与自测

扫二维码观看本章的预习视频——函数的定义，并完成以下课前自测题目。

【自测题 1】 对如下函数定义的描述不正确的是（　　）。

```
int square(int x)
{
    return x * x;
}
```

A. 函数名应该符合 C 语言标识符命名规则,而且应避免使用关键字

B. 该函数接收一个参数,参数的类型是 int 型

C. 该函数用 return 语句把参数 x 的平方作为返回值

D. 该函数的函数体只有一个语句,可以省略该语句外的花括号

【自测题 2】 若已定义自测题 1 中的 square 函数,则对如下代码的描述中不正确的是(　　)。

```
int a=5,b;
b=square(a);
printf("a=%d, b=%d\n",a,b);
```

A. b=square(a)中调用了 square 函数,其中 a 为传递给函数的实参

B. 函数调用时的实参可以使用变量,也可以使用常量或表达式

C. 函数只能调用一次,多次调用会导致参数混乱

D. 函数调用时应保证该函数已被正确定义

前面的章节介绍了结构化程序设计的基本概念和顺序、选择、循环 3 个基本结构。本章介绍程序设计的另一个重要概念——函数。函数是模块化程序设计的重要概念,是实现模块化程序设计思想的重要工具,也是进行代码复用的主要手段。在程序设计中,合理地使用函数可以使程序结构清晰、调试便捷、运行高效。本章前半部分将详细介绍函数概念的引入、用户如何自定义函数、函数的调用和参数传递方式,以及函数的复杂调用(如嵌套调用和递归调用等)。后半部分介绍与模块化程序设计思想相关的变量的存储类别、变量的作用域和生存期等概念,并简要介绍如何使用多个文件进行程序设计等内容。

6.1　函数概述

6.1.1　模块化程序设计的基本思想

通过 3～5 章的学习,我们了解了结构化程序设计的基本结构:顺序、选择和循环,并且使用这些基本结构设计了解决实际问题的程序。事实已经证明,这 3 种基本结构的组合可以实现一切算法。但是当进行复杂的大型程序设计时,会遇到这样的问题:同样或类似的一段代码需要反复使用。如果只是简单地复制这段代码,会使程序变得特别臃肿,不够灵活,也增加了编程和维护的工作量。能否使用一种新的方法,把这些代码合理方便地反复使用呢?这就是一个代码复用的问题。可以考虑把功能相似的代码抽取成为一个代码块,需要时就调用该代码块,且可以反复调用。这样就不会增加代码的长度,使用也非常灵活。这样的代码块在 C 语言中称为函数。另外,对于大型的程序,往往不是一个

人就可以完成的，可能需要许多人合作进行开发。如何让多人同时进行开发，相互间又不会受到时间先后因素的制约呢？模块化就是一个好的解决方法。可以把大型程序分解成不同的功能模块，每个模块实现一个特定的子功能，模块与模块之间通过入口参数和出口参数联系，把所有模块集成起来，整个程序的功能就完成了。开发时每个人或每个小组负责一个子功能模块，这样便于整个项目的管理，也可以提高开发的效率。这种程序设计的模式称为自顶向下、逐步细化的方法，即先从整个程序的总体（顶部）进行分解，一步步分解为不同的模块（底部），把每个模块都完善实现（细化），最后把整个程序进行集成。下面以一个图书借阅管理系统的例子来说明。

【问题描述】 设计一个简单的图书借阅管理系统，使系统实现如下 4 种基本功能。

（1）图书管理：主要进行新书入库、图书损坏丢失、图书检索等管理。

（2）借阅证管理：主要进行新证办理、借阅证挂失、借阅证检索等管理。

（3）借阅管理：主要进行图书借阅、图书续借、图书预约、超期催还、借阅查询等管理。

（4）通知公告：主要用来发布通知和公告等相关的信息。

【解题分析】 在进行系统设计时，首先要进行需求分析。在上面的问题描述里介绍了该图书借阅管理系统的主要功能需求，可以在此基础上进行系统设计。把系统分解成 4 个模块：图书管理、借阅证管理、借阅管理和通知公告。如果这样分解还不够细致，可以继续分解。如借阅证管理可以继续分解为图书借阅、图书续借、图书预约、超期催还、借阅查询等模块。这种从系统整体出发，不断对功能进行细化分解的方法，就是自顶向下的模块分解。分解可以一直进行，直到分解得到的最终模块已经是基本模块，非常便于编程实现和管理。把每个模块都分别用编程语言编写对应代码，调试通过，这就是模块的实现。最后，把所有模块综合集成为整个系统，就实现了该图书借阅管理系统。图书借阅管理系统的功能模块如图 6.1 所示。

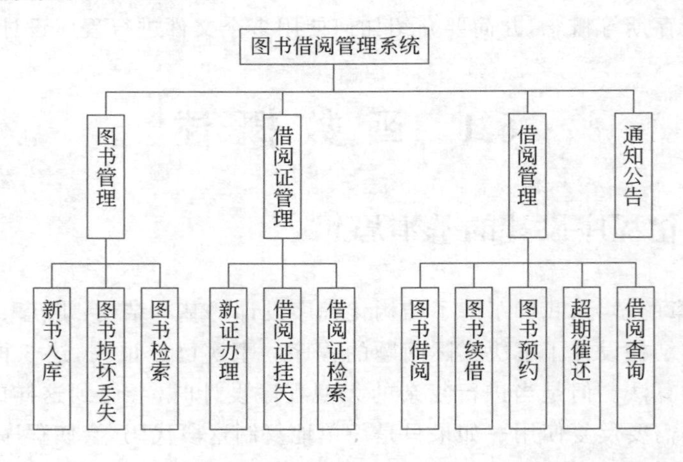

图 6.1　图书借阅管理系统的功能模块

系统分解出来的每个子模块都可以独立开发，也可以被反复调用。一般说来，子模块可以由函数来实现。简单的模块可以由一个函数实现，复杂些的模块可以由多个相关的函数实现。因此，函数是实现模块化的基本单位。

C语言是一种结构化的语言，结构化的概念除了体现在有3种结构化的基本结构外，还体现在几乎所有的程序功能都要在函数中实现，以函数来实现模块化的编程思想，通过函数来实现程序的各个功能。每个C程序至少要包含一个主函数——main函数。较大的C程序往往由多个函数组成，每个函数完成一种特定的功能。函数需要先定义，定义后可以被其他函数调用。函数的调用次数不受限制，只要需要就可以多次反复调用。

6.1.2 库函数和用户自定义函数

C语言的程序是由函数组成的，在进行编程的过程中会用到各种各样的函数。这些函数都是如何得到的呢？从来源看，C语言的函数主要分为两种：一种是系统提供的库函数；另一种是用户自定义函数。

为了编程方便，C语言提供了一些常用的函数供用户调用。如格式化输出函数printf、求算术平方根的函数sqrt等。系统把这些基本和常用的函数集中起来，形成一个函数库，这个库中的函数就称为库函数。可见库函数是系统提供的，在程序中可以直接调用。库函数一般也有两类：一类是C语言附带的，在任何编译器下都可以使用的，称为标准库函数；另一类是编译器额外添加的，不同的编译器可能有不同额外添加的库函数。

从大体的分类上看，库函数包含I/O类函数（如printf、scanf）、时间类函数（如time、clock）、字符和字符串操作类函数（如isalpha、strcmp）、数学类函数（如sin、log）、系统类函数（如malloc、rand）等。这些函数的实现都放在一些lib库中，和每个lib库对应的头文件中有这些函数的声明。编程时要使用这些库函数，只要把含有函数声明的头文件用#include包含到源程序中即可。例如，要在程序中调用数学类函数sin，在程序的开头部分加上#include <math.h>即可。

下面的例子调用了库函数来生成10个0～99的伪随机数。

例6.1 生成随机数。

程序如下：

```
#include <stdio.h>
#include <time.h>
#include <stdlib.h>
int main()
{
    int  i;
    srand(time(NULL));                    //用当前时间初始化随机数种子
    for(i=0;i<10;i++)
        printf("%d  ",rand()%100);        //生成并输出随机数
    return  0;
}
```

程序运行结果：

```
30 86 65 62 50 21 30 8 28 31
```

注意：每次运行结果不一样。

这个例子中调用了 4 个库函数。srand 函数用来对随机数种子进行初始化，也就是给随机数一个起始的值。一般经常使用时间作为参数来进行初始化。time(NULL)函数用来得到系统当前的时间转换为秒数的值。rand 函数用来生成一个 0～RAND_MAX 的伪随机数。用这个伪随机数对 100 求余，可以保证输出的伪随机数在 0～99。这几个函数中，time 在头文件 time.h 中声明，srand 和 rand 在头文件 stdlib.h 中声明，printf 在头文件 stdio.h 中声明，所以在程序的开头要用＃include 预处理命令包含这 3 个头文件。

虽然系统提供了丰富的库函数，但是在实际编程过程中，还经常会遇到一些特定的功能模块难以由库函数实现，需要用户自己定义函数来实现特定的功能。这些由用户自己定义的函数称为用户自定义函数。因为是根据不同需要来定义的函数，所以用户自定义函数丰富多彩，功能多种多样。下面学习如何根据自己的需要定义函数。

6.1.3 函数的定义

函数定义的一般格式：

```
返回值类型 函数名(参数列表)
{
    说明部分;
    语句部分;
}
```

格式的第一行称为函数的函数头，也称函数首部。花括号中的说明部分和语句部分统称为函数体。因此函数的定义是由函数头和函数体构成的。

函数头中，返回值类型是指该函数调用后即将带回的值的数据类型，返回值类型也称函数类型。函数名是函数的唯一标识，命名时要遵守标识符的命名规则。圆括号中的参数列表用于说明该函数是否需要使用外来数据，不需要外来数据的函数称为无参函数，圆括号中可以为空，如通常看到的 main 函数，也可以在圆括号中加入 void 来明确表示该函数为无参函数；需要外来数据的函数称为有参函数，有参函数的参数列表应该指明每个参数的数据类型和参数名，如有多个参数则应说明每个参数的数据类型和参数名，各个参数说明之间用逗号分隔。

函数体位于花括号中，说明部分用于说明函数中除形参外还要用到的变量，语句部分用于实现函数的具体功能。

例如，定义一个求两个整数最大值的函数为如下：

```
int  max(int  x, int  y)
{
    int  z;
    if(x>y)
        z=x;
    else
        z=y;
```

```
    return  z;
}
```

其中,函数首部为 int max(int x,int y),表明该函数的返回值是整型,函数名为 max,函数使用两个参数 x、y,两个参数都是整型的。函数体中又声明了一个变量 z,然后根据 x 和 y 的值进行比较,把大的值赋给 z。return z 语句的作用是把 z 的值作为函数的返回值返回给函数的调用方。return 语句也可以使用另一种形式 return (z),它们的作用是一样的。

有些函数可能不需要返回值,那么可以用 void 作这些函数的返回值类型。如果一个函数的返回值类型是 void 就表明该函数不需要返回值,那么在函数体中就不必用 return 语句来返回值。例如:

```
void  sayHello(void)
{
    printf("Hello!\n");
}
```

有关函数定义的说明。

(1) 函数定义时,函数名的命名应该遵循标识符的命名规则。另外,函数名应该做到见名知义,即函数名的含义应该和函数的功能尽量一致,增强程序可读性。给函数一个准确无歧义的名字是良好的编程风格的体现。

(2) 如果函数定义时省略了返回值类型,那么系统默认该函数的返回值类型为 int 型。在实际编程中,提倡尽量不要省略返回值类型。

(3) 用 return 语句返回的数据可以是常量、变量和表达式,但是其数据类型最好和函数定义时指定的返回值类型一致。如果 return 语句返回的数据类型和函数的返回值类型不一致,系统将自动把该数据的类型转换为与返回值类型一致。

(4) 对于有返回值的函数,函数体中至少应该有一个 return 语句;也可以有多个 return 语句,但只有其中的一个被执行。一旦 return 语句被执行,系统就从函数体内返回到调用方,return 后的函数体语句将不再执行。

(5) 所有的函数都是平行的,函数在定义时是独立的,分别完成的。所有函数的地位是平等的,没有隶属关系。也就是说,一个函数在函数体内可以调用其他函数(只有 main 函数不能被其他函数调用),但是不能在函数体内再定义其他函数。**函数的定义不能嵌套。**

(6) 没有 return 语句的函数执行到函数体的右花括号结束。

函数的调用和参数传递

6.2 函数的调用和参数传递

6.2.1 函数的调用

函数定义好后,只是表明这个函数的功能已经可以被使用了,但是函数功能的真正实现需要对函数进行调用。每调用一次,函数的功能就被执行一次。

函数调用的一般形式：

```
函数名(实参列表)
```

其中，函数名指示要调用哪个函数；实参列表提供在使用被调函数时，被调函数所需要的数据。如果是无参函数，圆括号中为空，即没有实参列表。有参函数的实参列表中实参可以是常量、变量或表达式，也可以是另一个函数的调用。多个实参之间用逗号分隔，按顺序进行数据传递。

在实际应用中，函数调用一般以如下 3 种方式实现。

(1) 函数表达式，适用有返回值的函数。

函数调用作为表达式的一部分时，必须是有返回值的函数，这种函数调用时都能带回一个数值，该数值作表达式的一部分参与表达式计算。例如：

```
average=sum(x,y)/2;
ch=getchar();
```

(2) 函数语句，适用有返回值和无返回值的函数。

函数调用作为一个独立的语句，由函数调用加上分号构成。例如：

```
printf("Hello!\n");
putchar(ch);
```

(3) 函数参数，适用有返回值的函数。

函数调用作为另一个函数的参数。例如：

```
printf("最大值为%d\n",max(a,b));
putchar(getchar());
```

6.2.2 函数的参数传递

在发生函数调用时，发起函数调用的一方常称为主调方。主调方需要被调函数提供某种功能服务，为了让功能执行更准确，往往需要主调方给被调函数传递一些必需的信息。这些信息是通过参数传递的。

在函数定义时，出现在函数头部分的参数称为形参。在函数调用时，出现在函数名后面圆括号中的参数称为实参，实参必须是实际存在的数据，无论是变量还是表达式，都必须具有确定的数值。在函数调用发生时，系统把实参数据的值依次复制传递给形参。形参接收到相应的值后，开始执行函数体内的具体语句。这个实参数值传递给形参的过程称为函数的参数传递。接下来用一个实例来说明实参向形参传递的过程。

例 6.2 从键盘输入 10 个整数，判断其中哪些是偶数。

问题分析：判断一个整数的奇偶性，可以求该数除以 2 的余数。若余数为 0，则为偶数；否则为奇数。由于并不需要知道整数除以 2 的余数值，只需要知道是否能被 2 整除，用 1 表示可以被 2 整除，0 表示不能被 2 整除，定义一个函数进行判断。

程序如下：

```
#include <stdio.h>
int isEven(int a)                                  //判断奇偶性函数
{
    if(a%2==0)
        return 1;
    else
        return 0;
}
int main()
{
    int  i,x;
    for(i=0;i<10;i++)
    {
        printf("请输入一个整数: \n");
        scanf("%d",&x);
        if(isEven(x)==1)                           //函数调用
            printf("%d是偶数。\n",x);
        else
            printf("%d是奇数。\n",x);
    }
    return  0;
}
```

例6.2定义了一个函数isEven来判断一个整数是不是偶数,如果是偶数返回1,否则返回0。主函数中对该函数调用了10次,根据函数的返回值是1或0来判断10个整数是奇数还是偶数。isEven定义时的参数a就是形参,调用时的参数x就是实参。在主函数循环中,每次调用isEven时,把x的值传递给形参a,isEven函数根据接收到的数值判断是奇数还是偶数,分别返回0或1。

在函数调用没有发生时,虽然函数已经定义了,但是形参变量在内存中并不真正存在。形参变量在函数定义时只是起到一个占位符的作用,系统并没有在函数定义时给形参分配内存单元,所以这时形参并不是真正存在的。只有在函数发生调用时,系统才给形参变量分配内存单元,这时的形参才真正存在。形参分配了内存后,从实参那里接收到传递来的数值,这时参数传递才完成。当函数执行完返回后,系统又把形参变量的内存单元释放了,形参变量又变成一个形式上的变量,在内存中又不存在了。只有下一次调用发生时,形参变量才又被分配内存单元。

实参和形参是不同的变量,即使同名,也不会相互影响,因为一个在被调函数中起作用,另一个在主调方起作用。但是一般为了不引起混淆,提倡使用不同的变量名。

实参向形参进行的参数传递是一种单向的数值传递,即系统把实参的值复制一份给形参,一旦这个步骤完成后,形参和实参之间就脱离了关系,对形参变量所做的改变并不会影响实参。这就如同在两台计算机间复制文件。如果从A计算机复制了一份文件到了B计算机,那么A、B两台计算机中就都有了内容相同的文件,这时如果在B计算机中修改文件,A计算机中的文件并不会受到影响。下面这个例子说明了这一点。

例 6.3 在函数中交换两个变量值。

程序如下：

```
#include <stdio.h>
void swap(int x,int y)
{
    int t;
    t=x;
    x=y;
    y=t;
    printf("x=%d,y=%d\n",x,y);      //函数中交换后两个变量的值
}
int main()
{
    int a=1,b=2;
    printf("a=%d,b=%d\n",a,b);      //调用前两个变量的值
    swap(a,b);                      //调用
    printf("a=%d,b=%d\n",a,b);      //调用后两个变量的值
    return  0;
}
```

程序运行结果：

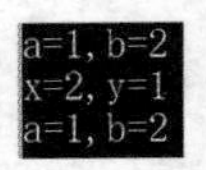

```
a=1, b=2
x=2, y=1
a=1, b=2
```

由运行结果可以看出，虽然在 swap 函数中交换了两个变量的值，但是在主函数中调用 swap 函数前后两个变量 a、b 的值并没有改变。这就是因为实参给形参进行的参数传递是单向的，形参虽然发生了改变，但并不会反过来影响实参。这一过程可以由图 6.2 表示。

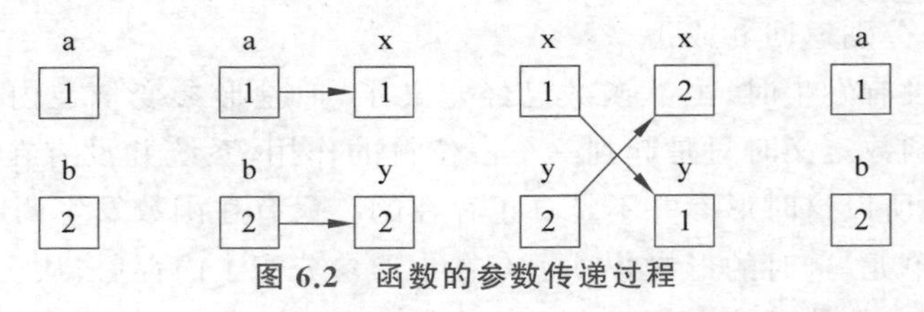

图 6.2 函数的参数传递过程

可见在调用函数时无法把形参的变化反向传递给实参，那么如果有时确实想这样做该怎么办呢？如想通过函数交换两个实参变量的值。在学习了指针后，这个问题就迎刃而解了。

另外，还需注意，在进行函数调用时，实参和形参应该一一对应。不仅实参个数和顺序要和形参对应，而且要求实参类型要和对应的形参类型相匹配。

6.2.3 函数的返回值

函数按有无返回值可以分为两种：一种是有返回值的函数，在函数调用完成后需要带回来一个数值；另一种是无返回值函数(函数的返回值类型为 void)，这种函数只执行一

定的功能，不关心是否带回一个数值或者不必要带回一个数值。

有返回值函数的返回是通过 return 语句实现的，其一般格式为

```
return (表达式);
```

或

```
return 表达式;
```

例如：

```
float abs(float f)
{
    if(f>0)
        return  f;
    else
        return  -f;
}
```

一旦 return 语句被执行，函数就把程序的控制权交回给主调方，并同时带回一个返回值。return 语句后的表达式类型应该与函数定义时的返回值类型一致。如果不一致，系统将以函数的返回值类型为准，自动把表达式类型转换为函数的返回值类型。

无返回值函数可以没有 return 语句，函数体内的语句执行完毕(即到达右花括号)后就自动返回，把控制权交回给主调函数。如果需要，也可以使用 return 后直接加分号的形式，强制返回给主调函数，即

```
return;        //仅结束函数执行
```

前面已经介绍了函数定义和调用的方法。为了更准确地理解函数调用的过程，把函数调用时的步骤再详细叙述如下。

(1) 程序在主调函数中执行，遇到一个函数调用，则主调函数暂停执行。

(2) 为被调函数中的形参分配内存单元，把实参的值按顺序复制到对应的形参变量中。

(3) 执行被调函数中的语句，直到遇到 return 语句或函数体语句执行完毕为止。

(4) 计算 return 语句中的表达式的值，如果必要把该值转换为函数的返回值类型。

(5) 释放被调函数中临时变量和形参的内存，返回到主调函数中。

(6) 在主调函数中函数调用的地方用返回值替代，继续执行主调函数中的后续语句。

6.2.4 函数的声明

函数在使用时，也和变量一样，要遵守“先定义，后使用”的原则。如果把函数定义放在函数调用之前，那么在调用时系统已经知道了有这样一个函数可以使用；如果函数的定义放在了函数调用的后面，那么系统在调用时还不知道有这样一个函数，编译系统就不识别该函数而给出错误的提示。因此，如果函数定义放在了函数调用之后，那么在调用前应该先用函数声明的方法让编译系统知道已经定义了该函数，只是函数的实现放在了后面而已。

函数声明的方法是列出函数原型，格式如下：

```
返回值类型 函数名(参数类型1  参数名1,参数类型2  参数名2,…);
```

可见函数声明就是列出函数头，在后面直接加上分号。例如：

```
int sum(int x,int y);
```

对于编译系统，函数声明关注返回值类型、函数名和函数各参数的类型。函数声明并不是函数定义，所以对函数的参数名并不关心。实际上编译系统会忽略函数声明中的参数名。因此在函数声明时也可以不列出参数名，只列出参数类型。例如，上例的声明可以写成

```
int sum(int,int);
```

函数声明的位置可以放在主调函数内的函数调用之前，也可以放在主调函数外的文件开头的地方，只要在函数调用前有函数声明，编译系统就能够了解函数的情况，允许调用函数。

例 6.4 用函数编程求 x 的 n 次方。

程序如下：

```
#include <stdio.h>
int main()
{
    int n;
    double p,x;
    double power(double,int);                    //函数声明
    printf("请输入 x 和指数 n: \n");
    scanf("%lf%d",&x,&n);
    p=power(x,n);                                //函数调用
    printf("%.2f 的%d 次方为%.2f\n",x,n,p);
    return 0;
}
double power(double x, int n)                    //函数定义
{
    int i;
    double f=1.0;
    for(i=0;i<n;i++)
        f=f*x;
    return f;
}
```

程序运行结果：

```
请输入x和指数n:
5 2
5.00的2次方为 25.00
```

例 6.4 中函数声明语句还可以放在 main 函数之前，效果也是一样的。如果把函数定义放在主函数前，则可以省略函数声明语句。但现代程序设计习惯上无论是否需要，通常在预处理命令后集中对除 main 函数外的所有函数进行声明。

6.3　嵌套调用和递归调用

尽管函数的定义是平行的，也就是所有函数的定义都是独立的，一个函数的定义结束后才会开始另一个函数的定义，但对函数的调用形式却是多种多样的。函数的嵌套调用是指函数 A 调用了函数 B，函数 B 又调用了函数 C，甚至函数 C 又调用函数 D，等等。在特定情况下，还可能会有函数 A 调用函数 A 自身的递归调用。

6.3.1　函数的嵌套调用

函数的世界是公平的世界，任何函数都可以调用其他函数，而被调用的函数也可以再调用另外的函数，以此类推。这样在函数中一层一层对其他函数的调用，称为函数的嵌套调用。

例如，下面这个例子中函数 fun1 和 fun2 的定义都是独立的，暂时不去管它们具体完成什么功能，只关心它们之间的调用关系。可见主函数中调用了函数 fun2，函数 fun2 又调用了 fun1。这就是函数的嵌套调用。把调用关系用一个示意图表示，如图 6.3 所示。

```
void fun1()
{
    ⋮
}
void fun2()
{
    ⋮
    fun1();
    ⋮
}
int main()
{
    ⋮
    fun2();
    ⋮
}
```

在这个例子中，程序执行过程如下。

(1) 程序进入 main 函数内执行。

(2) main 函数中调用函数 fun2，根据需要为 fun2 中形参变量分配内存单元并完成参数传递。

(3) 程序进入函数 fun2 中执行。

(4) 函数 fun2 中调用函数 fun1，根据需要为 fun1 中形参变量分配内存单元并完成参数传递。

(5) 程序进入 fun1 中执行。

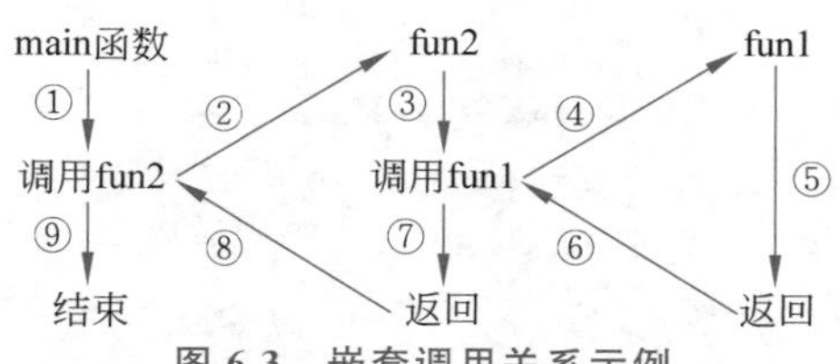

图 6.3　嵌套调用关系示例

(6) 函数 fun1 执行完毕，返回到函数 fun2 的调用处。

(7) 继续执行函数 fun2 的后续语句。

(8) 函数 fun2 执行完毕，返回到 main 函数的调用处。

(9) main 函数继续执行，直至程序结束。

例 6.5 编写一个求组合数的函数。

问题分析：求组合数是概率论中经常遇到的问题，主要讨论从 n 个不同事物中任意选出 m 个，共有多少种选法。例如，从一周 7 天中任意选出 2 天作为程序设计课外活动日，共有多少种选法。在数学上，组合数通常表示为 $C\binom{m}{n}$，可以推导出，组合数可以用阶乘表示为

$$C\binom{m}{n}=\frac{n!}{m!\ (n-m)!}$$

可见，要求组合数，需要求出 3 个整数的阶乘。为此，定义一个求阶乘的函数，只需在求组合数的函数中按上述公式调用阶乘函数 3 次，即可求得组合数。

求一个整数 n 的阶乘，实际上就是求 $1\sim n$ 的所有自然数的累乘积。先定义一个变量 f 代表累乘积，初始化为 1，然后用变量 i 作为循环变量，使 i 从 1 循环到 n，步长为 1，每次循环都把变量 i 的值累乘到 f 中。这样循环完毕后，f 中的值就是 n 的阶乘。

为了验证在主函数中调用求组合数函数，求出 n 个事物中任选 m 个的选法数量。具体程序如下：

```
#include <stdio.h>
int factorial(int  n)                                           //阶乘函数
{
    int f=1;
    int i;
    for(i=1;i<=n;i++)
        f*=i;
    return  f;
}
int combinations(int n,int m)                                   //组合数函数
{
    return factorial(n)/(factorial(m) * factorial(n-m));        //阶乘函数调用
}
int main()
{
    int  n,m;
    int  value;
    printf("请输入 n、m 的值: \n");
    scanf("%d%d", &n, &m);
    value=combinations(n,m);                                    //组合数函数调用
    printf("从%d 个事物中任选%d 个,共有%d 种选法。\n",n,m,value);
    return  0;
}
```

程序运行结果：

```
请输入n、m的值:
5 3
从5个事物中任选3个，共有10种选法。
```

例 6.6 求 1000 以内的回文素数。

问题分析：素数又称质数，是指大于 1 的自然数中，除了 1 和此数本身外，无法被其他自然数整除的数。换句话说，只有两个正因数（1 和本身）的自然数即为素数。回文数是指正读倒读都一样的整数。回文素数是指一个素数将其各位数字的顺序倒过来构成的回文数也是素数。

本例涉及两个算法：一个是如何判断一个整数是不是素数；另一个是如何求一个整数的逆序数。

判断一个整数 n 是不是素数的一个常用方法是定义法，即判断在 2～n－1 是否有整数可以整除 n。如果有，则 n 不是素数，否则就是素数。这可以通过循环来实现，把 2～n－1 的整数遍历一遍，判断这些整数是否可以整除 n。为提高效率，可以对这个算法进行优化。设 k 是 n 的算术平方根，可以证明，如果 n 有一个大于 k 的因数 x，则必有 n/x 也是 n 的因数且小于 k。这就表明，判断 n 是否存在 1 之外的因数时，只需从 2 判断到 k 即可。因为如果存在大于 k 的因数，那也必然存在小于 k 的因数。因此，可以据此减少循环的次数，提高算法效率。

求逆序数的方法是从整数的末尾依次截取最后一位数字，每截取一次后整数缩小 10 倍，将截取的数字作新的整数的最后一位，即新的整数乘以 10 然后加上被截取的数字。这样原来的整数的数字从低到高被不断截取，依次作为新的整数从高到低的各位数字。

按照以上思路写的源程序如下：

```
#include <stdio.h>
int isPrime(int  n)                                  //判断是否素数函数
{
    int  i;
    if(n<2 )
        return  0;
    if(n==2)
        return  1;
    for(i=2;i * i<=n;i++)
        if(n%i==0)                                   //n 能被 i 整除
            return  0;
    return  1;
}
int inverse(int  n)                                  //求逆序数函数
{
    int  value=0,t;
    while(n)
    {
        t=n%10;                                      //n 的末位数
        n=n/10;                                      //n 除末位数外的剩余部分
        value=value * 10+t;                          //逆序后组成的新整数的值
    }
    return  value;
```

```
    }
    int isPrimePalindrome(int  n)                    //判断是否回文素数函数
    {
        int  m;
        m=inverse(n);
        if(m==n && isPrime(n) && isPrime(m))         //是回文数且都是素数
            return 1;
        return 0;
    }
    int main( )
    {
        int  i,n=0;
        for(i=11;i<1000;i+=2)
            if(isPrimePalindrome(i))                 //是回文素数则输出
            {
                n++;
                printf("%d\t",i);
                if(n%5==0)                           //按每行 5 个数据输出
                    printf("\n");
            }
        return  0;
    }
```

程序运行结果：

```
11      101     131     151     181
191     313     353     373     383
727     757     787     797     919
929
```

本例中主函数调用 isPrimePalindrome 函数，isPrimePalindrome 函数又分别调用 isPrime 函数和 inverse 函数，包括主函数在内，共有 3 层嵌套。函数调用层次图如图 6.4 所示。

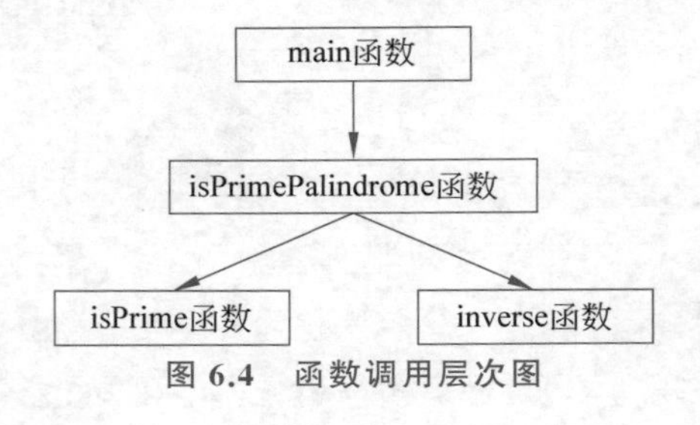

图 6.4　函数调用层次图

6.3.2　函数的递归调用

在实际问题求解时，有时会遇到这样一类问题。问题本身一般比较复杂，但是可以把它简化为稍微简单一些的子问题，子问题从复杂度上或规模上要比原问题更简单。只要子问题解决了，也就容易构造出原问题的解来。另外，尤为重要的一点是，子问题的求解方法与原问题有相似的结构，可以继续分解，直到某一个终止条件成立时，分解到最后的子问题是非常容易求解的。然后可以把分解的过程再一步步地回溯综合起来，从而得到原问题的解。这种求解问题的方法可以用函数的递归调用来实现。

如果一个函数直接或间接地调用了自身，则称这个函数是递归调用的。C 语言允许函数的递归调用（有些程序设计语言是不允许递归调用的）。尽管递归的算法都可以化为迭代的算法（即使用循环）来实现，但是使用递归算法往往代码更简洁，容易理解，使用也比较方便。下面通过一个实例来学习如何进行函数的递归调用。

例 6.5 学习过求一个整数阶乘的函数，当时是使用循环的方法通过累乘来实现的，那是一种迭代的方法。现在考虑递归的方法，如果要求整数 n 的阶乘，如假定函数 $f(n)=n!$，则函数 $f(n-1)=(n-1)!$。由于 $n!=n*(n-1)!$，因此 $f(n)=n*f(n-1)$。可以看出，原来的问题可以分解为两个子问题：一个是求乘积；另一个是求规模较小的同类子问题 $(n-1)!$。求乘积非常容易，求 $(n-1)!$ 和原问题相似，可以继续分解 $f(n-1)=(n-1)*f(n-2)$，依次进行下去，当进行到求 1! 时，易知 1!=1。这时，把 1!=1 的结果应用到 2!=2*1! 中，就可求出 2!，再依次往前推，就可以求出 2!，3!，…，一直到 $n!$。这种递推关系也可以用下面的递归公式来表示：

$$f(n)=\begin{cases}1 & n=0,1\\ n\times f(n-1) & n\geqslant 2\end{cases}$$

根据这个递推公式，可以写出如下的求阶乘函数：

```
int  fac (int  n)
{
    if(n==0||n==1)
        return  1;
    else
        return  n*fac (n-1);
}
```

递归的过程分为两个阶段：第一个阶段为递推阶段；第二个阶段为回归阶段（见图 6.5）。以求 5! 为例，递推阶段过程：5!=5*4!→4!=4*3!→3!=3*2!→2!=2*1!，由递推公式一步步深入，当到达终止条件时（$n=1$），得到 1!=1；回归阶段过程：1!=1→2!=2*1!→3!=3*2!→4!=4*3!→5!=5*4!。

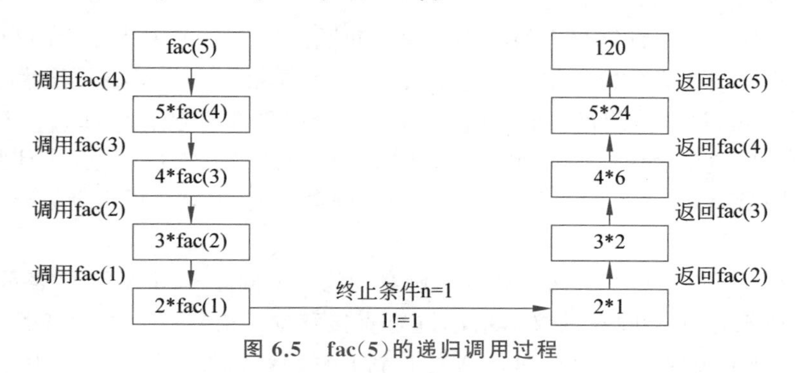

图 6.5 fac(5)的递归调用过程

例 6.7 用递归法求两个整数的最大公约数。

问题分析：第 5 章介绍过最大公约数的求解问题（例 5.5），这里介绍一个求最大公约数的辗转相除法，又称欧几里得算法。该算法是基于这样一个定理：如果 a 和 b 是两个整数

(设 a>b),r 是 a 除以 b 的余数,那么 a 和 b 的最大公约数就等于 b 和 r 的最大公约数。

可见,要求两个整数 a 和 b 的最大公约数,只需求出 b 和 r 的最大公约数即可。其中 b<a,r<b,所以新问题要比原问题更易于求解,同时,求 b 和 r 的最大公约数也可以按照类似的方法继续分解,当分解到余数为 0 时,这时后一个整数刚好可以整除前一个整数,因此后一个整数的值就是所要求的最大公约数。

可据此设计出求两个整数的最大公约数的程序如下:

```
#include <stdio.h>
int gcd(int m,int n)                    //递归函数定义
{
    if(m%n==0)                          //如能整数,则 n 就是最大公约数
        return n;
    else
        return gcd(n,m%n);              //递归调用
}
int main()
{
    int m,n,result;
    printf("请输入两个整数 m、n: \n");
    scanf("%d%d",&m,&n);
    result=gcd(m,n);
    printf("%d 和%d 的最大公约数为%d\n",m,n,result);
    return 0;
}
```

程序运行结果:

```
请输入两个整数m、n:
48 36
48和36的最大公约数为 12
```

例 6.8 汉诺(Hanoi)塔问题。

汉诺塔问题是一个计算机界的经典问题。问题来源于一个古代印度的神话,传说造物主勃拉玛在一个寺庙里留下了 3 根金刚石的柱子,在第一个柱子上按照大小顺序放着 64 个黄金的圆盘,最大的圆盘在最下面,上面的每个圆盘都比它下面的小一些,这样依次叠放着。勃拉玛命令僧侣们把圆盘按照大小顺序移动到另一根柱子上,并且要求一次只能移动一个圆盘,移动时大的圆盘不能放在小的圆盘之上,但是可以借助另外一根柱子移动圆盘。

问题分析:可以用递归方法求解 n 个圆盘的汉诺塔问题。用 A、B、C 表示 3 根柱子,求解的基本思想是,1 个圆盘的汉诺塔问题可直接移动。n 个圆盘的汉诺塔问题可递归表示为,首先把上边的 n−1 个圆盘从 A 柱移到 B 柱,然后把最下边的一个圆盘从 A 柱移到 C 柱,最后把移到 B 柱的 n−1 个圆盘再移到 C 柱。4 个圆盘汉诺塔问题的递归求解示意图如图 6.6 所示。

为便于程序设计,首先对 n 个圆盘从上至下依次编号为 1,2,…,n;其次把 3 根柱子

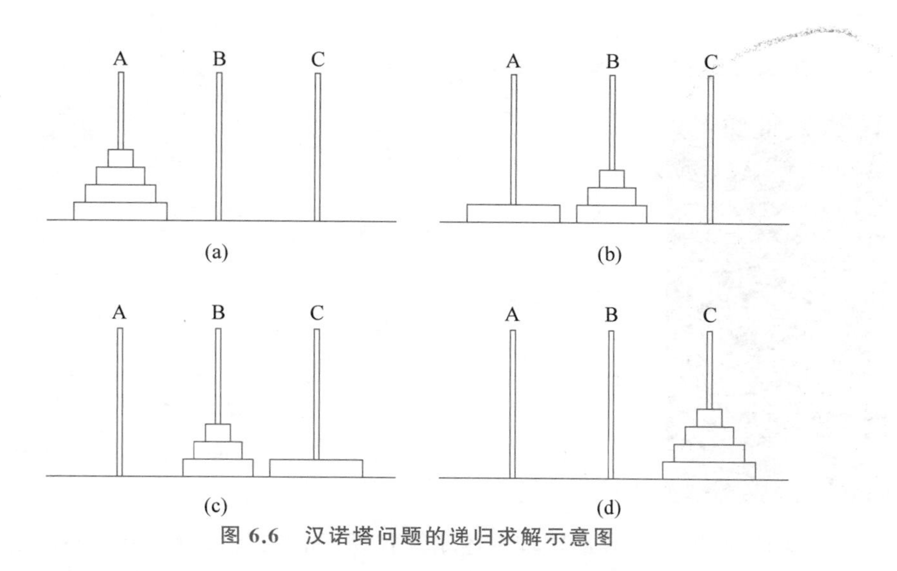

图 6.6　汉诺塔问题的递归求解示意图

分别设为 A、B 和 C；最后设计每步的移动轨迹，在屏幕上显示使用如下形式：

```
A-->B
```

这样，汉诺塔问题的递归算法可设计如下：

```
#include <stdio.h>
void move(char x,char y)                    //移动圆盘的函数
{
    printf("%c-->%c\n",x,y);
}
void hanoi(int n,char a ,char b,char c)     //汉诺塔递归函数
{
    if(n==1)
        move(a,c);                          //若只有一个圆盘,则从 A 移动到 C
    else
    {
        hanoi(n-1,a,c,b);                   //把前 n-1 个圆盘由 A 经 C 移动到 B
        move(a,c);                          //把第 n 个圆盘由 A 移动到 C
        hanoi(n-1,b,a,c);                   //把前 n-1 个圆盘由 B 经 A 移动到 C
    }
}
int main()
{
    int  m;
    printf("请输入圆盘数量:\n");
    scanf("%d",&m);
    printf("移动%d 个圆盘的步骤:\n",m);
    hanoi(m,'A','B','C');
    return  0;
}
```

当用户输入 **4** 时的程序运行结果：

请输入圆盘数量:
4
移动4个圆盘的步骤为
A-->B
A-->C
B-->C
A-->B
C-->A
C-->B
A-->B
A-->C
B-->C
B-->A
C-->A
B-->C
A-->B
A-->C
B-->C

移动圆盘时，如果圆盘数量比较少还比较容易，如果圆盘数量多时，将会变得非常麻烦。事实上，n 个圆盘完成移动至少需要移动 2^n-1 次。因此如果是 64 个圆盘，移动次数将会是一个天文数字(18 446 744 073 709 551 616 次)，就算 1 秒移动一个圆盘，也需要大约 5850 亿年才能完成！

变量作用域

6.4 变量作用域

目前我们遇到的都是些比较小的程序，一般有几个变量，最多十几或几十个变量，变量名的含义和变量类型都是很清楚的；但是对于一些复杂的大型程序，变量数目是非常多的，管理这么多的变量显然是一个非常麻烦的工作，要厘清成百上千个变量的含义、类型和数值，确实是非常吃力的，稍有疏忽程序就会出错。好在引入了模块化的方法，把大型程序分解为一个个模块，每个模块里的变量数量就会变得比较合理了。在不同的模块中分别编程时，一般只需要考虑自己模块的变量即可，这样就能大大减轻对变量进行管理的工作。

把程序的功能分解为不同的模块，那么程序需要的变量也随之模块化了。处在不同模块中的变量可以分别定义，互不干扰，就像生活在不同国家的居民一样。各个国家就像不同的模块，它们在地位上是平等的，但是很多时候需要相互合作和协作。程序里的变量绝大多数都是属于某一个模块的，只在模块里起作用，就像国家内部的居民；也有一些是在多个模块中都可以起作用的，许多模块都可以使用它们，其作用类似于联合国，可以起到沟通和记录的作用。只在模块内部起作用的变量称为局部变量，在多个模块中都可以起作用的变量称为全局变量。

6.4.1 局部变量

为了准确理解什么是局部变量，先来学习什么是语句块(block)和作用域。用花括号括起来的那些语句就构成语句块。例如，复合语句就是语句块，循环体和函数体也是语句块。作用域就是变量起作用的范围，也就是变量在什么范围内是有效的、可用的。每个变量只在自己的作用域内是可见的，在作用域外不可见。可见的变量可以使用，不可见的变量显然就不可使用。

局部变量就是在某个语句块内部定义的变量，它只在该语句块内部起作用，有效范围是从该语句块内变量定义的位置开始到语句块结束。因此，局部变量也称内部变量。例如：

```
#include <stdio.h>
int main()
{
    int x,y;
    printf("请输入两个整数: \n");
    scanf("%d%d",&x,&y);
    if(x>y)
    {
        int  t;
        t=x;
        x=y;
        y=t;
    }
    printf("%d,%d\n",x,y);
    return  0;
}
```

输入 5 和 3 时的程序运行结果：

```
请输入两个整数:
5 3
3,5
```

在上面的程序中，变量 x、y 是在 main 函数的语句块中定义的，因此从 x、y 定义处开始，到 main 函数的语句块结束的范围内都是 x、y 的作用域，在此范围内都可以使用这两个变量。变量 t 是在 if 语句的语句块内定义的，它的作用域只限于 if 的语句块。在 if 语句块的外面是无法使用变量 t 的。例如，如果将程序的最后一个语句改为“printf("%d,%d,%d\n",x,y,t);”，那么编译系统会给出错误提示“t 是未定义的标识符”。

程序中最常见的包含变量定义的语句块就是函数体，一般都是在函数体的开头部分定义变量，那么在函数体的内部都是变量的作用域。因此，可以在函数体的执行部分自由使用变量。但是如果文件中包含多个函数，那么不同函数内部定义的变量就只能在其所在函数内部使用。例 6.9 中的变量使用就是这样。

例 **6.9**　和、差函数的调用。

```
#include <stdio.h>
int add(int m,int n)
```

```
{
    int  s;
    s=m+n;              m、n、s 的作用域
    return s;
}
int sub(int x,int y)
{
    int  z;
    z=x-y;          x、y、z 的作用域
    return z;
}
int main()
{
    int  a,b;
    a=5;
    b=3;                                            a、b 的作用域
    printf("add(%d,%d)=%d\n",a,b,add(a,b));
    printf("sub(%d,%d)=%d\n",a,b,sub(a,b));
    return 0;
}
```

程序运行结果：

```
add(5,3)=8
sub(5,3)=2
```

自定义函数的形参也是局部变量，其作用域是该函数的函数体内部。因此，函数 add 中定义的变量 s 以及函数的形参 m、n 只在 add 函数内有效。同理，函数 sub 的形参 x、y 和变量 z 也只在 sub 函数内有效，主函数 main 内的变量 a、b 只在 main 函数内有效。需要强调的一点是，主函数内定义的变量的作用域也局限于主函数内，不能在其他函数内部使用。同理，其他函数内部的变量也不能在主函数内部使用。事实上，各个函数内部的形参和变量都是在调用该函数时才分配内存，函数调用结束后内存被释放，也就是说在计算机内部并不存在了，显然，除了局部变量所在的函数内，其他地方是不能使用这些变量的。

在不同语句块中的变量，即使变量名一样，但是它们会在内存中占用不同的内存单元，属于不同的变量，相互间不会干扰。就像不同班级内的两名同学一样，即使姓名相同，但是属于不同的班级，是可以区分开的。但是同一个语句块内不允许有同名的变量。

虽然不同语句块中的变量可以同名，但是为了避免不必要的麻烦，提倡尽可能使用不同的变量名来准确区分各个变量。

6.4.2 全局变量

和局部变量的概念相对，如果变量的定义不属于任何语句块，也就是说，变量定义的位置是在所有语句块的外部，则称这样的变量为全局变量，也称外部变量。例如，在 main 函数的前面定义的变量，不属于任何函数，也不属于任何语句块，这样的变量就是全局变量。

全局变量的作用域是从定义的位置开始，到整个文件的结束。在此范围内，不论是主函数 main，还是其他的自定义函数，都可以使用全局变量。例如，下面的程序：

```
int a,b;
void fun1()
{
    ⋮
}
float x,y;
int fun2()
{
    ⋮
}
int main()
{
    ⋮
}
```

变量 a、b 和变量 x、y 的定义不属于任何语句块，因此是全局变量。变量 a、b 是在文件的开头定义的，因此它们的作用域是整个文件，变量 x、y 的作用域是从定义处到文件结束。可见，函数 fun1、fun2 和 main 都可以使用变量 a、b，函数 fun2 和 main 还可以使用变量 x、y。

全局变量在程序编译时就分配了内存，所以在程序一开始运行，全局变量就存在了，在程序运行结束前，全局变量都是一直存在着的。这一点和局部变量不同，局部变量是遇到函数调用时才临时分配内存，函数调用完成后局部变量的内存将被释放，局部变量在内存中也就不存在了。而全局变量在程序运行过程中是始终存在的。

全局变量从时间上来看，在整个程序运行期间都是存在的，可以在程序运行过程中用于记录全局性的信息，例如，记录程序运行过程中对某个函数的调用次数等。从空间上来看，几乎在整个文件中都有效，可以在文件的不同函数间传递信息。一个函数只能带回一个返回值，使用全局变量相当于在各个函数之间又多了一种信息传递的方式。

例 6.10 求用户输入的 n 个数据的最大值、最小值和平均值。

```
#include <stdio.h>
int  Max,Min;
float average(int n)
{
    int  i,x,sum=0;
    printf("请输入一个整数: \n");
        scanf("%d",&x);
    Max=Min=sum=x;
    for(i=1;i<n;i++)
    {
        printf("请输入一个整数: \n");
        scanf("%d",&x);
        if(Max<x)                              //求最大值
            Max=x;
        if(Min>x)                              //求最小值
            Min=x;
```

```
        sum+=x;                                    //求和
    }
    return  (float)sum/n;
}
int main()
{
    float  aver;
    aver=average(10);
    printf("最大值为%d,最小值为%d,平均值为%.2f\n",Max,Min,aver);
    return  0;
}
```

在本例中,Max 和 Min 是全局变量。它们的作用域是整个文件,函数 average 和主函数 main 都可以使用这两个变量。本来调用一次 average 函数只能带回一个返回值,用平均值作为返回值,那么使用返回值的方法将无法带回最大值和最小值。通过全局变量,使得函数 average 和 main 都可以共同使用,因此也多了一种信息传递的方法,可以在一次调用中获得多个信息。

全局变量的这种能力,看似带给我们很大的惊喜,但是在实际应用中,随之而来的也有很大的麻烦。首先,在进行程序设计时,提倡程序模块的“高聚合,低耦合”特性。也就是说,每个模块,最好是封装性比较好,功能紧凑而独立,尽量减少不同模块之间的不必要联系。而且低耦合的函数,移植性一般就比较好,可以放在很多别的地方使用。很显然,使用全局变量会增加各个函数之间的相互依赖,也就是增加了函数之间的耦合,使可移植性变差。其次,大量使用全局变量,也会使程序的可读性变差,因为每个函数都可以访问和修改全局变量,那么有时想确定全局变量的值变得不太容易,可能造成误判,进而影响程序的正确性。而且,如果全局变量和局部变量同名,局部变量会对全局变量产生“屏蔽”效应。也就是说,如果某个语句块内有一个和全局变量同名的局部变量,那么在该语句块内只有这个局部变量起作用,和它同名的全局变量将暂时被屏蔽。只有出了该语句块,全局变量才重新变得有效(见例 6.11)。因此,基于这些考虑,除非在必要时,一般要少用全局变量。

例 6.11　局部变量对全局变量的屏蔽效应。

```
#include <stdio.h>
int  x=1;                          //全局变量
int fun(int);
int main()
{
    printf("main 中: x=%d\n",x);
    int y;
    y=fun(3);
    printf("返回到 main 后: x=%d,y=%d\n",x,y);
    return 0;
}
int fun(int x)                     //形参 x 为局部变量,在函数 fun 内屏蔽全局变量 x
{
    printf("fun 中: x=%d\n",x);
```

```
    if(x==3)
    {
        int x=2;                //重新定义变量 x,在本语句块内屏蔽形参 x 和全局变量 x
        printf("fun 内重新定义了局部变量 x 的模块中: x=%d\n",x);
        return x;
    }
    else
        return x;
}
```

程序运行结果:

```
main中: x=1
fun中: x=3
fun内重新定义了局部变量x的模块中: x=2
返回到main后: x=1, y=2
```

在本例中,全局变量 x 的作用域从定义处开始,到文件结束为止。在 main 函数中输出 x 的值是全局变量初始化时的值 1;但是在函数 fun 内,因为定义了和全局变量同名的形参 x,因此在函数 fun 内部,形参 x 屏蔽了全局变量 x,也就是说,在函数 fun 内,全局变量 x 暂时不起作用,而是形参 x 起作用。因此,输出 x 的值是 main 中调用时传进来的实参的值 3;函数 fun 的 if 子句语句块内,又重新定义了变量 x,使得在此 if 子句的语句块内,形参 x 和全局变量 x 都被屏蔽,新定义的变量 x 起作用,因此,输出 x 的值为 2;if 子句语句块结束后,形参变量 x 重新起作用。函数 fun 调用结束,形参变量 x 不再起作用,返回到 main 中后,全局变量 x 重新起作用,因此,输出的 x 值为 1,y 为调用函数 fun 的返回值 2。

6.5 变量的存储类别

由 6.4 节可知,每个变量都有自己的作用域,变量只有在自己的作用域内才是可见的。也就是说,在变量的作用域外,变量是不可见的,因而也不能使用该变量。每个变量除了具有作用域和可见性的特性外,还具有生存期的特性。作用域和可见性是从空间的角度来定义变量起作用的范围,生存期是从时间的角度来定义变量存在的时限。根据变量的作用域和生存期不同,可以把变量分成 4 类:自动变量(auto)、寄存器变量(register)、外部变量(extern)和静态变量(static)。这 4 类变量依照不同的存储方式存储于内存的不同区域,代表变量的 4 种存储类别。

6.5.1 程序内存区域划分和存储方式

为进一步理解变量的各种存储类别,先来看一下程序内存区域划分。对于每个程序来说,系统为其分配的内存空间大体上可以划分为以下 4 部分(见图 6.7)。

(1) 代码区(code area):主要用来存放程序的二进制代码。

(2) 数据区(data area):又称静态(或全局)数据区,主要用来存放生存期较长的变量和常量，如全局变量、静态变量、常量等。这部分内存区域在程序整个运行期间都存在，在程序结束后由系统释放。

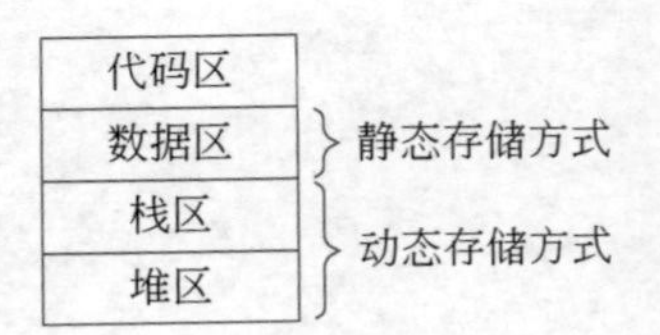

图 6.7　程序内存区域划分和存储方式

(3) 栈区(stack area)：这部分内存由系统自动分配，主要用来存放生存期较短的变量，如局部变量、函数形参、函数的返回值等。当变量所在语句块结束时(如函数调用结束)由系统自动释放语句块内变量所占的内存。

(4) 堆区(heap area)：这部分内存可以由程序员来分配和释放。9.4.4 节要讲的用 malloc 函数和 free 函数分配和释放内存就是在这一区域进行的。

程序运行时，先把程序的二进制代码加载到内存的代码区，为全局(静态)区内的变量和常量(如字符串等)分配内存，运行主函数 main，如有需要，再在堆和栈等动态存储区域分配变量的内存。动态存储区域分配的内存在变量作用域结束后(或调用 free 函数后)被释放，全局区的变量和常量在程序结束时被释放。

6.5.2　自动变量

自动变量属于动态存储方式，位于内存中的栈区。目前，遇到的所有局部变量都是自动变量，如函数的形参、语句块内的局部变量等。自动变量是由系统自动分配内存的，不需要程序员来干预，当程序运行到自动变量所在的语句块时为其分配内存，当语句块结束时系统自动释放其所占的内存。

自动变量的关键字是 auto，其定义的一般格式如下：

```
auto 数据类型 变量名;
```

但是 auto 这个关键字很少使用，因为它是默认的，可以省略。例如：

```
auto int x, y=0;
```

与

```
int x, y=0;
```

是一样的，两种方法定义的变量 x、y 都是自动变量。

6.5.3　寄存器变量

一般来说，变量都是在内存中分配存储单元的。但是，编程时可能遇到这样一类问题，某个或某些变量在短期内要频繁地访问。例如，某个循环次数很高的循环变量，在循环进行时需要频繁地使用。这时如果变量被分配在内存中，由于内存访问速度较慢，可能影响程序的执行效率。C 语言的设计者为了在这时加快程序的执行速度，充分利用计算机的性能，设计了一种寄存器变量。

由于寄存器是在 CPU 内部的，其访问速度比内存的访问速度要高得多，因此如果把变量放在寄存器中，可以显著提高程序的执行速度。寄存器类变量的关键字是 register，其定义格式如下：

```
register 数据类型 变量名;
```

例如：

```
register int i;
```

寄存器变量的生存期和自动变量一样，也是程序运行到寄存器变量所在的语句块时为其分配寄存器，当语句块结束时由系统自动释放。虽然看起来寄存器变量具有令人激动的性能，但是平时用得却比较少。这是因为寄存器的数量本身是非常有限的，CPU 内寄存器的数量取决于不同的机器。即使把许多变量都设为寄存器变量，但是如果 CPU 内的寄存器已经分配完毕，那系统将自动把剩余的寄存器变量再分配到内存中，这样将起不到预想的效果。因此，一般只在必要时使用寄存器变量。另外，有些编译器对寄存器变量有额外的限制，如只能把 char 型或 int 型变量设为寄存器变量。而且，较新的一些编译器具有代码自动优化的功能，可以自动判断哪些变量放到寄存器里可以最大限度地提高程序的效率，因此，对于使用这种编译器的程序员来说，不必关心要将哪些变量设为寄存器变量。

6.5.4 外部变量

外部变量是在所有函数外定义的变量，也称全局变量。外部变量存储在程序内存的全局区，属于静态存储方式，在程序开始运行时分配内存空间，程序结束后由系统释放。在整个程序运行期间，外部变量都是存在的，也就是说，外部变量的生存期是整个程序的运行期。

外部变量的作用域是从定义的位置开始，到文件结束。使用关键字 extern 可以扩展作用域。这一般有两种情况：

(1) 外部变量从文件中部定义，如果文件的前部需要使用该变量，可以在文件前部在该变量前用 extern 声明来扩展作用域到文件的前部。例如：

```
#include <stdio.h>
int main()
{
    extern int Max,Min;                        //声明外部变量，扩展作用域
    void maxmin(int,int);                      //声明函数
    int a,b;
    printf("请输入两个整数:\n");
    scanf("%d%d",&a,&b);
    maxmin(a,b);                               //函数调用
    printf("Max=%d,Min=%d\n",Max,Min);
    return  0;
}
int Max,Min;                                   //外部变量定义
void maxmin(int x,int y)
```

```
{
    if(x>y)
    {
      Max=x;
      Min=y;
     }
     else
         {
              Max=y;
              Min=x;
         }
}
```

输入 2 和 5 时的程序运行结果：

```
请输入两个整数:
2 5
Max=5,Min=2
```

程序中变量 Max、Min 是外部变量，其定义位置在文件中部，作用域是从定义位置开始到文件结束。在文件前部的 main 函数中需要使用这两个变量，因此要把作用域扩展到文件前部，故在使用前用 extern 关键字进行了声明。声明的位置可以放在 main 函数中，也可以放在 main 函数之前。一般在实际应用中，提倡外部变量尽量在文件开头的位置定义，这样就可以避免需要在同一个文件中扩展作用域的问题。

(2) 外部变量在一个文件中定义，在另外的文件中需要使用该变量。这时不必在另外的文件中重复定义，只需使用 extern 声明，即可把外部变量的作用域扩展到本文件中。例如，包含两个文件 file1.c 和 file2.c 的程序如下。

file1.c(文件 1)：

```
#include <stdio.h>
int  Num=0;                                          //定义外部变量
int main()
{
    void input ();                                   //声明函数
    input ();                                        //调用函数
    printf("输入整数个数: %d\n",Num);
    return 0;
}
```

file2.c(文件 2)：

```
#include <stdio.h>
extern int  Num;                                     //声明外部变量
void input ()
{
    int  a;
    printf("请输入若干整数,-1 结束输入: \n");
    scanf("%d",&a);
    while(a!=-1)
    {
```

```
        Num ++;
        scanf("%d",&a);
    }
}
```

在文件 file1.c 中,外部变量 Num 的作用域是整个 file1.c 文件。在文件 file2.c 中需要使用此变量,因此要把 Num 的作用域扩展到本文件,故在 file2.c 中使用"extern int Num;"语句把 Num 的作用域进行了扩展。

事实上,关键字 extern 是告诉编译系统,使用它声明的变量已经在程序的别处定义了,不需要重新定义就可以使用了。编译器在处理 extern 声明时会先从本文件中寻找外部变量的定义,如果找不到再去程序中的其他文件中寻找。如果都找不到,编译器会提示错误。另外还需注意,extern 只能修饰外部变量,不可用于局部变量。

6.5.5 静态变量

自动变量和寄存器变量的生存期都较短,只在程序执行到变量所在语句块时才存在。虽然外部变量的生存期较长,但是过多使用外部变量会增加程序各模块之间的耦合,影响模块的独立性和可移植性。有没有一种变量既有较长的生存期,又是各个模块所私有的呢?C 语言设计的静态变量就具有这种特性。

要定义静态变量,只需在变量的定义类型前加上 static 关键字修饰即可。其一般格式如下:

```
static 数据类型 变量名;
```

静态变量存储在内存的全局区,属于静态存储方式。从程序开始执行,一直到程序执行结束,整个程序运行期间都是存在的,程序运行结束后由系统自动释放。static 关键字既可以修饰局部变量,也可以修饰全局变量,因此静态变量分为静态局部变量和静态全局变量两类。

1. 静态局部变量

局部变量本来是存放在程序内存的栈区,属于动态存储方式,生存期仅限于变量所在语句块被执行期间。如果加上 static 关键字,就成为静态局部变量,系统就会在编译时把该变量分配在程序内存的全局区,变成静态存储方式,生存期变为整个程序的运行期。

静态局部变量生存期虽然发生改变,但是其作用域仍然保持其局部变量的特点。也就是说,静态局部变量的作用域还是从语句块中定义的位置开始,到语句块结束。在作用域之外静态局部变量是不可见的。这点需要分清楚,从时间上来看,静态局部变量在程序运行期间一直都是存在的,但是从空间角度来看,只有在其作用域范围内才是可见的,在作用域范围外,虽然静态变量存在,但是不可见。就像邻居家的财富,虽然存在,但是只能由邻居自己使用(在邻居家的作用域之内),其他人(作用域之外的人)是不可使用的。因此,静态局部变量极好地维护了模块的私有性,又有较长的生存期,可以存放模块上一次调用结束时存放的值,又避免了像全局变量这类变量所带来的"副作用",在实际应用中使用较多。

如果用户没有为静态局部变量设置初始化的值，系统将自动把它初始化为0，对于字符型的静态局部变量，则初始化为'\0'。因此，语句

```
static float value=0;
```

与

```
static float value;
```

效果一样，静态变量value都将取得0初值。

静态局部变量只在程序开始执行时被初始化一次，以后将不再执行初始化的操作。每次调用结束后都保留本次调用修改的变量值，下一次调用时静态变量不会再被重新初始化，而是使用上一次调用结束时的值。例如，下面的例子用于计算函数fun被调用的次数：

```
#include <stdio.h>
int fun()
{
    static int n=0;                                    //定义静态局部变量
    n++;
    return  n;
}
int main()
{
    int  i;
    for(i=0;i<3;i++)
        printf("第%d次调用fun函数! \n",fun());
    return  0;
}
```

程序运行结果：

```
第1次调用fun函数!
第2次调用fun函数!
第3次调用fun函数!
```

在函数fun中，变量n被定义为静态局部变量。它在程序开始执行时被初始化一次。第1次调用fun函数时，n的值变为1。第2次调用fun函数时，n不再执行初始化的操作，而是在上一次调用时保留的值基础上执行n++，因此n的值是由1变为2。第3次调用时n的值由2变为3。

为了对比静态局部变量和普通局部变量的区别，把上面代码中函数fun内的变量n定义为普通变量。即把“static int n=0;”修改为“int n=0;”，执行后程序运行结果为

```
第1次调用fun函数!
第1次调用fun函数!
第1次调用fun函数!
```

读者可以自行分析出现这种状况的原因。

2. 静态全局变量

在定义全局变量时，使用static关键字修饰，该变量就成为静态全局变量。静态全局

变量和全局变量一样，也是存储在内存的全局区，生存期也是整个程序的运行期。所不同的是，当程序中含有多个文件时，在一个文件中定义的非静态全局变量，可以使用 extern 关键字把全局变量的作用域扩展到其他文件中；而对于静态全局变量来说，在哪个文件中定义，该变量的作用域就仅限于哪个文件，它是属于该文件私有的，无法使用 extern 关键字把作用域扩展到其他文件。

可见，用 static 关键字修饰局部变量是改变局部变量的存储方式（由动态存储方式变为静态存储方式），因而改变了变量的生存期；用 static 关键字修饰全局变量，则是将全局变量的作用域局限于其所在文件，限制了全局变量的作用域。

前面讲述了 4 类变量的存储类别，最后再用一个综合实例帮助加深理解。

例 6.12 4 类变量存储类别综合实例。

```
#include <stdio.h>
int x;                                      //外部变量，存放在全局区
void display();
int  main()
{
    register int i;                         //寄存器变量，存放在 CPU 内的寄存器中
    x=10;
    printf("main-(1) :x=%d\n",x);           //输出的是全局变量 x
    int x=5;                                //局部变量，存放在栈区，屏蔽了全局变量 x
    for(i=0;i<3;i++)
        display();
    printf("main-(2) :x=%d\n",x);           //输出的是局部变量 x
    return 0;
}
void display()
{
    static int y;                           //静态局部变量，存放在全局区
    int m=0;                                //自动变量，存放在栈区
    x++;
    y++;
    m++;
    printf("display: m=%d,x=%d,y=%d\n",m,x,y);
}
```

程序运行结果：

```
main-(1) :x=10
display: m=1,x=11,y=1
display: m=1,x=12,y=2
display: m=1,x=13,y=3
main-(2) :x=5
```

在本例中，外部变量 x 存放在全局区，是静态存储方式。但是在函数 main 中定义了同名的局部变量 x，则在局部变量 x 的作用域内，外部变量 x 被屏蔽，在局部变量 x 的作用域之外，外部变量 x 起作用。main 中的变量 i 是寄存器变量，此处仅仅是为了说明寄存器变量的定义方法，显然实用中对于只循环 3 次的循环变量来说，没有必要设为寄存器变量。display 函数中的变量 y 是静态局部变量，存放于全局区，如没有显式初始化，系统自动初始化为 0。display 函数中的变量 m 是自动变量，存放于栈区，由系统自动分配和

释放内存。

在 main 函数中的第一个输出语句输出的是外部变量 x 的值，因此输出值为 10。在 3 次调用 display 函数时，m 是自动变量，每次调用函数都会重新分配内存，并重新初始化，因此每次输出 m 的值都是 1。变量 x 是外部变量，在程序开始执行时初始化一次（初值为 0），在主函数中被重新赋值为 10，每次调用 display 函数后保留其新值，因此 3 次输出分别是 11、12、13。变量 y 是静态局部变量，也是在程序开始执行时初始化一次（初值为 0），每次调用结束后保留其新值，因此 3 次输出分别是 1、2、3。main 函数的第二个输出语句输出的是局部变量 x 的值，因此输出值为 5。

预编译指令

6.6 多文件程序和预编译指令

目前所写的程序都是放在一个文件中的，但实际应用中所需要的程序可能非常庞大，使用一个文件会显得很不方便，在第 1 章有关 C 程序结构的介绍中曾提到，C 程序是可以由多个文件组成的。本节就介绍如何使用多个文件来编写程序，同时介绍 C 语言的预编译指令：宏定义、文件包含和条件编译。顾名思义，预编译指令是指通过一些特定的指令，对 C 语言程序在编译之前进行一些预处理，以使程序生成质量更高的代码，提高程序的效率。预编译是在编译之前进行的，它是一个独立的阶段，先对代码进行一遍完整扫描，对包含的预编译指令进行相应的处理，整个预编译阶段完成后，才进入编译阶段。目前，几乎所有的编译器都附带自动的预编译处理，不需用户对预编译过程有过多干涉。用户只要把相应的指令用好即可，指令的具体处理过程可以交由编译器负责。

6.6.1 包含多个文件的程序

对于功能简单的程序来说，代码量一般较小，即使放在一个文件中，文件也不会太大。但是对于功能复杂的程序，代码量一般都非常大，把所有代码都放在一个文件中，文件就会变得冗长笨拙，在编写、调试和维护时都相当不便。如果把程序的功能进行模块划分，不同功能的模块分别放在不同的文件中，使各个文件合理组合，共同构成复杂的程序，会给开发和维护带来很大便利。

在实际开发中，一个大型程序往往是由多个文件组成的。每个文件可以包含一个或多个函数。文件是基本的编译单位，而函数不是独立的编译单位。也就是说，一个文件可以独立进行编译，但是函数不能独立进行编译，同一个文件中的各个函数只能同时被编译，不可能分别编译。

C 语言的文件从类型上来说，可以分为头文件（header file）和源文件（source file）两种。头文件的后缀通常是.h，源文件的后缀通常为.c。在前面的程序中已经使用过的头文件有 stdio.h 和 math.h，头文件主要用来进行函数声明、宏定义（有关宏定义的具体用法在 6.6.2 节会详述）等，主要起到声明的作用。源文件主要用来进行函数的定义、功能的具体实现等，是程序的主体部分。图 6.8 是 C 语言程序的一般结构。由图中可以看到，

C 语言的程序一般是由多个头文件和源文件组成的，每个源文件中又可以包含一个或多个函数的定义。在可视化的编程环境下（如 Visual C++），这些文件通常组织到一个工程(project)下，一个工程对应一个程序。在 Visual C++ 的文件视图中，头文件和源文件分别放到头文件和源文件栏目下，可以方便地查看和管理。需要说明的是，头文件不是必需的，所以在之前编写简单程序时，都没有自己写头文件。但是对于复杂一些的程序，往往会包含多个头文件。另外，还有一点需要特别提醒，一个工程中只能有一个含有 main 函数的文件。main 函数是程序执行的入口，在一个工程中包含两个或两个以上的 main 函数，即使它们不在同一个文件中，在程序执行时也会引起歧义，不知道该用哪个 main 函数作入口，因此应该避免在一个工程中出现多个 main 函数。

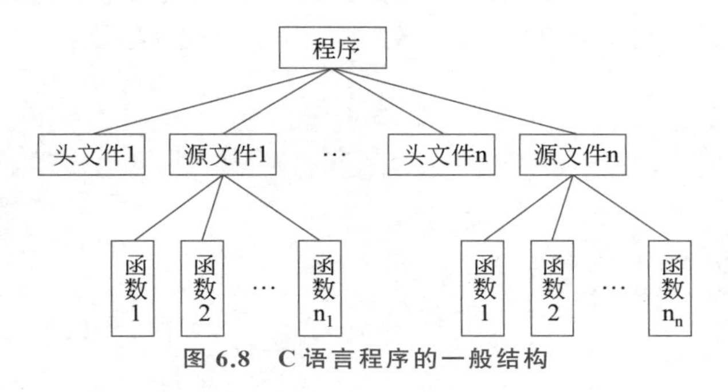

图 6.8　C 语言程序的一般结构

6.6.2　宏定义

宏定义又称宏替换或宏展开，可以用一个标识符来代表一个字符串。宏定义是一种预编译指令，按照其格式和用法可以分为不带参数的宏定义和带参数的宏定义两种。

1. 不带参数的宏定义

不带参数宏定义的一般格式如下：

```
#define 标识符 替换字符串
```

其中，标识符称为宏名，替换字符串是用来替换标识符的字符序列。在编译时，编译系统会扫描程序中所有代码，把与宏名相同的标识符都用替换字符串进行替换。例如，如果程序中有如下宏定义：

```
#define  PI  3.1415926
```

那么在预编译阶段，所有 PI 标识符出现的地方，都替换为 3.1415926。例如，程序中有语句

```
s=PI*r*r;
```

那么经过预编译后，该语句将变为

```
s=3.1415926*r*r;
```

在程序中使用宏定义有如下 3 个优点。

(1) 可以减少代码输入,如上面的例子可以在程序中凡是要用到圆周率 3.1415926 的地方都用 PI 来输入,减少了输入的麻烦,又可以避免误输入引起的错误。

(2) 可以使一些常量的含义明显,提高程序的可读性。例如使用如下宏定义:

```
#define  PRICE  20.5
```

使用宏名 PRICE 来表示 20.5 这个常量。如果在程序中直接使用 20.5,很难判断它到底代表的是什么含义,但是如果用 PRICE 来表示,不难猜到这是一个物品的价格。

(3) 在需要改动时可以做到"一改全改"。例如下面的程序段:

```
#include <stdio.h>
#define SIZE  10
int main()
{
    int i,sum=0,a[SIZE];
    printf("请输入%d个整数: \n",SIZE);
    for(i=0;i<SIZE;i++)
    {
      scanf("%d",&a[i]);
      sum+=a[i];
    }
    printf("输入的%d个数组元素的和为%d\n",SIZE,sum);
    return  0;
}
```

程序中用宏名 SIZE 作为数组的长度,在程序里使用的长度是 10。如果以后需要改动数组的长度,如改为 100,则只需修改宏定义指令:

```
#define SIZE 100
```

那么程序中所有出现 SIZE 的地方在预编译时都会被替换为 100。

在使用宏定义时,有如下 6 点需要注意。

(1) 宏定义所定义的宏名不是变量,不要在宏名和替换字符串之间写=,而是应该用空格分隔宏名和替换字符串。

(2) 宏替换不进行语法检查,用户必须自己保证替换的正确性。如果替换字符串出现错误,语法上是检查不出来的。例如,初学者常犯的错误之一就是,在宏定义的最后添加分号。宏定义指令是一种预编译指令,不属于 C 语言语句,因此宏定义的末尾不需要添加分号。如果不慎在宏定义末尾写了分号,则会引起错误,因为编译系统在预编译处理时会把分号也当成替换字符串的一部分参与替换。例如,若把宏定义写为

```
#define  PI 3.1415926;
```

那么编译系统会把语句

```
c=2*PI*r;
```

替换为

```
c=2 * 3.1415926; * r;
```

这显然是错误的。

同理，替换字符串的两端也不要使用双引号。

(3) 宏定义中的宏名习惯上使用大写字母书写，以与变量名区分。但是这只是一种习惯，并不是语法上的要求。语法上，宏名可以使用任何合法的自定义标识符，但是为了程序的可读性，提倡使用大写字母来书写宏名。

(4) 宏定义可以嵌套，也就是说，已经定义的宏可以用来定义新的宏。例如：

```
#define  PI  3.1415926
#define  RADIUS  5
#define  AREA  PI * RADIUS * RADIUS
```

宏 AREA 就用到了已经定义好的宏 PI 和 RADIUS，在预编译处理时，AREA 会被替换为 3.1415926 * 5 * 5。

(5) 编译系统只对与宏名相同的标识符进行替换，如果在双引号内出现相同的宏名，系统会认为是字符串常量，不会进行替换。

(6) 如果某个标识符被定义为宏名后，在取消该宏定义前，不允许重新对它进行宏定义。取消宏定义指令的格式如下：

```
#undef  标识符
```

在宏定义被取消后，该宏名将不再有效，直到下一次重新定义之前，也不能再使用该宏名。

2. 带参数的宏定义

带参数的宏定义的一般格式如下：

```
#define  宏名(参数表)  宏体
```

其中，宏名是标识符；参数表是宏的参数，可以有一个或多个，如果有多个参数，那么参数之间用逗号分隔；宏体是包含宏的参数的字符串。例如：

```
#define  SQUARE(x)  x * x
```

如果程序中有语句

```
y=SQUARE(2.5);
```

则在预编译时会被替换为

```
y=2.5 * 2.5;
```

又如：

```
#define  MAX(a,b)  a>b? a:b
```

在程序中就可以使用该宏来求两个值的最大值，例如：

```
m=MAX(10,5);
```

在预编译处理时，该语句会被替换为

```
m=10>5? 10:5;
```

实际上就是把参数分别按顺序依次代入宏体的字符串中。在替换时，编译系统检查宏体的字符串，在含有参数的地方分别用调用时的参数替换，不含参数的地方则保留。

使用带参数的宏定义，有以下 3 点需要注意。

(1) 考虑第一个例子中的宏 SQUARE，如果程序中有语句

```
y=SQUARE(1+2);
```

那么按照替换规则，该语句会被展开为

```
y=1+2 * 1+2;
```

而这显然不是编程者的本意。宏替换只是做简单的替换，不会做正确性检查。用户必须自己保证宏替换的正确性。因此，为了避免这种错误的出现，在定义时经常在宏体中为参数加上圆括号。例如，宏 SQUARE 可以定义为

```
#define SQUARE(x)  ((x) * (x))
```

这样语句

```
y=SQUARE(1+2);
```

就会被替换为

```
y=((1+2) * (1+2));
```

就会跟设计的初衷一致了。

同理，宏 MAX 的定义最好改为

```
#define MAX(A,B)  ((A)>(B)?(A):(B))
```

(2) 在进行带参数的宏定义时，宏名与参数的圆括号之间不应有空格，否则会把空格后的字符串当成是不带参数的宏定义来处理。例如，如果宏定义写成

```
#define ADD (a,b) ((a)+(b))
```

则语句

```
sum=ADD(1,2);
```

会被展开为

```
sum=(a,b) ((a)+(b))(1,2);
```

这显然是违背设计本意的。

(3) 带参数的宏定义看起来和函数非常类似，但是它们本质上有很大的不同。虽然有时候从效果上看，带参数的宏定义与函数功能类似，但是宏定义是在预编译阶段进行宏展开和替换的，而函数的调用是在程序运行时执行的，它们分别处在不同的阶段。另外，

函数的参数都有确定的类型，要求实参和形参类型匹配。而带参数的宏定义则不考虑类型问题，不做类型检查，不管是何种类型，都可以进行替换。

6.6.3 文件包含

一个程序中可以包含多个文件，那么这些文件应该如何相互协作，共同完成程序的功能呢？不同文件中定义的函数可以在其他文件直接进行调用吗？这是接下来要解决的问题。

假设在一个工程中包含两个文件 file1.c 和 file2.c，file1.c 中有函数 fun1，file2.c 中有函数 fun2。想在 fun2 中调用 fun1，根据本章前面对函数的叙述，在函数 fun2 中调用 fun1 前，需要让编译系统知道 fun1 的原型，也就是在调用 fun1 前要对其进行声明。

在不同文件之间进行交互时，用函数声明的方法来告诉本文件其他文件中已经定义好的函数，看起来是可行的。但是如果文件较多，每个文件中定义的函数又较多时，在各个文件中都把函数重复声明一遍是非常费力的。可以设想一种方法，把每个源文件中定义的函数的声明集中放在一个对应的头文件中，如果在另外的源文件中需要函数调用时，只要把它所在的头文件包含进来，就可以省略不断进行函数声明的烦琐过程。

C 语言提供了文件包含指令。文件包含指令使一个 C 程序文件可以将另一个文件内容全部包含进来。文件包含指令的一般格式如下：

```
#include <文件名>
```

或者

```
#include "文件名"
```

二者的区别在于，搜索被包含文件的路径不同，前者指示预编译时在系统自带的库函数头文件目录中寻找被包含的文件。它们一般是系统提供的公共头文件，存放在编译系统所在目录中的 include 子目录下。后者指示首先在用户编写的源程序所在的当前目录中寻找被包含的头文件，如果找不到，再到系统自带的公共头文件目录中寻找。因此，前者多用于包含系统库中所带的文件(如 stdio.h、string.h 等)，后者多用于包含用户自己编写的文件。

在前面的学习中已经遇到了很多文件包含指令的应用，例如：

```
#include <stdio.h>
```

和

```
#include <math.h>
```

前者作用是把标准输入输出头文件 stdio.h 包含到程序文件中，后者作用是把数学上常用的头文件 math.h 包含到程序文件中。

文件包含指令的功能实际上就是把要包含的文件内容全部展开到文件包含指令出现的位置。相当于复制被包含的文件全部内容，然后粘贴在指令处。例如，前面例子中的两个文件 file1.c 和 file2.c，如果在 file2.c 文件的开头部分添加一条文件包含指令：

```
#include "file1.c"
```

则 file1.c 的内容就会被嵌入 file2.c 文件中，那么 file2.c 中的函数 fun2 在调用函数 fun1 时就不用再做声明。文件包含指令经过预编译处理后的效果如图 6.9 所示。

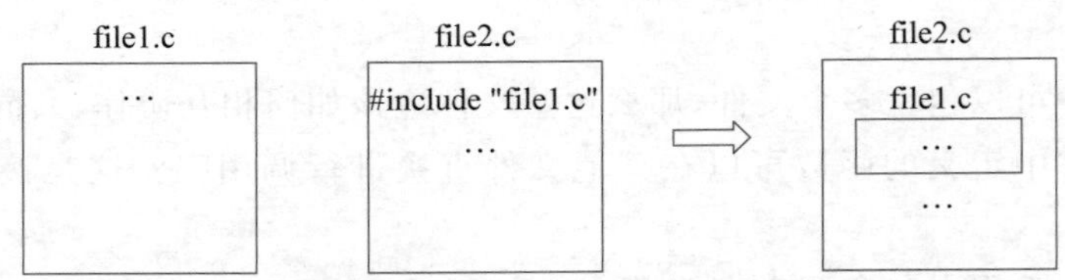

图 6.9　文件包含指令经过预编译处理后的效果

使用文件包含指令时，需要注意以下 3 点。

(1) 一条文件包含指令只能包含一个文件，如果需要包含多个文件，则要用多条文件包含指令实现。

(2) 文件包含主要用于包含头文件。在实际编程中，常把一些公用的宏定义、变量和函数的声明等信息放在头文件中，源文件如果要用到这些信息，则把它们所在的头文件包含进来。

(3) 文件包含也可以嵌套。也就是说，如果 file1.h 包含了 file2.h，file3.c 包含了 file1.h，则经过预编译处理后，file3.c 中会包含 file1.h 和 file2.h 中的全部内容。

6.6.4　条件编译

编写的程序有时需要在不同条件下分别对不同的代码进行编译。最常见的一种情况是，很多软件都会有调试版和发行版等版本的区别。调试版主要用于在开发过程中的内部调试，常常需要输出一些中间的变量值以便进行调试分析。但是当正式发行时，用户又不需要这些信息，需要把它们删除。当然可以用逐条删除的方法，但是对于大型程序来说，工作量太大，非常不便。这时就可以使用条件编译，使程序在调试时编译这些输出信息的代码，而在发行正式版时不编译这些代码，显然用户就不会看到这些信息了。

条件编译是 C 语言提供的一种预编译指令，可以使程序代码只有在满足一定条件时才被编译，不满足条件的不参加编译。使用条件编译，可以使程序有良好的通用性和可移植性，从一种版本换到另一种版本时，只需做一些简单的修改(例如，定义或取消定义某些宏)即可，可以使程序在不同平台下都能够有效运行。因此，对于想要提高程序通用性和可移植性的程序员来说，条件编译是一个非常好用的方法。

条件编译主要有以下 3 种常见形式。

1. #ifdef 指令

这种形式的条件编译指令的一般格式如下：

```
#ifdef  宏名
    程序段 1
```

```
#else
    程序段 2
#endif
```

在进行预编译处理时考察是否定义了指定的宏，如果已定义，则编译程序段 1，否则编译程序段 2。根据使用时的实际需要，＃else 部分也可以省略。例如：

```
#ifdef  DEBUG
    printf("This is a debug edition!\n");
#else
    printf("This is a release edition!\n");
#endif
```

如果程序是调试版，可以在程序开头部分用宏定义指令＃define DEBUG 来定义宏 DEBUG，在预编译时，不论 DEBUG 被定义为何值，只要是已经定义过，上述条件编译指令就会对“printf("This is a debug edition! \n");”进行编译，而语句“printf("This is a release edition! \n");”则不参与编译。如果不是调试版，只需在程序开头把宏定义指令＃define DEBUG 删除即可。当然，实际应用时，发行版一般不再需要输出此类信息，那么上述代码段只要把＃else 部分删除即可。

2. ＃ifndef 指令

这种形式的条件编译指令的一般格式如下：

```
#ifndef  宏名
    程序段 1
#else
    程序段 2
#endif
```

这种形式的条件编译指令和第一种类似，作用刚好相反。如果程序中没有定义指定宏，编译程序段 1，否则编译程序段 2。

＃ifndef 指令常常用在进行文件包含时防止对同一段内容的重复包含。例如，有文件 file1.h、file2.h 和 file3.h，file2.h 中包含了 file1.h，如果 file3.h 中又包含了 file1.h 和 file2.h，显然，file1.h 被包含了两次。为避免这种情况的出现，可以在 file1.h 中用如下条件编译指令：

```
#ifndef  FILE_1
#define  FILE_1
⋮
#endif
```

其中，＃endif 放在 file1.h 的最后一行。如果 file3.h 中已经包含 file1.h，那么宏 FILE_1 已经被定义了，所以 file1.h 不会再参与编译；如果尚未包含 file1.h，则定义宏 FILE_1，并使 file1.h 的内容参与编译。

3. ＃if 指令

这种形式的条件编译指令的一般格式如下：

```
#if  常量表达式 1
    程序段 1
#elif  常量表达式 2
    程序段 2
 ⋮
#else
    程序段 n
#endif
```

它的功能是首先判断常量表达式 1,如果为真,则编译程序段 1;否则判断常量表达式 2,如果为真,编译程序段 2;以此类推,如果所有常量表达式都为假,则编译程序段 n。在实际应用中,根据需要可以省略中间部分的＃elif 段。

例如,下面程序段中可以根据需要设置条件编译,使一个字符串中的英文字母全改为大写英文字母输出,或者全改为小写英文字母输出。

```
#include <stdio.h>
#define  UPPER_CASE  1
int main()
{
    char c, str[20]="Hello World\n";
    int i=0;
    while((c=str[i])!='\n')
    {
        #if UPPER_CASE
        if(c>='a'&&c<='z')c=c-32;
        #else
        if(c>='A'&&c<='Z')c=c+32;
        #endif
        printf("%c",c);
        i++;
    }
    return 0;
}
```

本段程序的输出结果为 HELLO WORLD。如果想要使程序输出小写字母,只需把第一行改为＃define UPPER_CASE 0,其余部分则不需改动。

前面介绍了宏定义、文件包含和条件编译 3 种预编译指令的用法。在实际的大型程序开发过程中,这些预编译指令发挥着非常重要的作用,可以使程序更为灵活、高效、健壮,既可以使程序便于调试和维护,也可以提高程序的通用性和可移植性,使开发出来的程序具有跨平台能力。如果读者想要深入学习程序设计,这部分的内容是非常重要的。

习　题　6

一、选择题

1. 以下对 C 语言程序的说法中正确的是________。

A. 程序总是从程序中的第一条可以执行的语句开始执行
B. 程序总是从第一个定义的函数开始执行
C. 程序总是从 main 函数开始执行
D. main 函数必须写在最开始的部分

2. 以下对 C 语言函数的描述中正确的是________。
A. 函数可以没有参数,也可以没有返回值
B. 函数既可以嵌套定义,又可以递归调用
C. 函数必须有返回值,否则不能使用函数
D. 有调用关系的所有函数必须放在同一个源程序文件中

3. 以下对 C 语言程序的说法正确的是________。
A. 函数的定义可以嵌套,但函数的调用不能嵌套
B. 函数的调用可以嵌套,但函数的定义不能嵌套
C. 函数的定义和调用都可以嵌套
D. 函数的定义和调用都不能嵌套

4. 以下叙述中不正确的是________。
A. 在同一 C 程序文件中,不同函数中可以使用同名变量
B. 在 main 函数中定义的变量在其他函数中也可使用
C. 形参是局部变量,函数调用结束后就释放所占的内存
D. 若同一文件中全局变量和局部变量同名,则全局变量在局部变量作用范围内不起作用

5. 下列关于实参和形参的叙述中正确的是________。
A. 实参和对应的形参各占独立的存储单元
B. 实参和对应的形参共用同一个存储单元
C. 形参是虚拟的,不占存储单元
D. 只有当实参和对应的形参同名时才共用同一个存储单元

6. C 语言规定,简单变量作实参时,与对应形参之间的数据传递方式是________。
A. 地址传递
B. 单向值传递
C. 由实参传给形参,再由形参传回实参
D. 由用户指定传递方式

7. 以下对 C 语言程序的说法正确的是________。
A. 实参可以是常量、变量或表达式
B. 实参可以是任意类型
C. 形参可以是常量、变量或表达式
D. 实参的个数可以多于形参的个数

8. 一个函数的返回值的类型是由________决定的。
A. return 语句中表达式的类型
B. 定义函数时指定的函数类型

C. 调用函数时临时

D. 调用函数的主调函数的类型

9. 对于 return 语句说法正确的是________。

A. return 语句只能出现在函数的结尾部分

B. return 语句可以在一个函数中出现多次

C. return 语句必须返回值

D. main 函数中不能使用 return 语句

10. 以下叙述中不正确的是________。

A. 在不同的函数中可以使用相同名字的变量

B. 函数中的形参是局部变量

C. 在一个函数内定义的变量只在本函数范围内有效

D. 在一个函数内的复合语句中定义的变量在本函数范围内有效

11. 以下关于变量的存储类型说法不正确的是________。

A. 凡是在函数中未指明存储类型的局部变量,其隐含的存储类型是 auto

B. 用 static 修饰的变量从程序开始运行到程序结束期间始终存在

C. 静态变量是在编译时赋初值的,即只赋初值一次

D. register 类型的变量访问速度更快,因而在程序中这类变量的定义越多越好

12. 以下说法正确的是________。

A. 函数体内定义的局部变量不能与全局变量重名

B. 外部变量必须定义在文件的开头部分

C. 若一个 C 语言程序中说明一个全局变量,则程序任何一点都可以引用该全局变量

D. 在函数中的复合语句内定义的变量只在复合语句内有效,而不是在整个函数中有效

13. 以下叙述中正确的是________。

A. C 语言中的预处理是在编译之前进行的

B. 用#define 命令定义的标识符也是变量,可以在程序中重新赋值

C. 宏定义行可以看作一行 C 语句

D. 一条#include 命令可以同时包含多个文件

14. 设 a、b 已正确定义并赋初值,则以下函数调用语句中含有的实参个数是________。

```
func((a,a+b),(a++,a++,a+2*b));
```

A. 1　　B. 2　　C. 4　　D. 5

15. 若程序中定义了以下函数:

```
double myfun(double a,double b)
{
    return (a+b);
}
```

则对该函数声明的方式中错误的是________。

A. double myfun(double a,b);

B. double myfun(double,double);

C. double myfun(double b,double a);

D. double myfun(double x,double y);

16. 以下程序的输出结果是________。

```
#include <stdio.h>
int f(int  a ,int  b)
{
    int c;
    c=a;
    if(a>b)
        c=b;
    else if(a==b)
            c=0;
        else c=-1;
    return c;
}
int  main ()
{
    int i=2,p;
    p=f(i,i+1);
    printf("%d\n",p);
    return 0;
}
```

A. 0　　B. −1　　C. 1　　D. 2

17. 以下程序的输出结果是________。

```
#include <stdio.h>
char fun(char x ,char y)
{
    if(x<y)   return x;
    return y;
}
int main()
{
    int a='9',b='8',c='7';
    printf("%c\n",fun(fun(a,b),fun(b,c)));
    return 0;
}
```

A. 7　　B. 8　　C. 9　　D. 函数调用出错

18. 以下程序的输出结果是________。

```
#include <stdio.h>
long fun(int n)
{
    long s;
```

```
    if(n==1||n==2) s=2;
    else s=n-fun(n-1);
    return s;
}
int main()
{
    printf("%ld\n",fun(3));
    return 0;
}
```

A. 1　　B. 2　　C. 3　　D. 4

19. 以下程序的输出结果是________。

```
#include <stdio.h>
long func(int i)
{
    static int s=1;
    s*=i;
    return s;
}
int main()
{
    long t=0,i;
    for(i=1;i<=4;i++)
        t+=func(i);
    printf("%ld\n",t);
    return 0;
}
```

A. 0　　B. 9　　C. 24　　D. 33

20. 以下程序的输出结果是________。

```
#include <stdio.h>
int m=13;
int fun2(int x, int y)
{
    int m=3;
    return(x*y-m);
}
int main()
{
    int a=7, b=5;
    printf("%d\n",fun2(a,b)/m);
    return  0;
}
```

A. 1　　B. 2　　C. 7　　D. 10

二、程序分析题

1. 以下程序的输出结果是________。

```c
#include <stdio.h>
void fun (int q)
{
    int d=5;
    d=q;
    printf("%d",d);
}
int main()
{
    int d=5,a=8;
    fun(a);
    printf("%d\n",d);
    return 0;
}
```

2. 以下程序的输出结果是________。

```c
#include <stdio.h>
int  fun(int a,int b)
{
    if(a>b)
        return a;
    else
        return b;
}
int  main()
{
    int x=3,y=8,z=6,r;
    r=fun(fun(x,y),2 * z);
    printf("%d\n", r);
    return 0;
}
```

3. 以下程序的输出结果是________。

```c
#include <stdio.h>
void  fun(int i , int j)
{
    int x=6;
    i++,j--;
    printf("i=%d,j=%d,x=%d\n",i,j,x);
}
int main()
{
    int i=2,j=3,x=4;
    fun(i,j);
    printf("i=%d,j=%d,x=%d\n",i,j,x);
    return 0;
}
```

4. 以下程序的输出结果是________。

```c
#include <stdio.h>
```

```c
int gcd(int m,int n)
{
    int r,t;
    if(m<n)
    {
        t=m; m=n; n=t;
    }
    while(n!=0)
    {
        r=m%n;
        m=n;
        n=r;
    }
    return m;
}
int  main()
{
    int x=18,y=12,t;
    t=gcd(x,y);
    printf("gcd of %d and %d is %d\n",x,y,t);
    return 0;
}
```

5. 以下程序的输出结果是________。

```c
#include <stdio.h>
int a,b;
void fun()
{   a=100; b=200;   }
int  main()
{
    int a=5, b=7;
    fun();
    printf("%d%d \n", a,b);
    return  0;
}
```

6. 以下程序的输出结果是________。

```c
#include <stdio.h>
int f(int a)
{
    int b=0;
    static int  c=3;
    a=c++,b++;
    return  a;
}
int  main()
{
    int a=2,i,k;
    for(i=0;i<2;i++)
        k=f(a++);
```

```
    printf("%d\n",k);
    return 0;
}
```

7. 以下程序的输出结果是________。

```
#include <stdio.h>
int d=1;
void fun(int q)
{
    int d=5;
    d+=q++;
    printf("%d",d);
}
int  main()
{
    int a=3;
    fun(a);
    d+=a++;
    printf("%d\n",d);
    return  0;
}
```

8. 以下程序的输出结果是________。

```
#include <stdio.h>
int  main()
{
    double f(int);
    int i,m=3;
    float a=0.0;
    for(i=0;i<m;i++)
        a+=f(i);
    printf("%f\n",a);
    return 0;
}
double f(int n)
{
    int i;
    double s=1.0;
    for(i=1;i<=n;i++)
        s+=1.0/i;
    return s;
}
```

9. 以下程序的输出结果是________。

```
#include <stdio.h>
int x;
void fun( int x)
{
    x*=x;
    printf("%d",x);
```

```
}
int  main()
{
    int  x=4;
    fun(x);
    printf("%d",x);
    {
        int x=0;
        printf("%d",++x);
    }
    printf("%d",x);
    return  0;
}
```

10. 以下程序的输出结果是________。

```
#include <stdio.h>
void fun()
{
    static int x=1;
    x*=2;
    printf("%4d",x);
}
int main()
{
    int n;
    for(n=0;n<=4;n++)
    fun();
    return 0;
}
```

三、编程题

1. 编写一个求素数的函数,并调用该函数输出1000以内的所有素数。

2. 编写函数,将给定整数的各位数字反序。

3. 通过函数求一个整数的各位之和与各位之积。

4. 分别用函数和带参数的宏,从3个数中找出最大值。

5. 分别编写求两个数的最大公约数与最小公倍数的函数,并在主函数中调用,输出从键盘输入的两个整数的最大公约数和最小公倍数。

6. 用递归法把 m 转换为 n 进制数据输出。

7. 根据指定年份第一天对应的星期数,用函数生成该年日历册。

8. 用牛顿迭代法求方程的根,通过编写函数实现。方程为 $ax^3+bx^2+cx+d=0$,系数 a、b、c、d 从键盘输入,求方程在 $x=1$ 附近的实根,精确到小数点后6位。

9. 编程验证,对于从键盘输入的任意一个2以上的偶数,可以表示为两个素数之和。要求程序读入从键盘输入的一个偶数,然后以"偶数=第一素数+第二素数"的形式输出。并且要求这两个素数不相等且差值最小,第一个素数要小于第二个素数。例如,输入的是46,则输出

```
46=17+29
```

10. 计算下列表达式的值：

$$f(x,n)=\sqrt{n+\sqrt{(n-1)+\sqrt{(n-2)+\sqrt{\cdots+\sqrt{1+x}}}}}$$

根据从键盘输入的 x 和 n 的值，计算 $f(x,n)$。

第7章 数组

案例导入——学生成绩的处理

【问题描述】 对30名学生的"C语言程序设计"课程的成绩进行处理,要求把高于平均分的成绩显示在屏幕上。

【解题分析】 解决这一实际问题的过程并不复杂,只需要4个基本步骤：①输入30名学生的成绩；②对30个成绩求累加和；③利用累加和除以30得到学生的平均成绩；④将每名学生的成绩与平均成绩比较,凡是大于平均成绩的学生成绩就显示输出。解决方案并不复杂,但在具体实现时需要考虑如何存储30个成绩。

如果使用之前学过的简单变量处理此问题,需要定义30个同类型的变量,将每个成绩都单独存储,因此30个成绩中的每个值都需要和计算得到的平均成绩进行比较。而简单变量需要单独处理(输入、运算、比较、输出),即30个成绩需要30个输入语句,30个成绩的累加也要单独计算,30个成绩分别和平均成绩进行比较也需要30个if语句,这显然是不现实的。如果学生人数不确定,这类的题目就更难实现了。另外,这30个值本属于一个班一门课的成绩,内在是有联系的,而简单变量没办法反映出这些数据之间的内在联系。因此,可以采用C语言提供的专门处理同类型批量数据的简单构造数据类型——数组,会为同类型批量数据的处理带来方便。

C语言提供的数组类型可以存储一组有序的同类型数据,用数组名和下标来唯一标识数组中的一个数组元素,且下标可以用变量描述。本例的解决方法如下。

(1) 定义一个float类型的数组score,长度为30,用来存放30名学生的"C语言程序设计"课程的成绩。

(2) 利用循环从键盘输入30名学生的成绩,并求出累加和sum。

(3) 求出30名学生的平均成绩avg。

(4) 利用循环使每名学生的成绩与平均成绩进行比较,如果高于平均成绩则将其成绩显示在屏幕上。

程序如下：

```
#include <stdio.h>
int main( )
{
    float score[30],sum=0,avg;
```

```
    int i;
    printf("请输入 30 名学生的成绩:\n");
    for(i=0;i<30;i++)                    //第 1 名学生的成绩存储在数组元素 score[0]中
    {
        scanf("%f",&score[i]);      //从键盘输入第 i+1 名学生的成绩
        sum+=score[i];
    }
    avg=sum/30.0;
    printf("平均分:%.2f\n",avg);
    printf("高于平均分的学生成绩是:\n");
    for(i=0;i<30;i++)
        if(score[i]>avg)
            printf("%6.1f",score[i]);
    printf("\n");
    return 0;
}
```

程序运行结果：

```
请输入30名学生的成绩：
90 92 98 70 78 88 86 90 60 61
92 95 60 60 60 70 71 95 96 60
90 95 70 92 60 60 60 98 60 60
平均分：77.23
高于平均分的学生成绩：
  90.0  92.0  98.0  78.0  88.0  86.0  90.0  92.0  95.0  95.0  96.0  90.0  95.0  92.0  98.0
```

可以看出，利用数组和循环相结合，可以很方便有效地处理大批量的同类型数据，从而大大地提高了工作效率。

导学与自测

扫二维码观看本章的预习视频——一维数组的概念，并完成以下课前自测题目。

一维数组的概念

【自测题 1】 若要求定义一个包含 10 个整型元素的一维数组 a，则以下定义中错误的是(　　)。

A. #define N 10
　 int a[N];

B. #define n 5
　 int a[2 * n];

C. int a[10];

D. int n=10,a[n];

【自测题 2】 在 C 语言中，引用数组元素时，其元素下标的数据类型允许是(　　)。

A. 整型常量

B. 整型表达式

C. 整型常量或整型表达式

D. 任何类型的表达式

在前面章节中介绍的数据类型都是简单类型，每个变量在某一时刻只能取一个值，但在处理实际问题时，经常需要处理成批的具有相同类型的数据。例如，某班学生的年龄、某学科的成绩、学生的姓名、教师的职称等，对于这些具有相同类型且相关的数据可以用数组表示和处理。为了处理方便，C 语言把具有相同类型的若干变量按照有序的方式组织起来，这种同类型变量所组成的集合称为数组(array)。数组中所包含的变量，称为数

组元素。例如,100 名学生的“C 语言程序设计”课程的成绩可以存放在 float 类型的数组 score[100]中,该数组中包含 100 个元素,每个元素可以用下标 i 来标识,i 可以从 0 取到 99 共 100 个。使用数组这种数据类型和循环结构就可以解决此类问题:涉及处理批量数据(100 个成绩值),包括对批量数据的输入、运算、比较和输出。

一个数组就是一组变量,其中每个变量称为一个数组元素,数组元素应该满足下列条件。

(1) 具有相同的数组名和不同的下标值,且下标可以使用整型数据标识。

(2) 具有相同的数据类型。

(3) 在存储器中连续存放。

数组元素可以是基本数据类型或者构造类型。根据数组元素类型的不同,数组可分为数值数组、字符数组、指针数组、结构体数组等多种类型。根据数据维度的不同,数组可分为一维数组、二维数组和多维数组等。

在 C 语言中,数组的使用和普通变量的使用类似,必须“先声明,后使用”。

7.1 一维数组

如果需要对 100 名学生的“C 语言程序设计”课程的成绩进行处理,就可以定义一个有 100 个数组元素的一维数组,其中每个数组元素的类型为整型,每个数组元素存放一名学生的成绩,这样就可以利用统一的方法对学生成绩进行处理。

7.1.1 一维数组的定义

数组中的每个元素都属于同一个数据类型。用一个统一的数组名和下标来唯一地确定数组中的元素。定义格式如下:

```
类型名  数组名[常量表达式]
```

例如:

```
定义存放 10 个年龄的数组: int  age[10];
定义存放 10 个字符的数组: char  names[10];
定义存放 100 个成绩的数组: float  scores[100];
```

对一维数组的定义注意以下 4 点。

(1) 类型说明符说明数组的类型,实际上是指数组元素的类型,同一个数组中,所有元素的数据类型是一致的。

(2) 数组名的命名规则应遵循标识符的命名规则。

(3) 数组名后是方括号,而非圆括号。

(4) 常量表达式表示元素的个数,即数组长度。常量表达式应是整型表达式。例如:

```
int  a[10];
```

表示数组 a 有 10 个元素,元素的下标从 0 开始,所以这 10 个数组元素分别是 a[0],a[1],

a[2],a[3],a[4],a[5],a[6],a[7],a[8],a[9]。需要特别注意,数组元素下标是从 0 开始,没有元素 a[10]。

(5) 常量表达式中可以使用常量和符号常量,但不能包含变量,即 C 语言不允许对数组的大小进行动态定义。

```
#define  M  10   //M为符号常量
int main()
{  int  a[M], b[M+1],c[2+3];
    ...
}
```

下面是错误的定义:

```
int  main()
{   int n;
    scanf("%d",&n);
    int  a[n];
    ...
}
```

7.1.2 一维数组的初始化

1. 一维数组的存储结构

数组在定义后,其元素在内存中是连续存放的,char name[5]在内存中的存放情况如图 7.1 所示。

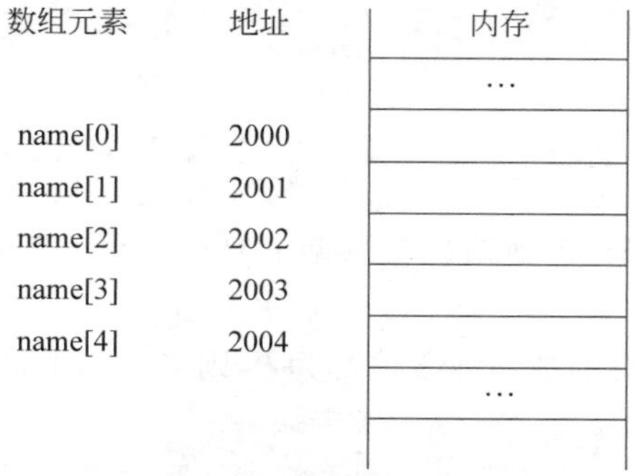

数组元素	地址	内存
		…
name[0]	2000	
name[1]	2001	
name[2]	2002	
name[3]	2003	
name[4]	2004	
		…

图 7.1　一维数组的存储结构

数组名代表这一段内存的起始地址,由于同种类型的数据在内存中占的字节数相同,所以可以根据元素下标和元素的起始地址计算某个元素的内存地址,从而实现数组元素的随机访问,计算公式如下:

数组元素地址=数组起始地址+元素下标×每个数组元素所占的字节数

假设 name 在内存中的起始地址为 2000,则 name[4]的地址为 2000+4×1=2004,如图 7.1 所示。

2. 一维数组的初始化

数组与前面学过的普通变量类似,在使用之前,需要对其元素进行赋值,然后才能使用。数组元素赋值的方法有 3 种:①在数组定义时,通过给数组中各元素指定初值来为其赋值,这个过程叫作数组的初始化。②在程序代码中通过赋值语句为数组中的各元素赋值。③在程序代码中通过输入语句为数组中的各元素赋值。数组初始化的格式为

```
类型名  数组名[常量表达式]={数值 1,数值 2,…, 数值 n}
```

(1) 给所有元素赋初值。例如:

```
int a[5]={0,1,2,3,4};
```

相当于

```
a[0]=0; a[1]=1; a[2]=2; a[3]=3; a[4]=4;
```

(2) 可以只给一部分数组元素赋初值。例如:

```
int a[10]={0,1,2,3,4};
```

相当于

```
a[0]=0;a[1]=1;a[2]=2;a[3]=3;a[4]=4;
```

其他元素(a[5]~a[9])均为 0。

(3) 在对全部数组元素赋初值时,可以不指定数组长度。例如:

```
int a[ ]={0,1,2,3,4};
```

相当于

```
int a[5]={0,1,2,3,4};
```

省略数组长度,系统将根据所给出的数据个数自动确定数组的长度,即数组长度与数据个数相同。

(4) 要想使数组中所有的数组元素值都为 0,则采用如下形式:

```
int a[10]={0,0,0,0,0,0,0,0,0,0};
```

或

```
int a[10]={0};
```

7.1.3 一维数组元素的引用

数组元素的引用是指在程序中使用数组中各元素的过程。其格式如下:

```
数组名[下标]
```

下标是指所要访问的数组元素在数组中的位置，与定义数组时所指定的数组大小不同，它可以是整型的常量，也可以是已赋值的整型变量。C语言规定数组的下标从0开始编号，因此最后一个元素的下标为数组的长度减1。

例如，如果定义了 int a[10]，则下面是对a数组元素的合法引用：

```
a[0]=10;
a[2]=a[0] * 5;
scanf("%d",&a[5]);
printf("%d",a[5]);
```

说明：

(1) 数组元素的引用与同类型的一般变量的使用方式一样。但需注意的是下标不能超出范围。如定义了 int a[10]，同时又引用 a[10]就出界了。系统对下标的越界不做检查和处理，所以处理元素时要做好对其下标的控制，以免产生意想不到的结果。

(2) 数组的每个元素相当于一个普通变量，因此，数组元素只能逐个引用（字符数组除外），而不能一次引用整个数组。如果要引用数组中的全部元素，通常借助 for 循环语句，逐个引用数组中的每个元素。例如：

```
#include <stdio.h>
int  main()
{
    int i,a[10];
    for (i=0; i<=9; i++)
        a[i]=i;
    for (i=9; i>=0; i--)
        printf("%2d",a[i]);
    return  0;
}
```

由此例可以看出，除采用初始化方法为一维数组赋值外，还可以用一重循环为一维数组赋值。同时也可以采用一重循环输出一维数组元素的值。

7.1.4　一维数组的应用

程序设计中，利用一维数组进行批量数据处理的问题十分普遍，其中在数组中查找数据、从数组中删除数据、对数组的元素进行排序、向数组中插入一个数据等操作是最基本的数据处理算法。

例 7.1　将数组倒置，如把 | 1 2 3 4 5 | 变为 | 5 4 3 2 1 |。

问题分析：

(1) 设数组a有n个元素，从键盘输入每个元素的值，为实现前后倒置，只要把数组前后对应的元素逐个互换即可，如图7.2所示。

(2) 如果n为偶数，则要交换n/2对元素；如果n为奇数，则要交换(n－1)/2对元素，即处于中间的下标是(n－1)/2的元素不需要和任何元素交换。实际上，当n为奇数时，(n－1)/2等于n/2，所以无论n是偶数还是奇数，都要进行n/2次交换。

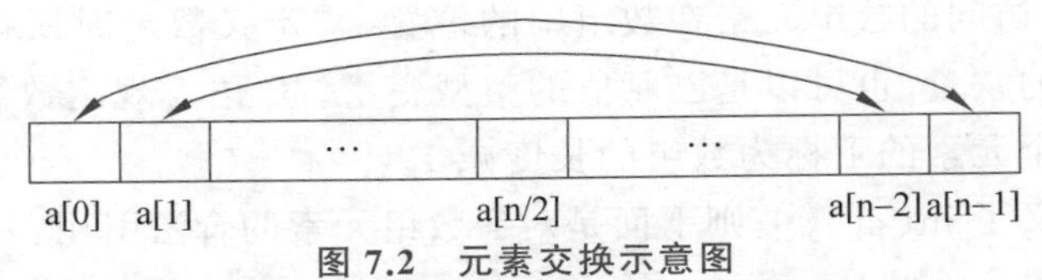
…
…
a[0]
a[1]
a[n/2]
a[n–2]
a[n–1]

图 7.2　元素交换示意图

因此，程序可如下设计。

(1) 首先定义符号常量 N 为 10，然后定义一个一维数组 a[N]。

(2) 定义整型变量 i 来控制数组元素的下标，利用循环从键盘输入 N 个数组元素的值。

(3) 用变量 i 来控制数组对应元素的交换次数，i 的初值为 0，终值小于 N/2，利用循环将 a[i]和 a[N－i－1]元素一一交换。

(4) 利用循环将 N 个元素输出。

程序如下：

```
#define  N  10
#include <stdio.h>
int  main()
{
    int  i,temp,a[N];
    printf("请输入%d个整数：\n",N);
    for(i=0;i<N;i++)
        scanf("%d",&a[i]);
    for(i=0;i<N/2;i++)
    {
        temp=a[i];
        a[i]=a[N-i-1];
        a[N-i-1]=temp;
    }
    printf("倒置以后的%d个整数：\n",N);
    for(i=0;i<N;i++)
        printf("%4d,",a[i]);
    printf("\n");
    return  0;
}
```

程序运行结果 1：

```
请输入10个整数：
10 20 30 40 50 60 70 80 90 100
倒置以后的10个整数：
 100,  90,  80,  70,  60,  50,  40,  30,  20,  10,
```

程序运行结果 2：

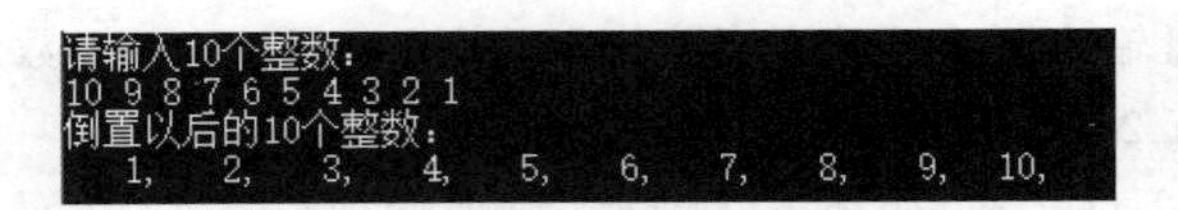
请输入10个整数：
10 9 8 7 6 5 4 3 2 1
倒置以后的10个整数：
1,   2,   3,   4,   5,   6,   7,   8,   9, 10,

例 7.2　对一个教学班的“C 语言程序设计”课程的成绩进行处理，要求找出最高分和最低分，以及它们对应的学生序号。

问题分析：本例没有具体给出处理的学生人数，按照惯例一个教学班的学生人数一般在 30～120，因此需要定义一个足够大的数组，才能满足最大的学生人数要求，即定义一个包含 120 个元素的数组，成绩用整型数据存储，即 int score[120]。其中序号为 1 的学生成绩存储在 score[0]的元素中，序号为 i(1≤i≤120)的学生成绩存储在 score[i-1]的元素中。根据学生成绩的特点：成绩大于或等于 0 并且小于或等于 100，利用循环输入学生的成绩并存储到数组中，利用循环找出所有数组元素中的最大值和最小值及其对应的下标，并将最大值和最小值及其对应元素的下标加 1 后输出。

因此，程序可如下设计。

(1) 定义一个整型的一维数组 score，长度为 120，用来存放最多 120 名学生的"C 语言程序设计"的成绩；定义整型变量 i 用来控制循环；整型变量 n 用来存储实际学生人数；整型变量 min 用来存储最小值元素的下标，初值为 0；整型变量 max 用来存储最大值元素的下标，初值为 0。

(2) 利用永真循环从键盘输入若干学生的成绩，当输入的某名学生的成绩不满足大于或等于 0 并且小于或等于 100 时结束循环，并记录学生人数 n(循环的次数)。

(3) 利用循环使每名学生的成绩都和下标为 min 和 max 的元素相比较，如果出现比 score[min]的值小的元素，则重新给 min 赋值；如果出现比 score[max]的值大的元素，则重新给 max 赋值。当循环结束时，下标是 min 的元素就是所有成绩中的最小值；下标是 max 的元素就是所有成绩中的最大值。

(4) 输出下标为 max 的最高成绩 score[max]，其对应学生序号为 max+1；输出下标为 min 的最低成绩 score[min]，其对应学号为 min+1。

程序如下：

```
#include <stdio.h>
int main( )
{
    int score[120],i,n,max,min;
    i=0;
    max=min=0;
    printf("请输入学生成绩(最多输入 120 个成绩):\n");
    while(1)
    {
        scanf("%d",&score[i]);
        if (score[i]<0 || score[i]>100)
            break;
        i++;
    }
    n=i;
    for(i=0;i<n;i++)
    {
        if(score[i]>score[max])
            max=i;
        if(score[i]<score[min])
            min=i;
    }
```

```
    printf("序号为 %-3d 的学生的成绩最高,成绩为%4d\n",max+1,score[max]);
    printf("序号为 %-3d 的学生的成绩最低,成绩为%4d\n",min+1,score[min]);
    return 0;
}
```

程序运行结果 1:

```
请输入学生成绩(最多输入120个成绩):
80 90 70 60 50 65 98 85 92 65 78 110
序号为  7  的学生的成绩最高, 成绩为    98
序号为  5  的学生的成绩最低, 成绩为    50
```

程序运行结果 2:

```
请输入学生成绩(最多输入120个成绩):
98 89 79 87 76 50 66 77 88 -2
序号为  1  的学生的成绩最高, 成绩为    98
序号为  6  的学生的成绩最低, 成绩为    50
```

例 7.3 将十进制整数 n 转换成 base 进制的数(1<base<10)。

问题分析:n 除以 base 取余,直到商为 0 止。最后得到的余数为最高位,最开始得到的余数为最低位。

因此,可以如下设计程序。

(1) 定义一个足够大的数组 num[32](因整型数据在内存中占 4 字节,当转换为二进制时则需要 32 位来存储),用来存放余数,第一次得到的余数存放在元素 num[0]中,第二次得到的余数存放在元素 num[1]中,以此类推。

(2) 每次得到余数以后,应该用 n 除以 base 的商更新 n 的值,为下一次求余数做准备。

(3) 直到 n 的值为 0 时结束求余数。

(4) 利用循环从得到的最后一个余数存放的元素开始输出,直到 num[0]结束,即得到了十进制数 n 转换为 base 进制的数码构成。

程序如下:

```
#include <stdio.h>
int main ()
{
    int i=0,base, n, m,num[32];
    printf ("Enter data that will be converted \n");
    scanf("%d",&n);
    m=n;
    printf("Enter base\n");
    scanf ("%d",&base);   /* 要转换的进制 */
    do
    {
        num[i]=n%base;   /* 将分离出来的数码存入数组 num 中 */
        n=n/base;        /* 为分离出下一数码更新 n 的值 */
        i++;
    }while(n!=0);
    printf("The data %d has been converted into %d-base data :\n",m,base);
```

```
    for (i--;i>=0;i--)
        printf(" %d",num[i]);
    printf("\n");
    return 0;
}
```

程序运行结果 1:

```
Enter  data that will be converted
8
Enter  base
2
The data 8 has been converted into 2--base data :
 1 0 0 0
```

程序运行结果 2:

```
Enter  data that will be converted
156
Enter  base
8
The data 156 has been converted into 8--base data :
 2 3 4
```

例 7.4 输出 Fibonacci 数列的前 20 个数,每行输出 4 个数。

问题分析:

(1) Fibonacci 数列有如下特点:前两个数为 1,1。从第 3 个数开始,该数是其前面两个数之和。例如,数列第一项 $f_1=1$,第二项 $f_2=1$,第三项 $f_3=f_2+f_1$,第四项 $f_4=f_3+f_2$……第 n 项 $f_n=f_{n-1}+f_{n-2}$。

(2) 利用数组输出 Fibonacci 数列前 20 项,可以先把数列前 20 项逐项存放在一个一维数组中,从第 3 项开始按公式 $f_n=f_{n-1}+f_{n-2}$ 进行计算,然后再把一维数组元素按每行 4 个数输出。

因此,程序可如下设计。

(1) 首先将数列的第 1 个数和第 2 个数存入一维数组 f 中,其中 f[0]=1,f[1]=1。

(2) 根据 Fibonacci 数列的特点,利用循环控制数组元素的下标,从第三个元素 f[2] 至最后一个元素 f[19],依次对数组中的元素进行计算,即 f[i]=f[i-1]+f[i-2]。

(3) 利用循环控制数组元素的下标,将数组元素一一输出。因为要求每行输出 4 个元素,所以当下标为 4 的倍数(i%4==0)时,就应换行输出。

程序如下:

```
#include <stdio.h>
int main()
{
    int i,f[20]={1,1};
    for(i=2;i<20;i++)
        f[i]=f[i-1]+f[i-2];      //计算数列第 i 项
    for(i=0;i<20;i++)
    {
        if(i%4==0)               //一行输出 4 个数
            printf("\n");
```

```
        printf("%8d",f[i]);
    }
    printf("\n");
    return 0;
}
```

程序运行结果：

思考：该如何去掉第一行的空行呢？

例 7.5 利用相邻的两个元素比较、交换的方法将 5 个整数中最大的数放到数组的最后一个元素中。

问题分析：从数组的第一个元素起，相邻的两个元素进行比较，若 a[i]>a[i+1]，则互换两个元素的值，直到所有元素比较完，至此，数组中值最大的元素移到了数组的最后位置，如图 7.3 所示。

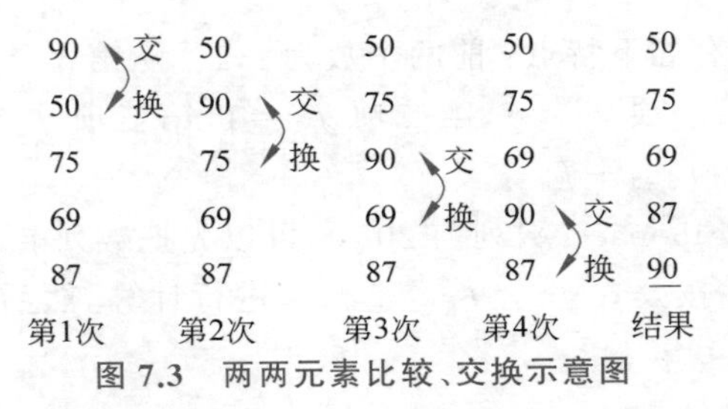

图 7.3 两两元素比较、交换示意图

因此，程序可如下设计。

(1) 定义一个长度是 5 的整型数组 a，从键盘输入 5 个元素的值。

(2) 相邻的两个元素进行比较，每当 a[i]>a[i+1]成立时，就将 a[i]的值和 a[i+1]的值交换。5 个数两两比较需要比较 4 次。经过 4 次比较、交换，最大的数值就被存放到了最后一个元素中。

(3) 利用循环输出交换结果。

程序如下：

```
#include <stdio.h>
int main()
{
    int a[5], i,t;
    printf("input 5 numbers:\n");
    for (i=0;i<5;i++)
        scanf("%d",&a[i]);
    for (i=0;i<4;i++)
        if (a[i]>a[i+1])
        {
```

```
            t=a[i];
            a[i]=a[i+1];
            a[i+1]=t;
        }
    printf("the sorted numbers:\n");
    for(i=0;i<=4;i++)
        printf("%5d",a[i]);
    printf("\n");
    return 0;
}
```

程序运行结果1：

```
input 5 numbers:
90 75 69 50 87
the sorted numbers:
   75   69   50   87   90
```

程序运行结果2：

```
input 5 numbers:
80 88 90 68 78
the sorted numbers:
   80   88   68   78   90
```

例7.6 利用冒泡法对存放在数组中的5名学生的“C语言程序设计”课程的成绩进行由小到大的排序。

问题分析：排序是数据处理中最基本且最重要的操作之一，其功能是将一个无序的数据序列调整为有序形式。常见的排序算法有冒泡法、选择法和插入法等。本例介绍冒泡法排序的算法。

冒泡法的思路：将相邻的两个数进行比较，将小数调到前头，大数后移，如图7.4所示。

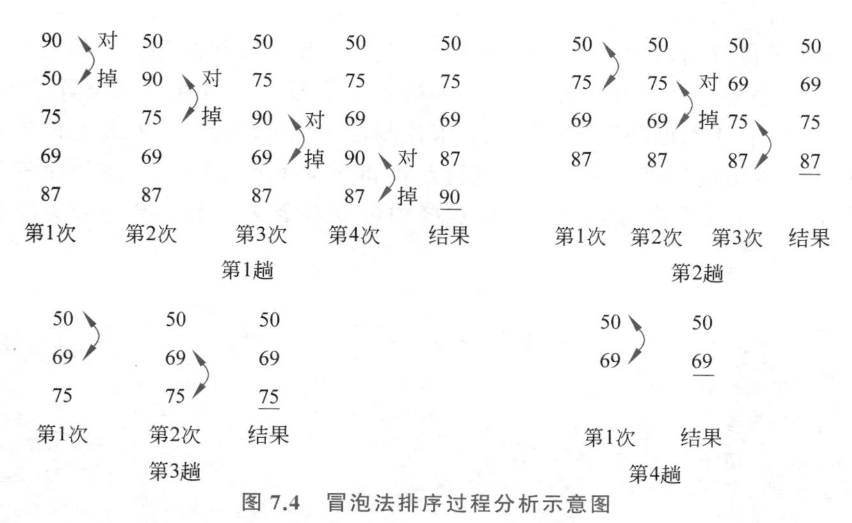

图7.4 冒泡法排序过程分析示意图

若有5个成绩，初始为90、50、75、69、87。第1次将90和50对调，第2次将第2、3个数(90 和 75)对调……如此共进行 4 次,得到 50—75—69—87—90 的顺序,可以看到:最大的数 90 已"沉底",成为最下面一个数,而小的数"上升",经第 1 趟(共 4 次)比较后,已得到最大的数。然后进行第二趟比较,对余下的前面 4 个数按上述方法进行比较。经过 3 次比较,得到次大的数 87。如此进行可以推知,对 5 个数要比较 4 趟,才能使 5 个数按由小到大顺序排列。在第 1 趟中要进行两个数之间的比较共 4 次,在第 2 趟中比较 3 次……第 4 趟中比较 1 次。如果有 n 个数,则要进行 n−1 趟比较。在第 1 趟比较中要进行 n−1 次两两比较,在第 i 趟比较中要进行 n−i 次两两比较。

因此,程序可如下设计。

(1) 首先将 5 个数据存入一维数组 s 中。

(2) 利用循环控制数组元素的下标,从第一个元素 s[0]至最后一个元素 s[4],依次对数组中的相邻的两个元素进行比较。

(3) 比较相邻的两个元素就是用 s[j]与 s[j+1]进行比较,当 s[j]大于 s[j+1]时,则两元素中的数据相互交换,即保证元素 s[j]的值小于或等于元素 s[j+1]值。

(4) 第 1 趟要对数组中全部 5 个数据都进行比较,共需比较 4 次,最后将数组中最大数移到了数组的最后位置,即存入 s[4]元素中,完成了数组中最大数据的位置的调整。

(5) 进入第 2 趟数组元素比较和交换过程,重复第(3)步,对剩下的 4 个数据重复上述的比较和交换,也就是对 s[0]、s[1]、s[2]、s[3]4 个元素两两比较,需比较 3 次,同时将次大数移到数组的倒数第二位置,即存入 s[3]元素中。

(6) 进入第 3 趟数组元素比较和交换过程,再重复第(3)步,这次是对剩下的 3 个元素 s[0]、s[1]、s[2]进行上述的比较和交换,且比较两次即可,又选出三者中的最大数,并保存在 s[2]元素中。

(7) 进入第 4 趟数组元素比较和交换过程,再重复第(3)步,这次只对最后剩下的两个元素 s[0]、s[1]进行比较,且比较 1 次后,就排定了二者的最终位置,即最小数据移到数组第一元素位置。

由此分析可以看出,对 5 个数进行排序时,共需 4 趟对数组全部元素的完整比较和交换过程,而且在每趟的处理过程结束后,都会确定一个数据的最终排列位置。所以,程序中可以定义一个有 4 次循环的外循环过程来控制这 4 趟处理过程。在每趟的比较和交换中,只需对未找到最终排列位置的元素进行比较和交换处理,即在第 i 趟的比较和交换中只对剩下的 5−i 个元素进行处理。所以程序中可以再定义一个内循环来实现剩余元素之间的比较和交换。

程序如下:

```
#include <stdio.h>
int  main()
{
    int  i,j,temp,s[5];
    printf("请输入 5 个正整数: \n");
    for(i=0;i<5;i++)
        scanf("%d",&s[i]);
    printf("\n");
    for(i=1;i<5;i++)
```

```
        for(j=0;j<5-i;j++)
            if(s[j]>s[j+1])         //相邻两个元素进行比较
            {
                temp=s[j];
                s[j]=s[j+1];
                s[j+1]=temp;
            }                        //元素值进行交换
    printf("5个整数由小到大顺序: ");
    for(i=0;i<=4;i++)
            printf("%3d",s[i]);
    printf("\n");
    return 0;
}
```

程序运行结果:

```
请输入5个正整数:
90 50 75 69 87

5个整数由小到大顺序:  50 69 75 87 90
```

例 7.7 从键盘输入一批学生的"C语言程序设计"课程的成绩(学生人数不超过50人),当输入的成绩小于0或者大于100时,表示输入结束。利用选择法编程将成绩按从高到低的顺序进行排序并输出。

选择排序

选择排序的基本思想(降序):假设有n个元素需要排序,第1趟,在待排序的元素a[0]~a[n-1]中选出最大的元素,将它与a[0]交换;第2趟,在待排序的元素a[1]~a[n-1]中选出最大的元素,将它与a[1]交换;以此类推,第i趟,在待排序的元素a[i-1]~a[n-1]中选出最大的元素,将它与a[i-1]交换,使有序序列不断增长直到全部排序完毕。

下面以5个数为例说明选择法的步骤:

a[0]	a[1]	a[2]	a[3]	a[4]	
78	68	56	96	90	未排序时的数值
96	68	56	78	90	第1趟,找出所有元素中最大的元素,a[3]和a[0]交换
96	90	56	78	68	第2趟,找出a[1]~a[4]中最大的元素,a[4]和a[1]交换
96	90	78	56	68	第3趟,找出a[2]~a[4]中最大的元素,a[3]和a[2]交换
96	90	78	68	56	第4趟,找出a[3]~a[4]中最大的元素,a[4]和a[3]交换

通过从待排序的元素中选出最大的元素a[3]和a[0]交换,再从剩余的未排序元素中选出最大的元素a[4]和a[1]交换,使得a[1]中的数字仅小于a[0],以此类推,5个数只需找4次最大元素即可实现排序。

问题分析:此例中没有给出排序数值的个数,需要根据课程成绩的特点在程序运行过程中确定;排序方式为降序;排序方法为选择法。

因此,程序可如下设计。

(1) 定义一个长度为50的整型数组(学生人数不超过50),用来存储学生的"C语言程序设计"课程的成绩。

(2) 利用永真循环输入每名学生的成绩,当成绩不满足0~100时退出输入循环,并记录元素个数。

(3)程序中用到两个 for 循环语句：第一个 for 循环用来确定位置，该位置用来存放每次从待排序元素中选出的最大数；第二个 for 循环用来找出未排序元素中最大的元素的下标。将该下标的元素和第一个循环中确定位置的元素交换数据。

(4) 使用 for 循环将降序排列的成绩输出。

程序如下：

```
#include <stdio.h>
int main()
{
    int i,j,n,max,temp,a[50];
    i=0;
    printf("Please enter student scores:\n");
    while(1)                              //输入学生成绩
    {
        scanf("%d",&a[i]);
        if(a[i]>100 || a[i]<0)            //输入的成绩大于 100 或者小于 0 时结束输入
            break;
        i++;
    }
    n=i;                                  //n 为参与排序的成绩个数
    for (i=0;i<n-1;i++)
    {
        max=i;
        for(j=i+1;j<n;j++)                //找出未排序的元素中最大元素的下标 max
            if (a[max]<a[j])
                max=j;
        if(i!=max)                        //以下 3 行将 a[i]~a[n-1]中最大值与 a[i]交换
        {
            temp=a[i];
            a[i]=a[max];
            a[max]=temp;
        }
    }
    printf("\nSorted student scores:\n");
    for(i=0;i<n;i++)                      //输出已排好序的成绩
        printf("%5d",a[i]);
    printf("\n");
    return 0;
}
```

程序运行结果 1：

```
Please enter student scores:
78 68 56 96 90 -1

Sorted student scores:
   96   90   78   68   56
```

程序运行结果 2：

```
Please enter student scores:
65 69 98 87 76 90 82 79 95 78 120

Sorted student scores:
   98   95   90   87   82   79   78   76   69   65
```

例 7.8 有一份排列好的 5 名学生的"C 语言程序设计"课程的成绩为 50,69,75,87,90,现要向此成绩单中补加一名学生的成绩 77,要求该成绩被插入后,仍保持成绩单的有序性。

问题分析:

(1) 为了处理数据方便,先将排列好的学生成绩存入长度为 6 的一维数组 score 中。为保证要插入的数据能写入数组,在开始定义数组时,数组要定义得大一些。

(2) 寻找插入位置:要插入的数据与数组中的从前向后的每个元素比较,找到第一个比它大的数据后,就可以停止比较,而比它大的那个元素的位置就是此成绩值应插入的位置。

(3) 实现插入过程:将插入点位置的元素以及其后的所有元素依次后移一个位置,移动元素应从最后一个元素开始移动,然后将要插入的成绩赋给插入点位置的元素。

因此,程序可如下设计。

(1) 定义一维数组 int score[6]={50,69,75,87,90},定义变量 pos 记录要插入的成绩的插入位置,定义变量 inst 存放要插入的数,定义循环变量 i。

(2) 读入要插入的成绩,存入变量 inst 中。

(3) 要插入的数据与数组中的从前向后的每个元素比较,找到第一个比它大的数据后,就可以停止比较,而比它大的那个元素的位置就是此成绩应插入的位置,所以,在循环体中判断 score[i]<inst 是否成立,若成立,说明还没有找到插入位置,需要继续执行循环;若不成立,说明已经找到插入位置,把插入位置记录下来,即插入位置的值等于循环变量的值 pos=i,停止循环。

(4) 找到插入位置后,利用循环,从 score[4]到 score[pos]依次后移一个位置,即 score[i+1]=score[i]。

(5) 将 inst 写入 score[pos]即完成了插入。

(6) 将 score 数组元素依次输出。

程序如下:

```
#include <stdio.h>
int  main()
{
    int  i,pos,inst,score[6]={50,69,75,87,90};
    printf("请输入要插入的数: \n");
    scanf("%d",&inst);
    if(inst>score[4])
        score[5]=inst;
    else
    {
        for(i=0;i<5;i++)                    //寻找插入的位置
            if(score[i]>=inst)
            {
                pos=i;
                break;
            }
        for(i=4;i>=pos;i--)
            score[i+1]=score[i];            //将插入位置及其后的元素依次后移
        score[pos]=inst;                    //向插入位置存放要插入的成绩值
```

```
    }
    printf("插入后的数组中各元素的值:\n");
    for(i=0;i<6;i++)
        printf("%5d",score[i]);
    printf("\n");
    return  0;
}
```

程序运行结果：

```
请输入要插入的数:
77
插入后的数组中各元素的值:
   50   69   75   77   87   90
```

二维数组的概念

7.2 二维数组

一维数组中的每个数组元素的下标只有一个，所以一维数组只可以对一组相关数据做处理。在日常生活中，有大量的二维表格，如数学上的矩阵、九九乘法表等，处理这类数据可以考虑用C语言的二维数组。

尽管也可以有三维或者多维数组的概念，但C语言应用中一般只用到二维数组，所以下面就来学习一下二维数组的使用。

7.2.1 二维数组的定义

二维数组定义的一般格式如下：

```
类型名   数组名[常量表达式 1][常量表达式 2];
```

常量表达式1表示第一维下标的长度，也就是二维格式的行数；常量表达式2表示第二维下标的长度，也就是二维格式的列数。例如：

```
int  a[3][4];
```

定义了一个3行4列的二维数组，数组名为a，其数组元素为整型，该数组共有12个数组元素，可以记录3名学生的4门课程的成绩。12个数组元素分别为

a[0][0],a[0][1],a[0][2],a[0][3]

a[1][0],a[1][1],a[1][2],a[1][3]

a[2][0],a[2][1],a[2][2],a[2][3]

注意：二维数组的定义不能写成“int a[2,2];”或者“int a(2,2);”。

7.2.2 二维数组的初始化

1. 二维数组的存储结构

二维数组的逻辑结构是由若干行和列组成的，也就是说，数组元素在数组中的位置处

在一个平面中,不像一维数组只是线性的。但二维数组在计算机中也是连续存储的,即存储单元是线性排列的。

与一维数组一样,数组元素的各维下标也从 0 开始,最大下标为该维的长度减 1。

在 C 语言中,二维数组的存放形式是按行存放,即存完第一行的数据,依次存放第二、三行的数据等。例如,定义了“int a[3][4];”,则逻辑结构展开为

a[0][0],a[0][1],a[0][2],a[0][3]

a[1][0],a[1][1],a[1][2],a[1][3]

a[2][0],a[2][1],a[2][2],a[2][3]

二维数组 a 的存储结构是,先存放 a[0]行,再存放 a[1]行,最后存放 a[2]行。每行的 4 个元素也是依次存放。因此,二维数组可以看成是由几个一维数组组成的,即把二维数组的每行看成是一个一维数组。如上述二维数组可以看成是由如下形式的 3 个一维数组组成的。

a数组 {
a[0]一维数组,其元素为a[0][0], a[0][1],a[0][2], a[0][3]
a[1]一维数组,其元素为a[1][0], a[1][1],a[1][2], a[1][3]
a[2]一维数组,其元素为a[2][0], a[2][1],a[2][2], a[2][3]

假设 a 数组在内存中的起始地址为 2000,每个整型数据在内存中占 4 字节,则二维数组 a 的存储结构如图 7.5 所示。

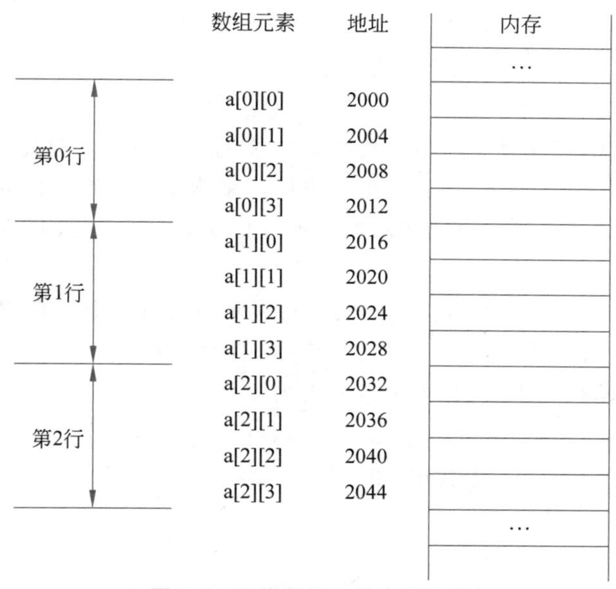

图 7.5 二维数组 a 的存储结构

2. 二维数组的初始化

与一维数组一样,二维数组也可以在定义数组时给数组各元素赋初值。

(1) 按行给二维数组赋初值。例如:

```
int a[2][3]={{1,2,3},{4,5,6}};
```

即将每行元素作为一个赋值单位,一行一行地初始化。这种赋值方法比较直观,将第一个

花括号内的数据赋给第一行的元素,将第二个花括号内的数据赋给第二行的元素,直到赋值完成为止。按上述方式初始化数组后,数组中各元素为

a[0][0]=1　a[0][1]=2　a[0][2]=3

a[1][0]=4　a[1][1]=5　a[1][2]=6

(2) 按数组的排列顺序对各数组元素赋初值(所有数据写在一个花括号内)。例如:

```
int b[2][3]={1,2,3,4,5,6};
```

这种赋初值的方法是按数组元素在内存中的存放顺序,将第一个数据赋给数组的第一个元素,将第二个数据赋给数组的第二个元素……按上述方式初始化数组后,数组中各元素为

b[0][0]=1　b[0][1]=2　b[0][2]=3

b[1][0]=4　b[1][1]=5　b[1][2]=6

(3) 可以对部分数组元素赋初值。例如:

```
int c[3][4]={{1},{5},{9}};
int d[3][4]={{1},{5,7},{0,9,7}};
```

对于这种赋初值的方法,所有未赋值的元素值均为 0。按上述方式初始化数组后,数组中各元素为

c 数组:
```
1 0 0 0
5 0 0 0
9 0 0 0
```

d 数组:
```
1 0 0 0
5 7 0 0
0 9 7 0
```

(4) 在对全部数组元素赋初值时,数组第一维的长度可以不指定。但其他维必须指定,系统会自动根据所给的初值和其他维的下标值来确定第一维下标的长度。

例如,int e[][3]={1,2,3,4,5,6};表示每行有 3 个元素,因此可知该数组有 2 行,即第一维的大小为 2。

又如,int f[][4]={{0,0,3},{0},{0,10}};表示每行有 4 个元素,有些元素值为 0;因有 3 个花括号,因此可知该数组有 3 行,即第一维的大小为 3。

按上述方式初始化数组后,数组中各元素为

e 数组:
```
1 2 3
4 5 6
```

f 数组:
```
0 0  3 0
0 0  0 0
0 10 0 0
```

7.2.3　二维数组元素的引用

二维数组元素引用的一般格式如下:

```
数组名[下标 1][下标 2]
```

数组名后面的第 1 个下标表示行下标,第 2 个下标表示列下标。行下标和列下标的取值都是从 0 开始,最大值为行长度或列长度减 1。

如果定义了"int a[4][5];",则下面是对 a 数组元素的合法引用。

a[0][0],a[2][3],a[1+2][2],a[3][4]

例 7.9 将下列行列式存储到数组中,并以行列格式输出。

$$\begin{matrix} 4 & 3 & 2 & 6 & 5 \\ 8 & 9 & 10 & 12 & 13 \\ 17 & 19 & 12 & 14 & 16 \\ 20 & 22 & 24 & 26 & 28 \end{matrix}$$

问题分析:行列式是典型的二维数据表格,最适合用二维数组处理,本例的行列式是一个 4 行 5 列的数据。

程序如下:

```
#include <stdio.h>
int main()
{
    int  i,j,a[4][5];
    printf("Please enter 20 integers:\n");
    for (i=0; i<4; i++)
        for (j=0; j<5; j++)
            scanf("%d",&a[i][j]);
    printf("\nOutput a 4×5 matrix:\n");
    for (i=0;i<4;i++)
    {
        for (j=0;j<5;j++)
            printf("%4d",a[i][j]);
      printf("\n");
    }
    return  0;
}
```

程序运行结果 1:

```
Please enter 20 integers:
4 3 2 6 5
8 9 10 12 13
17 19 12 14 16
20 22 24 26 28

Output a 4×5 matrix:
   4   3   2   6   5
   8   9  10  12  13
  17  19  12  14  16
  20  22  24  26  28
```

程序运行结果 2:

```
Please enter 20 integers:
4 3 2 6 5 8 9 10 12 13 17 19
12 14 16 20 22 24 26 28

Output a 4×5 matrix:
   4   3   2   6   5
   8   9  10  12  13
  17  19  12  14  16
  20  22  24  26  28
```

由本例可以看出,除采用初始化方法为二维数组赋值外,还可以用双重循环通过键盘输入为二维数组赋值,可以按照 4 行 5 列输入,也可以随意输入,只要输入 20 个数即可。同时也可以采用双重循环输出二维数组元素的值。

注意：引用数组元素时下标不能越界，行(列)下标的合法范围都是 0～行(列)长度－1；一般在对二维数组进行输出时，每输出一行数据后应该跟一个换行，以体现二维数据的形式，本例的输出方法希望读者能够学会。

7.2.4 二维数组的应用

例 7.10 输入一个 3×3 矩阵，并求次对角线元素之和。

问题分析：矩阵的次对角线元素是指右上角到左下角对应的所有元素，3×3 矩阵的次对角线元素的下标分别是[0][2]、[1][1]、[2][0](下标规律)，求次对角线元素的和，只要把这些元素相加即可。

因此，程序可如下设计。

(1) 定义一个二维数组“int a[3][3];”用来存放 3×3 矩阵中的每个元素。

(2) 从算法分析可以看出，次对角线元素的行、列下标的和等于 2，利用双重循环将 3 个次对角线元素累加，求出矩阵次对角线元素的和。

(3) 输出计算结果。

程序如下：

```
#include <stdio.h>
int main()
{
    int i,j,sum=0, a[3][3];
    printf("Please input 3×3 data:\n");
    for (i=0;i<3;i++)
       for (j=0;j<3;j++)
          scanf("%d",&a[i][j]);
    for (i=0;i<3;i++)
       for (j=0;j<3;j++)
          if (i+j==2)
              sum+=a[i][j];
    printf("sum=%d\n",sum);
    return 0;
}
```

程序运行结果：

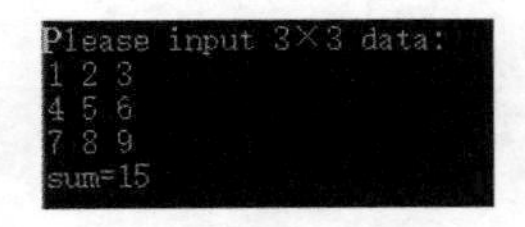
```
Please input 3×3 data:
1 2 3
4 5 6
7 8 9
sum=15
```

例 7.11 有一个 3×4 矩阵，输出最大元素的值及其所在的行号和列号。

问题分析：

(1) 首先假设 3×4 矩阵中的任意一个元素为最大，并存入变量 max 中。

(2) 然后用 max 的值和 3×4 矩阵中的每个元素 a[i][j]进行比较，如果 a[i][j]＞max，则将 a[i][j]的值赋给 max，并记录下该元素的行、列下标。

(3) 当遍历完矩阵中所有的元素后，就找到了 3×4 矩阵中的最大元素及其所在的行号和列号。

因此，程序可如下设计。

（1）定义一个3行4列的二维数组a用来存放3×4矩阵中的每个元素，定义整型变量max用来存放最大值，定义row用来存放最大值的行下标，定义column用来存放最大值的列下标。

（2）将a[0][0]赋给变量max，将0赋给row和column。

（3）利用双重循环使得每个元素都和max进行比较，如果a[i][j]>max，则max=a[i][j]，row=i，column=j。

（4）遍历完所有的元素后，退出循环，得到的就是最大元素及其所在的行号和列号。输出运行结果。

程序如下：

```
#include <stdio.h>
int main()
{
    int  i,j,max,row=0,column=0;
    int  a[3][4]={{1,2,3,4},{9,8,7,6},{-10,10,-5,2}};
    max=a[0][0];
    for (i=0;i<3;i++)
        for (j=0;j<4;j++)
            if (a[i][j]>max)
            {    max=a[i][j]; row=i; column=j;  }
    printf("max=%d,row=%d,column=%d\n",max, row, column);
    return  0;
}
```

程序运行结果：

```
max=10,row=2,column=1
```

例7.12 有4名学生（学号1～4），每名学生都学习了3门课程（数学、英语、C语言）。分别计算这4名学生的平均成绩，并按照如下格式输出。

学号	数学	英语	C语言	平均成绩
1	70	88	90	82.67
2	80	85	86	83.67
3	77	86	95	86.00
4	75	90	88	84.33

问题分析：

（1）根据题目的要求可以定义一个4行4列的数组，用来存放4名同学3门课程的成绩以及平均成绩。数组的数据类型为float。

（2）利用双重循环输入4名学生3门课程的成绩。

（3）按行统计3门课程的平均成绩，分别存放到每行的最后一个元素中。

（4）利用双重循环按格式要求输出学生成绩二维表。

因此，程序可如下设计。

(1) 定义一个 float 类型的二维数组“float stu[4][4];”用来存放学生成绩;定义 float 类型变量 sum 用来存放每名学生 3 门课程的成绩累加和;定义整型变量 i,j 用来控制循环且确定元素下标。

(2) 利用双重循环从键盘输入 4 名学生 3 门课程的成绩。

(3) 外循环控制行,即每名学生,给 sum 赋值为 0,利用内循环计算每名学生的成绩累加和,之后,在外循环内计算平均成绩并为该行的最后一个元素 stu[i][3]赋值。

(4) 输出标题行信息“学号　数学　英语　C 语言　平均成绩”。

(5) 利用双重循环输出数组元素的值构成的二维表,其中学号正好是行下标+1。

程序如下:

```
#include <stdio.h>
#define M 4
#define N 3
int  main()
{
    int i,j;
    float sum,stu[M][N+1];
    for (i=0;i<M;i++)
        for(j=0;j<N;j++)
            scanf("%f",&stu[i][j]);
    for(i=0;i<M;i++)
    {
        sum=0;
        for(j=0;j<N;j++)
            sum=sum+stu[i][j];
        stu[i][N]=sum/N;
    }
    printf("学号\t 数学\t 英语\tC 语言\t 平均成绩\n");
    for(i=0;i<M;i++)
    {
        printf("%4d\t",i+1);
        for(j=0;j<N+1;j++)
              printf("%5.2f\t",stu[i][j]);
        printf("\n");
    }
    return 0;
}
```

程序运行结果:

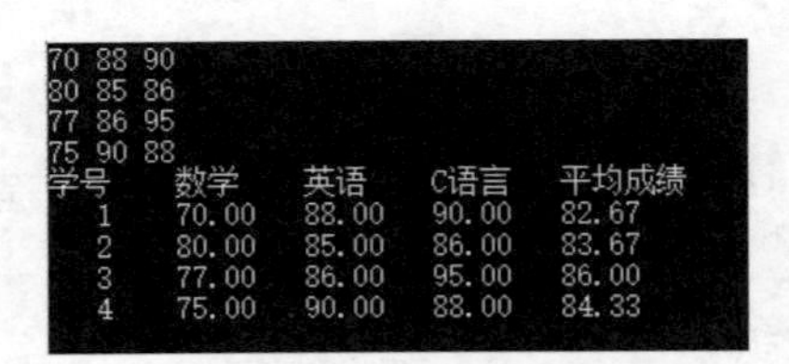

在例 7.12 中为了方便扩展学生人数和课程数量,使用了符号常量。

例题拓展:有 4 名学生(学号 1~4),每名学生都学习了 3 门课程(数学、英语、C 语言)。分别计算这 4 名学生的平均成绩以及 3 门课的平均成绩,并按照如下格式输出。

学号	数学	英语	C 语言	平均成绩
1	70.00	88.00	90.00	82.67
2	80.00	85.00	86.00	83.67
3	77.00	86.00	95.00	86.00
4	75.00	90.00	88.00	84.33
平均	75.50	87.25	89.75	84.17

请学生自行完成以上拓展功能。

7.3 字符数组

数组中所有的元素都是字符数据，这样的数组称为字符数组。也就是说，字符数组是专门用来存放字符的，且数组的每个元素只能存放一个字符。字符数组的定义及初始化与一般数组相同。

7.3.1 字符数组的定义

定义一维字符数组的一般格式如下：

```
char  数组名[常量表达式];
```

例如，“char c[10];”表示定义一个一维字符数组 c，其中可以存放 10 个字符。

定义二维字符数组：

```
char  数组名[常量表达式 1][常量表达式 2];
```

例如，“char names[5][10];”表示定义一个二维字符数组 names，共 5 行，一行存放一个姓名，总共可以存放 5 个人的姓名，其中每个人的姓名不能超过 10 个字符。

7.3.2 字符数组的初始化

(1) 给所有元素赋初值。例如：

```
char  c[5]={ 'h', 'a', 'p', 'p', 'y'};
```

相当于

```
c[0]='h'; c[1]='a'; c[2]='p'; c[3]='p'; c[4]='y';
```

(2) 可以只给一部分数组元素赋初值。例如：

```
char  c[10]={ 'h', 'a', 'p', 'p', 'y'};
```

注意：每个字符均要用单引号(' ')括起来。如果初值个数大于数组长度，按语法错误处理；如果花括号中字符个数小于数组长度，则只将这些字符赋给数组中前面的那些元素，其余的元素自动定为空字符('\0')。数组状态如图 7.6 所示。

c[0]	c[1]	c[2]	c[3]	c[4]	c[5]	c[6]	c[7]	c[8]	c[9]
h	a	p	p	y	\0	\0	\0	\0	\0

图 7.6　数组状态

(3) 在对全部数组元素赋初值时，可以不指定数组长度。例如：

```
char  c[ ]={'h', 'a', 'p', 'p', 'y'};
```

省略数组长度，系统将根据所给出的数据个数自动确定数组的长度。

7.3.3　字符串与字符数组

用双引号("")括起来的若干字符序列称为字符串。

字符串中字符的个数称为字符串长度，如字符串常量"How do you do."的长度为 14。

C 语言规定，在存储字符串常量时，由系统在字符串的末尾自动加一个'\0'作为字符串的结束标志，字符串"How do you do."在内存中占用存储空间为 15 字节。如字符串"China"在内存中的实际存储形式如图 7.7 所示，占用 6 字节而非 5 字节内存空间。

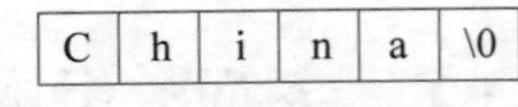

C	h	i	n	a	\0

图 7.7　字符串的存储形式

C 语言中没有字符串变量，只能用字符数组来表示字符串。可以把一个字符串的所有字符(包括结束标记'\0')依次存放到一个一维数组中。同样，二维字符数组的每行都是一个一维字符数组，每行可以存放一个字符串，那么 n 行的二维字符数组可以存放 n 个字符串。

C 语言中允许用字符串常量对字符数组进行初始化赋值。例如：

```
char  c[5]={ "good"};
```

等价于以下语句之一：

```
char  c[5]="good";
char  c[]={'g', 'o', 'o', 'd', '\0'};
```

注意：把字符串作为初值赋给字符数组时，字符串的最后一个字符是结束标记符'\0'，它属于字符串的一部分，当存储在字符数组中时，也占用一个数组元素。所以字符串"good"在内存中占 5 字节。在定义字符数组时，应估计字符串的实际长度，使数组长度总是大于字符串的实际长度。

7.3.4　字符数组的输入输出

字符数组的输入输出有两种方法：一种是对数组中的每个数组元素逐个进行输入输出，在 scanf 或 printf 函数中用格式符%c，或用 getchar、putchar 函数；另一种是将数组中的所有字符作为一个字符串进行输入输出，在 scanf 或 printf 函数中用格式符%s，或用

gets、puts 函数。

1. 每个数组元素逐个进行输入输出

(1) 在 scanf 或 printf 函数中使用格式符%c。

在利用格式符%c 进行输入时，在键盘上每按一个键，均作为一个字符(包括回车键和空格键)被系统接收。由于每次只接收一个字符，所以如果要输入一串字符，要用循环完成。例如：

```
char  c[10];
for(i=0;i<10;i++)
    scanf("%c",&c[i]);
for(i=0;i<10;i++)
    printf("%c",c[i]);
```

(2) 利用 putchar、getchar 库函数。例如：

```
char  c[10];
for(i=0;i<10;i++)
    c[i]=getchar();
for(i=0;i<10;i++)
    putchar(c[i]);
```

2. 所有字符作为一个字符串进行输入输出

(1) 在 scanf 或 printf 函数中使用格式符%s。

利用格式符%s 进行字符串的输入输出时，其输入项和输出项均为字符数组名。进行字符串输入时，scanf 函数遇到空格符、换行符时，输入结束；进行字符串输出时，系统只将字符串中第一个串结束标记符'\0'以前的字符全部输出。例如：

```
char  c[80];
scanf("%s",c);
printf("%s",c);
```

又如：

```
scanf("%s",str);
```

输入 How are you.实际只将 How 输入 str。

再如：

```
scanf("%s%s%s",str1,str2,str3);
```

输入 How are you.实际将 How 赋给 str1，are 赋给 str2，you.赋给 str3。

(2) 利用字符串输入 gets 和输出 puts 函数。

在 C 语言标准函数库中，有专门进行字符串整体输入输出的函数：gets 和 puts。如果要使用这两个函数，需要在程序中包含头文件 stdio.h。

字符串输入函数的调用格式：

```
gets(字符数组名)
```

其作用是从键盘输入一串字符存入指定的字符数组中，以回车作为结束标志，返回值是字符数组的首地址。

字符串输出函数的调用格式：

```
puts(字符数组名)
```

其作用是把字符数组中存放的字符串输出，把字符串结束标志转换为回车符，没有返回值。

例如：

```
char  c[80];
gets(c);
puts(c);
```

输入：

```
How  are  you.
```

输出：

```
How  are  you.
```

7.3.5 常用的字符串处理函数

除了字符串的输入输出函数外，C 语言还提供了一些专门用来处理字符串的函数，使用这些函数，需要在程序中包含头文件 string.h。下面介绍 4 个常用的字符串处理函数及其使用方法。

1. strcat(字符数组 1，字符数组 2)

strcat 是一个字符串连接函数。其作用是连接两个字符数组中的字符串，将字符数组 2 中的字符串接到字符数组 1 的字符串后，结果放在字符数组 1 中，函数返回字符数组 1 的地址。例如：

```
char str1[20]={"This is a "};
char str2[15]={"C Program"};
printf("%s",strcat(str1,str2));
```

输出：

```
This is a C Program
```

连接前后的状况分别如图 7.8(a)和图 7.8(b)所示。

注意：

(1) 字符数组 1 必须足够大，以便能容纳连接后的字符串。

(2) 调用此函数时，函数的第二个参量(即字符数组 2)可以是一个字符数组名，也可以是一个字符串常量。

(3) 连接前，两个字符串的后面都有若干'\0'，连接后字符数组 1 原来的'\0'自动取

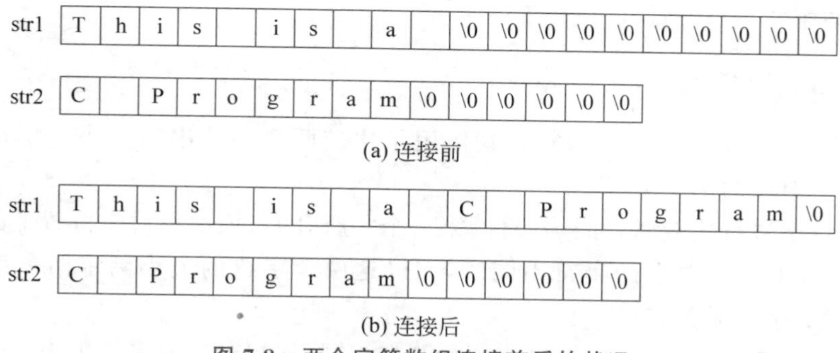

图 7.8　两个字符数组连接前后的状况

消，只在新串后面才有'\0'。

2. strcpy(字符数组 1，字符数组 2)

strcpy 是一个字符串复制函数。其作用是将字符数组 2 中的字符串内容复制到字符数组 1 中。函数的返回值是字符数组 1 的起始地址。例如：

```
char str1[]={"China"};
char str2[10]="Beijing";
```

执行“strcpy(str2,str1);”后，将 str1 数组中的内容复制到 str2 数组中，此时 str2 数组中的内容与 str1 数组中的内容相同。

复制前后的状况如图 7.9(a)和图 7.9(b)所示。

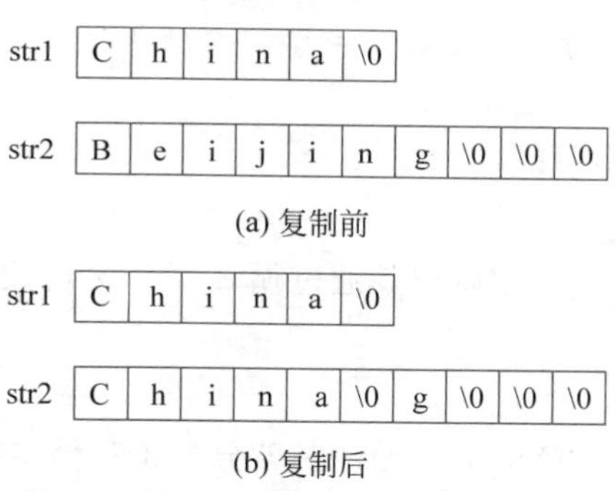

图 7.9　两个字符数组复制前后的状况

注意：

(1) 字符数组 1 的长度必须大于或等于字符数组 2 的长度，以便能容纳被复制的字符串。

(2) 调用此函数时，函数的第二个参量(即字符数组 2)可以是一个字符数组名，也可以是一个字符串常量，但第一个参量(即字符数组 1)必须是字符数组名。

3. strlen(字符串)

strlen 是一个求字符串长度的函数。函数的返回值是字符串的实际长度，即第一个'\0'前的所有字符的个数。字符串的长度不包括字符串中的结束符'\0'。例如，“strlen ("abel23\0BCk0\0");”的返回值是6。

4. strcmp(字符串1,字符串2)

strcmp是一个字符串比较函数。其作用是比较两个字符串的大小。字符串比较的依据是字符所对应的ASCII码。

两个字符串进行比较时,都从各自的第一个字符开始,依次将对应位置上的字符进行比较,一旦出现对应位置上的字符不同时,就以这两个字符的大小判定两个字符串的大小,而与后续的字符无关。

如果两个字符串长度不等,且前面的字符都相同,则相对长的字符串为大。

只有两个字符串长度相同,且对应位置上的字符也全部相同时,才能认为这两个字符串相等。

strcmp函数的返回值有3种。

(1) 若字符串1>字符串2,则strcmp函数的返回值大于0。

(2) 若字符串1=字符串2,则strcmp函数的返回值等于0。

(3) 若字符串1<字符串2,则strcmp函数的返回值小于0。

例如,strcmp("China","Japan")<0,因为它们的第一个字符C小于J。

又如,定义“char str1[]={"Howareyou."};str2[]="How are you.";”。因为str1的第4个字符a大于str2的第4个字符空格,所以strcmp(str1,str2)>0。

注意:字符串比较不能使用数值型的比较方式,即不能用“if(str1==str2)printf("yes");”形式进行两个字符数组中字符串的比较。只能使用“if(strcmp(str1,str2)==0)printf("yes");”形式进行两个字符数组中字符串的比较。

7.3.6 字符数组的应用

例7.13 输入一个字符串,然后将其通过循环语句实现按逐个元素赋给另一个字符串,即实现串复制。

问题分析:

(1) 在C语言中,数组一经定义在编译时就分配了存储空间,数组的首地址就不再改变,数组名代表数组的首地址,也就是说数组名是一个常量,不能被赋值。

(2) 字符串存放在字符数组中,两个字符数组定义之后,就分别占用不同的存储空间,将一个数组名直接赋值给另一个数组名不能实现字符串的复制,而且是非法的。

(3) 要实现字符串的复制,一要考虑字符串的概念,即一个存放字符串的数组必须有字符串的结束标记'\0';二要把原字符串中的每个字符逐一复制到目的字符串中;三要考虑目的字符数组中要包含结束标记'\0',使之成为字符串。

因此,程序可如下设计。

(1) 定义两个长度为50的字符数组string1和string2,定义一个整型变量i用来控制循环。

(2) 因为没有限定输入的字符串的内容,所以有可能字符串中包含空格,因此应该用

gets 函数得到原字符串。

(3) 因为不能确定原字符串的长度,因此,可以根据字符串的特点控制循环,即判断每个元素是否为'\0',如果不等于'\0',则将该元素赋给目的数组的对应元素,如果等于'\0',则结束循环。

(4) 退出循环以后,给目的数组加上结束标记'\0'。

(5) 输出目的数组的内容。

程序如下:

```
#include <stdio.h>
int main()
{
    char string1[50], string2[50];
    int i=0;
    printf("Please input string1:\n");
    gets(string1);
    while(string1[i]!='\0')
    {
        string2[i]=string1[i];
        i++;
    }
    string2[i]='\0';
    printf("The copy string2 is : ");
    puts(string2);
    return 0;
}
```

程序运行结果:

```
Please input string1:
I am a student.
The copy string2 is : I am a student.
```

例 7.14 输入一个含有数字、字母、字符的字符串,统计字符串中英文字母的个数。

问题分析:

(1) 将一个字符串存放在一个字符数组 s 中。

(2) 对字符数组 s 中的每个数组元素 s[i]进行判断。

(3) 如果'A'≤s[i]≤'Z'或者'a'≤s[i]≤'z',说明 s[i]中存放的是字母,则统计字母个数的变量值应加 1。

因此,程序可如下设计。

(1) 定义一个长度为 100 的字符数组 s,用来存放一串字符;定义整型变量 num,用来存放字母的个数。

(2) 定义循环控制变量 i。

(3) 利用字符串输入函数 gets 为字符数组 s 赋值。

(4) 利用循环,当 s[i]不等于'\0'时,判断条件 s[i]>='A'&&s[i]<='Z'||s[i]>='a'&&s[i]<='z'是否成立,若成立,说明 s[i]中存放的是字母,则 num 值加 1;若不成立,则继续判断字符数组的下一个元素。

程序如下：

```
#include <stdio.h>
int main()
{
    char  s[100];
    int i=0,num=0;
    printf("请输入一个字符串：\n");
    gets(s);
    while(s[i]!='\0')
    {
        if(s[i]>='A'&&s[i]<='Z'||s[i]>='a'&&s[i]<='z')
            num++;
        i++;
    }
    printf("\n你输入的字符串：\n");
    puts(s);
    printf("其中英文字母个数=%d\n",num);
    return 0;
}
```

程序运行结果：

```
请输入一个字符串:
The 2022 Beijing Olympics!!!

你输入的字符串:
The 2022 Beijing Olympics!!!
其中英文字母个数=18
```

例 7.15 输入 1 个字符串(字符串长度不超过 49)，判断该字符串中包含子串 Bistu 的个数。

问题分析：判断子串个数，需要对输入的字符串中所有的任意相邻的 5 个字符与 Bistu 进行比较，如果相等则统计变量加 1。

因此，程序可如下设计。

(1) 定义长度为 50 的字符数组 string，用来存放从键盘输入的一串字符；定义长度为 6 的字符数组 str，用来存放从数组 string 中截取的 5 个字符，并构成一个字符串，即元素 str[5]中赋值'\0'，定义整型变量 count，用来存放子串个数，并初始化为 0。

(2) 定义循环变量 i 和 j；定义整型变量 len，用来存放输入字符串的长度。

(3) 利用字符串输入函数 gets 为字符数组 string 赋值。

(4) 外循环遍历 string 的每个元素，在遍历的过程中每遇到一个元素，都利用内循环取出之后的 5 个字符构成字符串存放到 str 中。

(5)使用字符串比较函数 strcmp 比较 str 和 Bistu 是否相等，如果相等则 count 加 1。

(6) 直到外循环结束，判断子串才结束，最后输出子串个数。

程序如下：

```
#include <stdio.h>
#include <string.h>
int main()
```

```
{
    char string[50],str[6];
    int i, j, len, count=0;
    gets(string);
    len=strlen(string);          //strlen 返回字符串 string 的长度
    for(i=0;i<=len-5;i++)
    {
        for(j=0;j<5;j++)
          str[j]=string[i+j];
        str[j]='\0';
        if(strcmp(str,"Bistu")==0)
        /* 字符串比较函数 strcmp,返回值为 0 表示两个字符串相等 */
            count++;
    }
    printf("The number of substring is %d\n",count);
    return 0;
}
```

程序运行结果：

```
Bistu welcome you! welcome to Bistu
The number of substring is 2
```

例 7.16 输入一行字符(最大长度为 99),统计其中有多少个单词,单词之间用空格分隔。

问题分析：

(1) 一个单词是一个连续字符序列,且不包含空格。

(2) 判断一个单词出现的条件就是前一个字符是空格,后一个字符不是空格。

(3) 遇到字符串的结束标记'\0'结束判断。

因此,程序可如下设计。

(1) 定义长度为 100 的一维字符数组 string,用来存放从键盘输入的一行字符;定义标志变量 word,用来判断字符是否为空格;定义整型变量 num,用来存储单词个数,初值为 0;定义整型变量 i,用于控制循环,遍历 string 中的每个字符,初值为 0。

(2) 使用 gets 函数从键盘输入一行字符存储到 string 中。

(3) 通过判断 string 中的字符不等于'\0'作为循环条件,遍历每个元素。如果元素为空格,则 word 赋值为 0;如果元素不是空格,且上次循环时 word 的值为 0,则 word 赋值为 1,此时也是出现了一个新的单词,因此 num 加 1。

程序如下：

```
#include <stdio.h>
int main()
{
    char string[100];
    int i=0,num=0,word=0;        //word 表示是不是单词
    gets(string);
    while(string[i]!='\0')       //判断是否遇到了字符串的结束标记
    {
```

```
        if(string[i]== ' ')
            word=0;
        else
            if(word==0)
/* 当前字符不是空格,但前一个字符为空格,则表示有一个单词出现 */
            {
                word=1;
                num++;
            }
        i++;
    }
    printf("There are %d words in the line.\n",num);
    return 0;
}
```

程序运行结果:

```
how do you do
There are 4 words in the line.
```

例 7.17　输入 5 个字符串,每个字符串的长度都不超过 19,输出其中长度最大者。

问题分析:

(1) 一个长度不超过 19 的字符串需要保存在长度为 20 的一维数组中(字符串的结束标记需要占一位),如果需要保存 5 个这样的字符串,则需要定义二维数组,该二维数组的行数为 5,列数为 20。

(2) 要从多个字符串中找长度最大的字符串,首先需要定义一个一维字符数组,并用第一个字符串为其赋值,之后利用循环用这个一维数组的长度和其他的字符串的长度进行比较,如果有更长的字符串,则将更长的字符串赋值给该一维数组。直到把所有的字符串比较一遍,则得到最长字符串。

因此,程序可以如下设计。

(1) 定义二维字符数组"char string[5][20];",用来存放从键盘输入的 5 个字符串;定义一维字符数组"char maxstr[20];",用来存放最长字符串;定义整型变量 i,用于循环遍历 5 个字符串。

(2) 利用循环从键盘输入 5 个字符串。

(3) 利用字符串复制函数 strcpy 将第一个字符串 string[0]赋值给 maxstr。

(4) 利用循环遍历 string 的每行字符串,在遍历的过程中每遇到一个字符串,都和 maxstr 的长度进行比较,如果大于 maxstr 的长度,则重新给 maxstr 赋值。

(5) 退出循环后,maxstr 中存放的就是最长字符串。

程序如下:

```
#include <stdio.h>
#include <string.h>
int main()
{
    char string[5][20];
    char maxstr[20];
    int i;
```

```
    for (i=0;i<5;i++)
        gets(string[i]);
    strcpy(maxstr,string[0]);
    for (i=1;i<5;i++)
        if (strlen(string[i])>strlen(maxstr))
            strcpy(maxstr,string[i]);
    printf("The largest string is :%s\n",maxstr);
    return 0;
}
```

程序运行结果：

```
Russa
France
America
Korea
China
The largest string is :America
```

7.4 数组作函数的参数

7.4.1 数组元素作函数的参数

数组元素就是下标变量，在使用上与普通变量并无区别。在函数调用时，数组元素只能作函数的实参，把数组元素的值传送给形参，实现单向值传送，实参和形参类型不要求必须一致，只要赋值兼容即可。

例 7.18 分析下列程序的运行结果。

```
#include <stdio.h>
void swap(int x,int y)
{
    int  z;
    z=x;   x=y;   y=z;
}
int main()
{
    int  a[2]={1,2};
    swap(a[0],a[1]);
    printf("a[0]=%d\t a[1]=%d\n",a[0],a[1]);
    return 0;
}
```

程序分析：执行 main 函数，系统给数组 a 分配存储单元并赋初值，如图 7.10(a)所示。调用 swap 函数，系统为形参 x、y 分配存储单元，作为实参的数组元素 a[0]和 a[1]分别将其值传给形参 x 和 y，那么 x=1，y=2，此时形参变量 x、y 和数组元素 a[0]、a[1]分别占用不同的存储单元，如图 7.10(b)所示。执行 swap 函数，使变量 x 和 y 的值交换，如图 7.10(c)所示。因为 x、y 和 a[0]、a[1]占用不同的存储单元，因此 x、y 的值发生变化不会影响实参 a[0]、a[1]的值。当 swap 函数执行结束时释放 x、y 所占的存储单元，x、y 变量不再存在。返回 main 函数，此时只有数组元素占用内存，如图 7.10(d)所示。执行输出语句输出a[0]、a[1]的值 1 和 2。

程序运行结果：

```
a[0]=1   a[1]=2
```

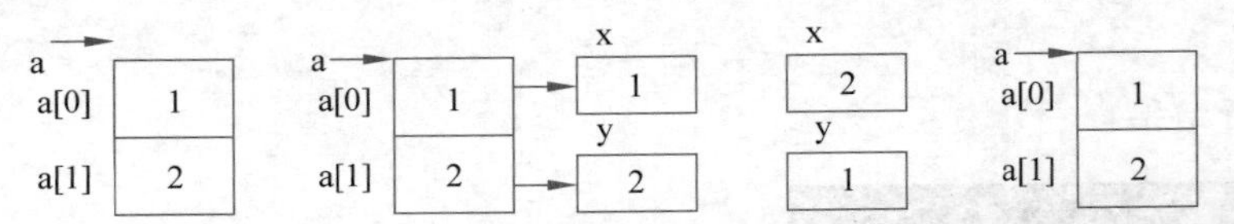

(a) swap函数调用前　(b) swap函数调用时　(c) 执行swap函数　(d) 返回main函数

图 7.10　以数组元素作函数的参数时函数调用过程中实参和形参的存储状态

数组名作函数的参数

7.4.2　数组名作函数的参数

数组名作函数的参数时，既可以作形参，也可以作实参。要求形参和对应的实参都必须是类型相同的数组，并在主调函数和被调函数中分别定义。

用数组名作函数的参数，实参和形参传递的是地址，即将实参数组的首地址赋值给形参数组名，那么实参数组和形参数组在内存中就占同一存储单元。因此，形参数组的值发生变化时实参数组的值也跟着变化。

C 编译系统对形参数组大小不进行检查，所以形参数组可以不指定大小。为了确定函数处理的数组元素的个数，一般采用多设置一个整型形参的方法。

例 7.19　分析下列程序的运行结果。

```
#include <stdio.h>
void swap(int x[ ])
{
    int z;
    z=x[0];     x[0]=x[1];     x[1]=z;
}
int main()
{
    int  a[2]={1,2};
    swap(a);
    printf("a[0]=%d\ta[1]=%d\n",a[0],a[1]);
    return  0;
}
```

程序分析：从 main 函数开始执行，定义并初始化数组 a，如图 7.11(a)所示。在执行函数调用 swap(a)时，将 a 的值(数组 a 首元素的地址)赋值给形参 x，a 和 x 指向同一块内存单元，a[0]和 x[0]、a[1]和 x[1]占同一个存储单元，如图 7.11(b)所示。因此，数组 x 发生变化，数组 a 也就跟着发生变化，如图 7.11(c)所示。当 swap 函数执行结束时，释放 x，返回 main 函数，则数组 a 中的数据如图 7.11(d)所示。

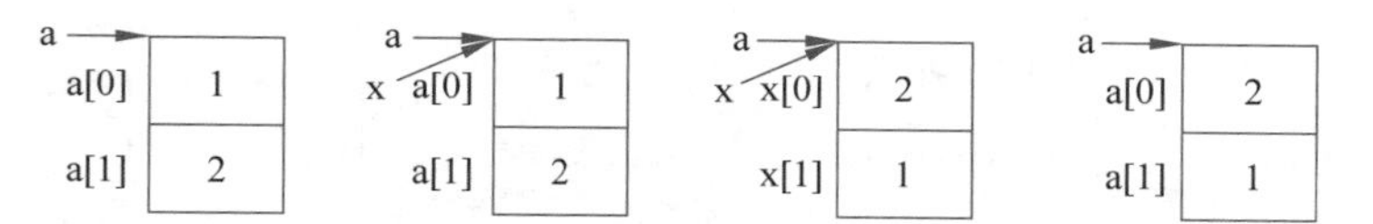

(a) swap函数调用前　(b) swap函数调用时　(c) 执行swap函数　(d) 返回main函数

图 7.11　以数组名作函数的参数时函数调用过程中实参和形参的存储状态

程序运行结果：

```
a[0]=2  a[1]=1
```

例 7.20　分析下列程序的运行结果。

```
#include <stdio.h>
void copy_str(char from[ ],char to[ ])
{
    int  i=0;
    while(from[i]!='\0')
    {
        to[i]=from[i];
        i++;
    }
    to[i]='\0';
}
int main()
{
    char a[ ]="It is beautiful! ";
    char b[ ]="You are a student. ";
    printf("string a=%s\nstring b=%s\n",a,b);
    copy_str(a,b);
    printf("string a=%s\nstring b=%s\n",a,b);
    return 0;
}
```

程序分析：在 main 函数中定义了两个字符数组并进行了初始化，系统为其分配存储单元，如图 7.12(a)所示。调用 copy_str 函数时，将 a 数组的首地址传给 from，b 数组的首地址传给 to，a 和 from 占同一个存储单元，b 和 to 占同一个存储单元。执行 copy_str 函数将 from[i]赋给 to[i]，直到 from[i]的值等于'\0'为止。程序执行完后，b 数组的内容如图 7.12(b)所示。由于 b 数组原来的长度大于 a 数组，因此在将 a 数组复制到 b 数组后，未能全部覆盖 b 数组原有内容，b 数组最后的两个元素仍保留原值。在输出 b 时由于按%s 格式输出，遇'\0'就结束，因此第一个'\0'后的字符不输出。

程序运行结果：

```
string a=It is beautiful!
string b=You are a student.
string a=It is beautiful!
string b=It is beautiful!
```

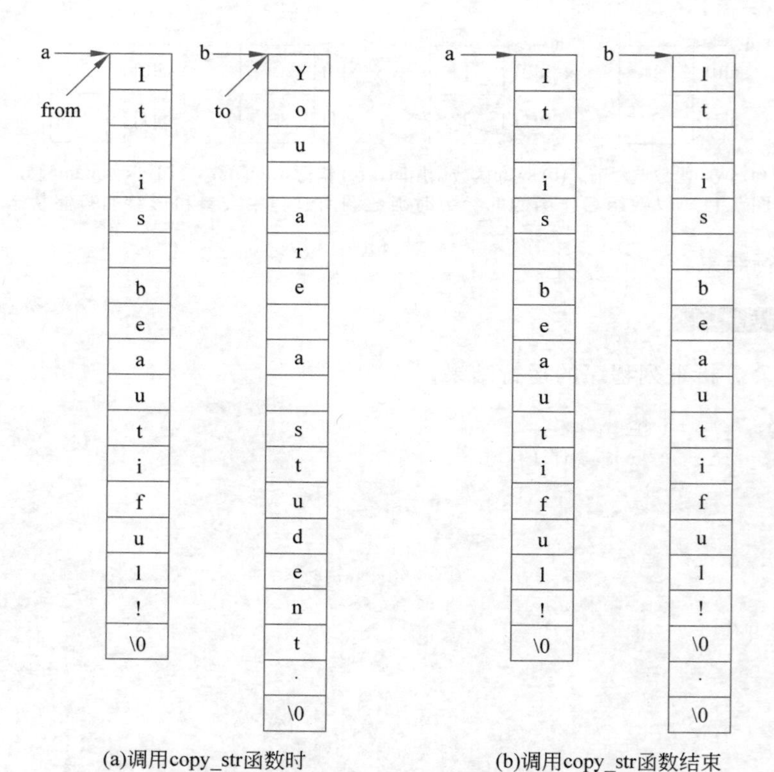

(a)调用copy_str函数时　　　(b)调用copy_str函数结束

图 7.12　执行 copy_str 时字符数组的存储情况

例 **7.21**　用函数完成使用冒泡法对存放在数组中的 5 名学生的“C 语言程序设计”课程的成绩进行由小到大的排序。

问题分析：

(1) 只用一个 main 函数实现排序的程序如下：

```
#include <stdio.h>
#define N 5
int  main()
{
    int  i,j,temp,s[N];
    printf("请输入%d个正整数：\n");
    for(i=0;i<N;i++)
        scanf("%d",&s[i]);
    printf("\n");
    for(i=0;i<N-1;i++)
        for(j=0;j<N-1-i;j++)
            if(s[j]>s[j+1])
            {
                temp=s[j];
                s[j]=s[j+1];
                s[j+1]=temp;
            }
    printf("%d个正整数由小到大的顺序：\n",N);
```

```
    for(i=0;i<N;i++)
        printf("%3d",s[i]);
    printf("\n");
    return  0;
}
```

其中，嵌套 for 循环部分就是利用冒泡法排序的程序段。

(2) 现在把利用冒泡法对数组中的数据排序的程序段定义为一个函数。具体要求：只要传给此函数数组的首地址和所要排序的元素的个数，通过运行此函数就可以得到由小到大排好序的结果。因此，此函数需要两个形参：一个是 int 的数组名；另一个是参与排序的元素个数。根据数组名作函数的参数的传递规则：实参数组和形参数组占同一段内存的存储单元，形参数组的改变直接改变实参的值。因此，此函数不需要返回值。此函数的首部确定为 void sort(int array[],int n)。sort 函数的实现部分可以参照(1) 中给出的程序，其中实现排序的程序段为嵌套的两个 for 循环。具体程序如下：

```
void sort(int array[ ],int n)
{
    int i,j,temp;
    for(i=0;i<n-1;i++)
        for(j=0;j<=n-1-i;j++)
            if(array[j]>array[j+1])
            {
                temp=array[j];
                array[j]=array[j+1];
                array[j+1]=temp;
            }
}
```

(3) 将对数组元素的输入定义一个 input 函数，对数组元素的输出定义一个 output 函数，具体程序如下：

```
void input(int array[ ],int n)
{
    int i;
    printf("请输入%d个正整数: ",n);
    for(i=0;i<n;i++)
        scanf("%d",&array[i]);
}
void output(int array[ ],int n)
{
    int i;
    printf("排序结果: ");
    for(i=0;i<n;i++)
        printf("%5d",array[i]);
}
```

(4) 在 main 函数中，只需定义一个数组，调用 input 函数完成数组元素的输入，调用 sort 函数完成排序，调用 output 函数输出。

程序如下：

```
#include <stdio.h>
#define N 5
void sort(int array[ ],int n)
{
    int i,j,temp;
    for(i=0;i<n-1;i++)
      for(j=0;j<=n-1-i;j++)
        if(array[j]>array[j+1])
        {   temp=array[j];array[j]=array[j+1];array[j+1]=temp;   }
}
void input(int array[ ],int n)
{
    int i;
    printf("请输入%d个正整数：\n",n);
    for(i=0;i<n;i++)
        scanf("%d",&array[i]);
}
void output(int array[ ],int n)
{
    int i;
    printf("排序结果：");
    for(i=0;i<n;i++)
        printf("%3d",array[i]);
    printf("\n");
}
int main()
{
    int a[N];
    input(a,N);
    sort(a,N);
    output(a,N);
    return  0;
}
```

程序运行结果：

```
请输入5个正整数：
4 9 1 7 5
排序结果：  1  4  5  7  9
```

7.4.3 二维数组作函数的参数

二维数组元素可以作函数的实参，和一维数组元素、普通变量作函数的实参相同。这里不再赘述。

二维数组名可以作函数的实参和形参，在调用函数时和一维数组名作函数的参数相同，需要注意如下问题：①在被调函数中对形参数组定义时可以指定每维的大小。若指定维的大小，可以省略对第一维的大小说明，只给出第二维的大小；而不能只给出第一维的大小，省略第二维的大小。②实参数组和形参数组的第二维的大小必须相同。

例 7.22　分析下列程序的运行结果。

```
#include <stdio.h>
int maxvalue(int array[][4])
{
    int i,j,max;
    max=array[0][0];
    for(i=0;i<3;i++)
        for(j=0;j<4;j++)
            if(max<array[i][j])
                max=array[i][j];
    return max;
}
int main()
{
    int a[3][4],i,j,large;
    printf("Please input array a:\n");
    for(i=0;i<3;i++)
        for(j=0;j<4;j++)
            scanf("%d",&a[i][j]);
    large=maxvalue(a);
    printf("Max value is %d\n",large);
    return 0;
}
```

程序分析：在 main 函数中定义了一个 3 行 4 列的整型数组 a，并从键盘输入每个数组元素的值。以数组的首地址作为实参调用 maxvalue 函数，把数组 a 的首地址传给 array，则数组 a 和数组 array 占同一个内存的存储单元。执行 maxvalue 函数，把数组中第一个元素的值 array[0][0]赋给变量 max，然后将数组中每个元素的值与 max 比较，每次比较后都把大的数据存放在 max 中，全部元素比较完后，max 中存放的就是所有元素中的最大值。maxvalue 函数调用结束后返回 main 函数，并把变量 max 的值带回 main 函数赋值给变量 large，调用 printf 函数输出 large 的值。

程序运行结果：

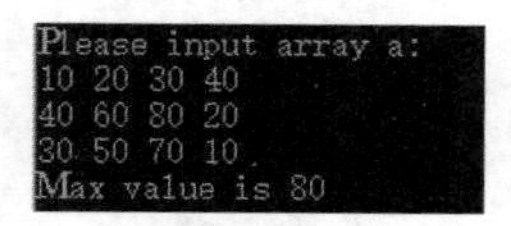

习　题　7

一、选择题

1. 以下数组定义中不正确的是________。

   A. int a[2][3]；　　　　　　　　B. int b[][3]={{0,1},{2},{3}}；

C. int c[100][100]={0};　　　　D. int d[3][]={{1,2},{1,2,3},{1,2,3,4}};

2. 为了判断两个字符串 s1 和 s2 是否相等,应当使用________。

A. if(s1==s2)　　　　B. if(strcmp(s1,s2) ==1)

C. if(strcpy(s1,s2))　　　　D. if(strcmp(s1,s2)==0)

3. 给出以下定义:

```
char str1[]="finish";
char str2[]={'f','i','n','i','s','h'};
```

则下面几个描述中正确的为________。

A. 数组 str1 和数组 str2 在内存中所占空间大小一样

B. 数组 str1 在内存中所占空间大于数组 str2

C. 数组 str1 和数组 str2 等价

D. 数组 str1 在内存中所占空间小于数组 str2

4. 以下二维数组定义中不正确的是________。

A. int a[2][3];

B. int b[][3]={{0,1},{2},{3}};

C. int c[100][100]={0};

D. int d[3,4]={{1,2},{1,2,3},{1,2,3,4}};

5. 以下程序的输出结果是________。

```
#include <stdio.h>
int main()
{
    int a[4][4]={ {2,4,7} ,{0},{3,5,7},{1,3,5}};
    printf("%d%d%d%d\n",a[0][3],a[1][2],a[2][1],a[3][0]);
    return 0;
}
```

A. 7030　　　　B. 0051　　　　C. 5430　　　　D. 输出值不定

二、程序分析题

1. 以下程序的输出结果是________。

```
#include <stdio.h>
int  main()
{
  int m[][3]={1,2,3,4,5,7,7,8,9};
  int i,k=2;
  for(i=0;i<3;i++)
    printf("%d",m[k][i]);
  return 0;
}
```

2. 以下程序的输出结果是________。

```
#include <stdio.h>
```

```
int main()
{
    int i,t,a[5]={1,3,5,7,9};
    for(i=0;i<5/2;i++)
    {  t=a[i];
       a[i]=a[4-i];
       a[4-i]=t;
    }
    for(i=0;i<5;i++)
       printf("%4d",a[i]);
    printf("\n");
    return 0;
}
```

3. 以下程序的输出结果是________。

```
#include <stdio.h>
int  main()
{
    int  i=0;
    char  s[ ]="abcdefghijklmnopq";
    while (s[i]!='d') i=i+1;
       printf("%c",s[++i]);
    printf("\n");
    return 0;
}
```

4. 以下程序的输出结果是________。

```
#include <stdio.h>
int  main()
{
    int i,n[4]={0,0,0,0};
    for(i=1;i<=4;i++)
    {
        if (i==3)  break;
        n[i]=n[i-1]+1;
        printf("%d  %d\n",n[i-1],n[i]);
    }
    return  0;
}
```

5. 以下程序的输出结果是________。

```
#include <stdio.h>
int  main()
{
    int i,n[]={0,0,0,0,0};
    for(i=1;i<5;++i)
    {
        if (i==3) continue;
        n[i]=n[i-1]+1;
        printf("%d  %d\n",n[i-1],n[i]);
```

```
    }
    return  0;
}
```

三、程序填空题

1. 以下程序完成的功能是将字符串 a 复制到字符串 b,并显示这两个字符串。

```
#include <stdio.h>
int  main()
{
    char a[100]={"I am a student."};
    char b[100]; int i=0;
    while(a[i]!='\0')
    {
        b[i]=a[i];
        i++;
    }
    (___(1)___);
    printf("%s\n%s\n",(___(2)___));
    return 0;
}
```

2. 程序读入 20 个整数,统计并输出非负数个数以及非负数的和。

```
#include <stdio.h>
int  main()
{
    int  i, a[20],s,count;
    s=count=0;
    for(i=0;i<20;i++)
    {
        scanf("%d",&a[i]);
        if(a[i]<0)
        {
            ___(1)___;
            ___(2)___
            count++;
        }
    }
    printf("s=%d count=%d\n",s,count);
    return  0;
}
```

3. 以下程序分别输出方阵中主对角线、次对角线上元素的和 sum1 和 sum2(主对角线为从矩阵的左上角至右下角的连线,次对角线为从矩阵的右上角至左下角的连线)。

```
#include <stdio.h>
#define  SIZE  3
int  main()
{
    int a[SIZE][SIZE],m,n,sum1,sum2;
```

```
    for(m=0;m<SIZE;m++)
        for(n=0;n<SIZE;n++)
            scanf("%d",&a[m][n]);
    sum1=sum2=____(1)____;
    for(m=0;m<SIZE;m++)
    {
        sum1=sum1+____(2)____;
        sum2=sum2+____(3)____;
    }
    printf("sum1=%d sum2=%d\n",sum1,sum2);
    return  0;
}
```

4. 设某班有 20 名学生，每名学生选修了 3 门课，以下程序的功能是输入 20 名学生 3 门课的成绩，计算每名学生的平均成绩，最后输出每名学生 3 门课的成绩及平均成绩。请填空。

```
#include <stdio.h>
#define  M  20
#define  N  3
int  main()
{
    char s[M+1][10];     //存放学生姓名
    float a[M+1][ N+1],b[M+1],sum;
    /* a 数组存放学生成绩,b 数组存放平均成绩,sum 存放 3 门课的总成绩 */
    int i,j;
    for(i=1;____(1)____;i++)
    {
        printf("输入第%d名学生的姓名及 3 门课成绩\n",i);
        scanf("%s",____(2)____);
        for(j=1;j<=N;j++)
            scanf("%f",&a[i][j]);
    }
    for(i=1;i<=M;i++)
    {
        ____(3)____;
        for(j=1;j<=N;j++)
            sum=sum+a[i][j];
        b[i]=____(4)____;
    }
    printf("学生姓名   C语言    高等数学     英语      平均分\n");
    for(i=1;i<=M;i++)
    {
        printf ("%s", s[i]);
        for(j=1;j<=N;j++)
            printf ("  %5.2f", a[i][j]);
        printf ("  %5.2f\n", b[i]);
    }
  return  0;
}
```

四、编程题

1. 有 20 个数按升序存放在一个数组中，输入一个数，要求用折半查找法找出该数是数组中的第几个元素的值，如果该数不在数组中，则输出"无该数"。

2. 不用 strcat 函数，将两个字符串连接起来。

3. 输出以下杨辉三角形(要求输出 10 行)。

```
1
1  1
1  2  1
1  3  3   1
1  4  6   4   1
1  5  10  10  5  1
…
```

4. 有一篇文章，共有 10 行，每行最多有 80 个字符。要求分别统计每行中英文字母、数字、空格及其他字符的个数。

5. 有 n 个数组成的序列，使其最后的 m 个数变成最前面的 m 个数($1<m<n<100$)。程序首先要从键盘输入一个整数 n，然后再输入 n 个整数，最后输入一个整数 m，输出变换后的序列。

样例输入：

```
5  1  2  3  4  5  2
```

样例输出：

```
4 5 1 2 3
```

6. 编写程序，完成输入一个少于 80 个字符的字符串，然后将字符串中的大写字母变成小写字母，小写字母变成大写字母，其他字符不变，最后输出变化后的字符串。

样例输入：

```
ABCDefgh123
```

样例输出：

```
abcdEFGH123
```

7. 读入 N 名学生的成绩，统计得到指定成绩的人数。输入数据以下列顺序提供：学生人数 N，N 名学生的成绩，指定成绩 m，所有数据为整数，数据之间以空格隔开。输出只有一个整数，即得成绩 m 的学生人数。

样例输入：

```
5 80 60 90 60 70 60
```

样例输出：

```
2
```

8. 鞍点问题：找出一个二维数组中的鞍点，即二维数组中一行里最大的元素同时是所在列最小的元素。输入数据以下列顺序提供：二维数组的行数 m，列数 n，接下来是 m * n 个整数（m，n≤10），所有数据以空格分隔。如果鞍点存在，则输出结果如下形式：a[鞍点所在行号][鞍点所在列号]=鞍点元素值，否则，输出 none。假定二维数组中最多只有一个鞍点。

样例输入：

```
3 3
1 2 3
4 5 6
7 8 9
```

样例输出：

```
a[0][2]=3
```

第8章 指针

案例导入——为什么要学习指针

为了理解指针的应用领域，先来看以下3个问题场景。

【问题1】 统计高于平均值的人数。要求首先输入学生人数n，然后输入n个成绩，统计高于平均值的学生人数。

【问题2】 编写一个自定义函数array_ave，计算一个实型数组的平均值。

【问题3】 编写一个自定义函数array_max_min，计算一个实型数组的最大值和最小值。

关于问题1，在第7章中讨论过类似的问题，当时是对30名学生统计高于平均值的人数。对于人数确定的情况，可以定义相应大小的数组来存放数据。这里不同的是，学生人数事先不确定，需要在程序运行时输入。存放学生成绩的数组该定义成多大呢？鉴于数组在定义时必须明确指定数组的长度，因此如果定义大了会造成内存空间的浪费，定义小了又会导致数据存储空间不足。能否在程序运行过程中，根据需要动态申请内存空间呢？答案是肯定的，因为C语言提供了动态内存分配函数，可以根据需要动态申请内存空间。分配的内存空间地址又该如何保存？根据这个地址又该如何访问内存空间中的具体数据呢？

关于问题2，根据7.4.2节中所学的知识，可以写出如下函数原型"float array_ave(float a[]);"，这里形参a的数据类型是什么？是数组吗？不是。那又是什么呢？

关于问题3，通过第6章的学习已知，C语言中的函数可以有返回值，也可以没有返回值。如果有返回值，只能有一个返回值，不能有多个返回值。这里的自定义函数要求计算最大值和最小值，如何通过一个自定义函数，把两个结果值返回给主调函数呢？

学习了本章相关指针的知识，以上3个问题所涉及的各种疑问都将迎刃而解。指针作为C语言的一个重要概念，是C语言的特色之一。在C语言程序中使用指针，可以使算法变得非常灵活，并可以构造出更多复杂的数据结构，从而更有效地表达数据。一般认为，只有掌握好指针的运用，才算真正掌握了C语言。如果使用不当，会让程序产生不可预知的错误，甚至导致整个程序崩溃。下面就从指针的概念入手，展开对指针相关知识的学习。

导学与自测

扫二维码观看本章的预习视频——指针的概念，并完成以下课前自测题目。

【自测题 1】 若有以下定义，则正确的赋值语句是(　　)。

```
int x, * pb;
```

A. pb=&x;　　B. pb=x;　　C. * pb=&x;　　D. * pb= * x;

【自测题 2】 若有以下程序段，则执行该程序段后，a 的值为(　　)。

```
int * p, a=3, b=1;
p=&a;
a= * p+b;
```

A. 5　　B. 4　　C. 3　　D. 编译出错

【自测题 3】 若有以下定义和语句，则以下选项中描述正确的是(　　)。

```
float f=2.8, * fp=&f;
* fp=f;
```

A. 以上两处的 * fp 含义相同，都是给指针变量 fp 赋值

B. 在语句"float f=2.8， * fp=&f;"中，把 f 的地址赋值给了 fp 所指向的存储单元

C. 语句" * fp=f;"的作用是把变量 f 的值赋给指针变量 fp

D. 语句" * fp=f;"的作用取变量 f 的值放回 f 中

【自测题 4】 已知 p 和 q 为已定义的指针变量且正确赋初值，执行"q=p+1;"后，以下选项中描述正确的是(　　)。

A. q 和 p 中的地址值相差 1　　B. q 和 p 中的地址值相差 4

C. q 和 p 中的地址值相差 8　　D. 以上答案都不对

8.1 指针的概念

8.1.1 变量的存储

程序中会用到大量变量，程序在运行时会在内存储器中开辟一些与变量对应的存储区。根据从计算机基础课程所了解到的，内存储器是由大规模集成电路芯片组成的，按照 8 个二进制位为一字节(称为一个存储单元)进行组织，并对存储单元进行编号来区分不同的单元，内存单元的编号通常称为内存的地址(见图 8.1)，这类似于一栋居民楼为了区分不同住户，给各单元编号。计算机内部实际上就是通过这些地址来存取内存中的数据。

可能大家会问，在前面的程序中并没有用这些地址来存取数据啊？是的，前面的程序中，当使用变量的数据时，直接使用的是变量名，只是在进行键盘输入时，有如下形式的语句：

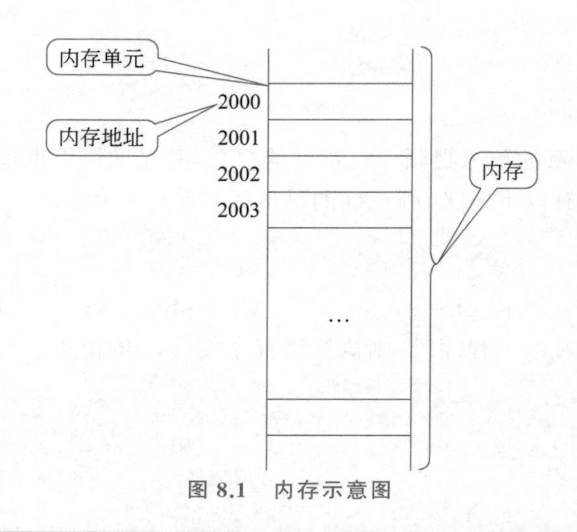

图 8.1　内存示意图

```
scanf("%d",&a);
```

其中，&a 代表变量 a 的地址，这里用到了变量的地址这一概念。

下面回顾一组概念(见图 8.2)。

变量：命名的内存空间。变量在内存中占一定空间，用于存放各种类型的数据。

变量名：给内存空间取的一个容易记忆的名字。

变量的地址：变量所使用的内存空间的首地址。

变量的值：在变量的地址所对应的内存空间中存放的数值，即变量的内容。

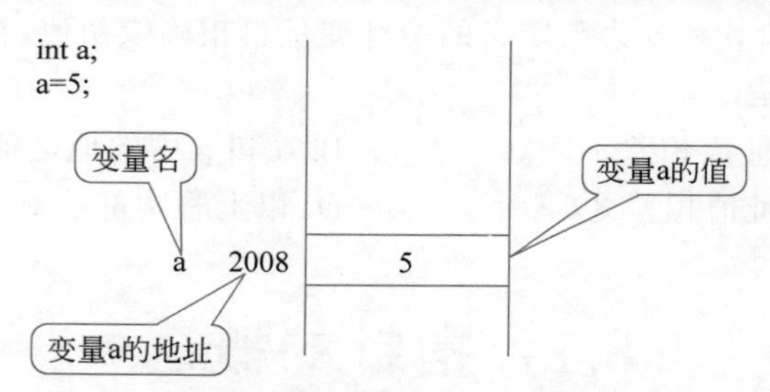

图 8.2　变量名、变量的地址和变量的值示意图

8.1.2　指针与变量的指针

指针其实就是内存的地址在高级语言中的另一个叫法，变量的地址称为变量的指针，即变量存放空间的首地址。根据前面对各种类型的变量的理解，存放整数的变量称为整型变量，存放字符数据的变量称为字符变量，地址也是数据，存放这种特殊数据——指针——的变量就是指针变量，简称指针。

一个指针变量 p 中的值是一个地址值，如果这个地址值正好是某个变量 a 的地址，那么就说指针变量 p 指向了这个变量 a(见图 8.3)。

有了变量的指针后，访问变量的操作就增加了一种新的方式。可以通过变量名来访

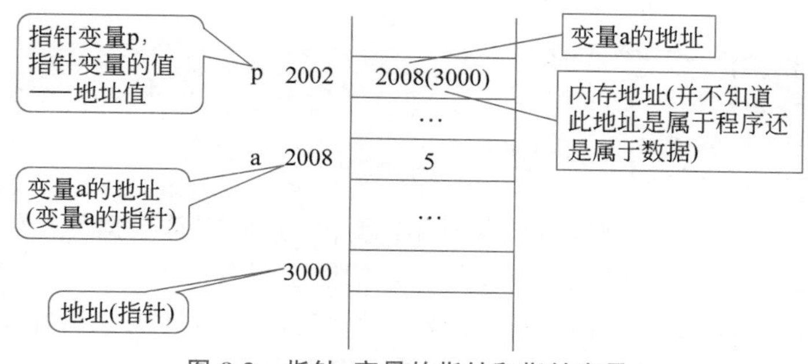

图 8.3 指针、变量的指针和指针变量

问变量，如有一个整型变量 a 的定义“int a;”，可以通过

```
a=3;
```

来给 a 赋值，也可以通过“printf("a=%d\n",a);”输出变量 a 的值。如果 p 是指向 a 的指针变量(p 中保存了变量 a 的地址值)，同样的操作可通过如下方式完成：

```
*p=3;
printf("a=%d\n",*p);
```

也就是说，如果指针变量 p 指向了整型变量 a，那么 *p 和 a 在程序里就可以混用了。当然引入指向变量的指针远不是这么简单的目的。

既然 p 是指针变量，那么随着程序的运行，它的值也是可以改变的，如它可以指向另外的变量。这和一个整型变量 a 的情形一样，a 在某一时刻存放着整数 3，在另一时刻则可以存放整数 5。

指针是 C 语言操作数据的一种重要手段，使用指针常常可以使写出的程序更加简洁高效，也有一些问题必须借助指针才能处理。使用指针的能力往往代表了一个人 C 语言程序设计水平的高低，下面来介绍 C 语言中如何使用指针。

8.2 指针变量的定义和使用

正如要使用整型变量 a 必须先对 a 进行定义一样，使用指针变量也必须先对指针变量进行定义。

8.2.1 指针变量的定义

C 语言规定，一个指针变量在程序中只能指向同种类型的变量，定义指针变量就是要定义指针变量可以指向什么类型的变量，或者说它能存放什么类型数据的地址，而不是定义指针变量存放的数据的类型。

指针变量定义的一般格式为

```
类型名 *变量名1,*变量名2,…;
```

例如：

```
int *p1, *p2,a;
char *s1, *s2;
float *pf1, *pf2;
double *pd1, *pd2;
```

以上分别定义了指向整型数据的指针 p1 和 p2,指向字符数据的指针 s1 和 s2,指向单精度实型数据的指针 pf1 和 pf2,以及指向双精度实型数据的指针 pd1 和 pd2。

指针变量名是用户定义的标识符,要遵守标识符的命名规则。指针变量名前的星号(*)代表了后面的一个变量是指针变量,像前面定义中的 a 由于它前面没有星号,所以它只是一个普通整型变量,不是指针变量。定义指针变量时所写的类型称为指针变量的基类型。如 p1、p2 的基类型是 int,s1、s2 的基类型是 char。

8.2.2 指针变量的使用

定义好的指针变量就可以在程序中使用了。使用指针变量时涉及两个运算符：& 和 *。

1. 取地址运算符(&)

& 放在变量名前面,获得变量的地址。在有上面定义的基础上,可以写出如下语句：

```
p1=&a;
p2=p1;
```

第一个语句将整型变量 a 的地址赋值给指针变量 p1,赋值是合法的,因为 p1 的基类型是 int。第二个语句将指针变量 p1 的值赋值给指针变量 p2,赋值也是合法的,因为 p1、p2 的基类型都是 int。操作结果是两个指针都指向了变量 a(见图 8.4)。

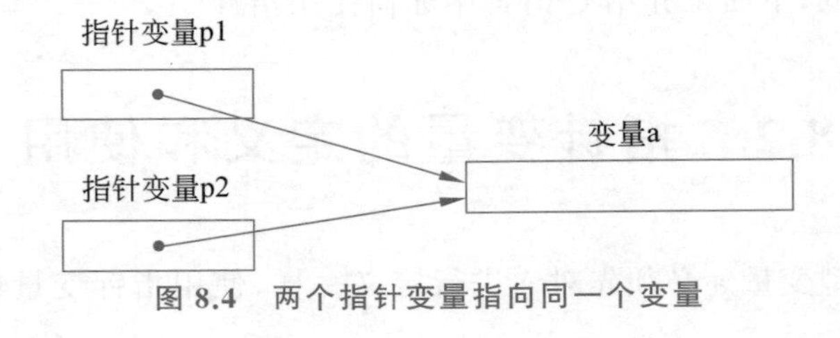

图 8.4 两个指针变量指向同一个变量

2. 间接访问运算符(*)

* 放在指针变量前面,得到指针所指向的变量。在上面定义和操作的基础上,*p1 和 a 是等价的,因此：

```
*p1=15;
a=15;
```

这两条语句的作用完全等价,都是将整数 15 赋值给变量 a。

注意：在 C 语言中,* 号用在不同地方有不同含义,已经学过的用途有以下 3 个。

(1) 代表乘法运算符：做乘号使用时它是一个双目运算符，需要两个运算数据。

(2) 定义指针变量：定义指针时，它前面一定有类型名。

(3) 取指针所指向的变量：其后跟一个指针变量，且前面没有类型名。

所以只要认真分析，不难通过上下文来区分它的用途。

例如，在以上定义和操作的基础上，若有以下语句：

```
a= * p1+ * p2 * a;
```

则本语句执行的是 * p2(即 a)与 a 相乘再加上 * p1，计算结果赋值给变量 a，由于 a 的初值是 15，所以 a 被重新赋值后的新值是 240。

同普通变量一样，指针变量定义后，使用前必须有明确的指向。未经明确指向的指针变量不能使用，否则可能会使系统崩溃。赋给指针变量的值必须是地址值，绝不能赋给其他的数据，否则将引起错误。

而若要指针变量有所指向，可以通过取地址运算 & 获得变量的地址，或者通过已经有指向的指针进行赋值，或者通过第 9 章介绍的标准库函数 malloc 和 calloc 获得。

另外，除了给指针变量赋地址值外，还可以给指针变量赋 NULL 值：

```
p1=NULL;
```

NULL 是在 stdio.h 头文件中定义的常量名，其代码值为 0，经过这样赋值的指针变量相当于“p1= '\0';”或“p1=0;”，这时称 p1 为空指针。要注意这时 p1 并不是指向地址为 0 的存储单元，而是具有一个确定的值——空。如果通过一个空指针访问存储单元，程序运行时会得到一个错误信息。

8.3 使用指针访问一维数组

一维数组和指针

数组是若干相同类型的变量的集合，可以存放一组相同类型的数据，在内存中占一片连续的内存空间。按照指针的概念，数组在内存的起始地址就称作数组的指针，而数组元素的地址则可以称为数组元素的指针。同时，C 语言规定，数组名就是数组的指针，它也指向数组的第一个元素。

8.3.1 数组的指针和指向数组元素的指针变量

假设有如下定义：

```
int  * p1, * p2, * a, * p4;
int data[10]={0,1,2,3,4,5,6,7,8,9};
```

根据 C 语言的规定，data 就是数组 data 的指针，也是元素 data[0]的指针。但要注意，数组名 data 是地址常量，在程序运行期间，它所代表的数组首地址是不会变的。

可以使用定义的指针变量 p1 指向数组 data：

```
p1=data;
```

或者

```
p1=&data[0];
```

这样，p1 就是指向数组元素的指针变量了。同样，指针变量 p2 和 a 也可通过如下方式指向数组 data 的元素：

```
p2=&data[3];
a=&data[9];
```

有了指向数组元素的指针变量，指针的下列运算则是合法的：

```
p2=p2-3;
p4=a+1;
```

这里，指针加减一个整数（只能是整数，不能是实型数据），其含义定义为指针在数组中前（＋，下标增大方向）后（－，下标减小方向）移动整数个元素位置（注意，要使运算结果有意义，即仍然在数组元素位置上）。因此，经过上述运算后，各指针在数组中的位置如图 8.5 所示。注意图 8.5 中指针 p4 所指的位置已不是数组 data 的元素位置了，虽然 C 语言保证这种位置存在，但不可以通过这时的 p4 间接访问数组元素了。

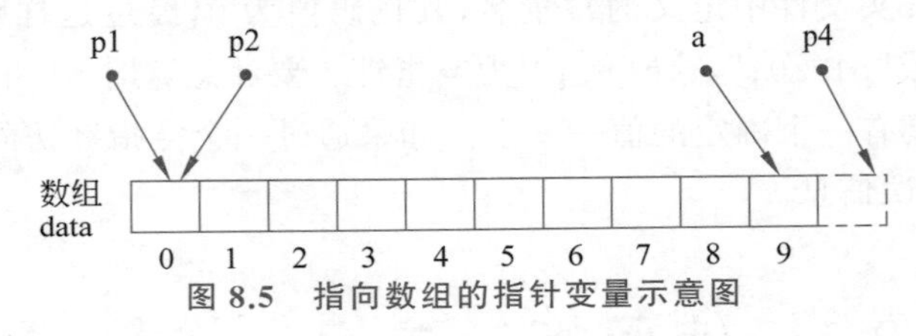

图 8.5　指向数组的指针变量示意图

8.3.2　指向数组元素的指针变量的运算

上面已经看到了指向数组的指针变量加减一个整数的含义，除此之外，还可以通过指向数组元素的指针变量间接访问数组元素。在前述定义和图 8.5 所示的前提下，使用间接访问运算符 *，可以写出如下表达式：

```
*p1=*p1+2;              相当于"data[0]=data[0]+2;"或"*p2=*p2+2;"
*(p1+9)=3;              相当于"data[9]=3;"或"*a=3;"
printf("%d\n",*p1++);   相当于"printf("%d\n",a[0]);p1++;"或"printf("%d\n",*
                        p1);p1++;"
```

除此之外，指向数组元素的指针 p1 还可以当数组名使用：

```
p1[0]=p1[0]+2;
```

也可使用数组名按照指针方式访问数组元素：

```
*(data+3)=5;
```

但切记不要进行“data++;”或者“data=data+5;”之类改变 data 的值的操作，因为前面已说过，data 是地址常量。

总之，指向数组元素的指针大大丰富了数组元素的访问方式。

例 8.1 使用指针访问数组元素示例。

```
#include <stdio.h>
int  main()
{
    int a[5 ]={0,1,2,3,4},i, * p;
    for(i=0;i<=4;i++)
        printf("%d\t",a[i]);          /* 使用原始的数组方式访问数组元素 */
    printf("\n");
    for(p=&a[0];p<=&a[4];p++)
        printf("%d\t", * p);          /* 使用普通指针方式间接连续访问数组元素 */
    printf("\n\n");
    for(p=&a[0],i=1;i<5;i++)
        printf("%d\t",p[i]);          /* 使用指针以数组方式连续访问数组元素 */
    printf("\n");
    for(p=a,i=0;p+i<=a+4;p++,i++)
        printf("%d\t", * (p+i));      /* 使用指针分隔访问数组元素 */
    printf("\n\n");
    /* 以下是倒序输出数组中元素的 3 种不同方式 */
    for(p=a+4;p>=a;p--)
        printf("%d\t", * p);
    printf("\n");
    for(p=a+4,i=0;i<=4;i++)
        printf("%d\t",p[-i]);
    printf("\n");
    for(p=a+4;p>=a;p--)
        printf("%d\t",a[p-a]);
    printf("\n");
    return 0;
}
```

程序运行结果：

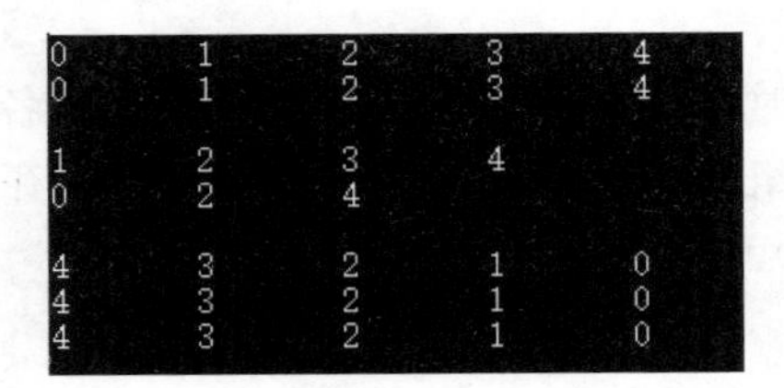

可以看到，指向数组元素的指针变量丰富了数组元素的操作，将使程序设计变得更加灵活，尤其是在指向数组元素的指针作为函数的参数时，意义非常大。

8.3.3 指针与字符串

C 语言有字符串常量这种数据，在程序中可以使用一维数组存放字符串，并可以通过一维数组名访问字符串。

例 8.2 使用一维数组处理字符串。

```
#include <stdio.h>
int main()
{
    char str[ ]="I am a student!";
    printf("%s\n",str);                      /* 整体输出字符串 */
    printf("%c,%c\n",str[0],str[3]);         /* 输出字符串中的单个字符 */
    return 0;
}
```

程序运行结果：

```
I am a student!
I,m
```

有了指向字符的指针后，也可以直接通过字符指针来处理字符串。

例 8.3 直接使用字符指针处理字符串。

```
#include <stdio.h>
int main()
{
    char * str="I am a student!";
    printf("%s\n",str);                      /* 整体输出字符串 */
    printf("%c,%c\n", * str, * (str+3));     /* 输出字符串中的单个字符 */
    return 0;
}
```

程序运行结果：

```
I am a student!
I,m
```

程序中的“char * str="I am a student!";”等价于

```
char temp[ ]="I am a student!", * str;
str=temp;
```

也就是说，当直接用字符指针指向字符串常量时，实际上系统隐含定义了一个无名字符数组来存放字符串，字符指针指向了这个无名数组，而不是将字符串中的所有字符存放到字符指针里(字符指针存放的是字符串的首地址)。

8.4 指针作函数的参数

8.4.1 简单变量的指针作函数的参数

指针变量作函数的参数时，同样是从实参单向传递指针变量的内容给形参，只是传递的内容是一个地址值。可以通过这个地址值间接改变实参、形参所共同指向的变量。所以尽管不能改变实参地址本身，但是可以间接改变地址所指向的变量。

例 8.4 输入两个整数，放到变量 a 和 b 中，要求通过函数调用实现 a 和 b 的值交换。

第一种实现方法：

```
#include <stdio.h>
void  swap(int a,int b)
{
    int c;
    c=a;
    a=b;
    b=c;
    printf("2.a=%d b=%d \n",a,b);
}
int main()
{
    int a,b;
    scanf("%d%d",&a,&b);
    printf("1.a=%d b=%d \n",a,b);
    swap(a,b);
    printf("3.a=%d b=%d \n",a,b);
    return 0;
}
```

程序运行结果：

```
3 8
1.a=3 b=8
2.a=8 b=3
3.a=3 b=8
```

可以看到，使用普通变量作函数的参数，虽然在被调函数内改变了两个变量的值，但这种改变并不能反映到主调函数中。

再来看第二种实现方法：

```
#include <stdio.h>
void  swap(int *a, int *b)
{
    int *c;
    c=a;
    a=b;
    b=c;
    printf("2.a=%d b=%d \n", *a, *b);
}
int main()
{
    int a,b;
    scanf("%d%d",&a,&b);
    printf("1.a=%d b=%d \n",a,b);
    swap(&a,&b);
    printf("3.a=%d b=%d \n",a,b);
    return 0;
}
```

程序运行结果：

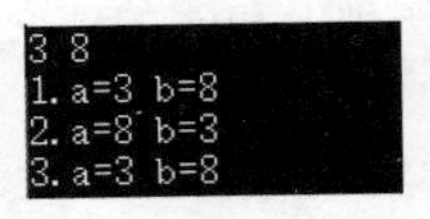

可以看到，这次虽然使用指针变量作函数的参数，但由于在被调函数内交换的是两个指针变量，而不是交换指针指向的变量，因此在主调函数内仍然不能看到交换的结果。

最后来看第三种实现：

```
#include <stdio.h>
void  swap(int * a, int * b)
{
    int c;
    c= * a;
     * a= * b;
     * b=c;
    printf("2.a=%d b=%d \n", * a, * b);
}
int main()
{
    int a,b;
    scanf("%d%d", &a, &b);
    printf("1.a=%d b=%d \n",a,b);
    swap(&a, &b);
    printf("3.a=%d b=%d \n",a,b);
    return 0;
}
```

程序运行结果：

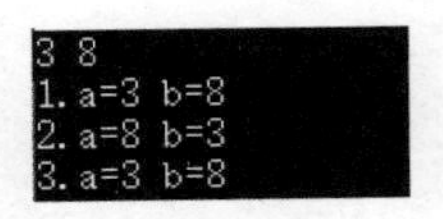

可以看到，这次使用指针变量作函数的参数，并且在被调函数中交换的是指针指向的变量，因此在主调函数中看到了交换的结果。

需要说明的是，此类应用中要将主调函数中变量的地址传递给被调函数，即函数之间传递的应当是变量的地址，这样被调函数的形参应当使用指针变量来接收主调函数的地址值；在被调函数中通过形参指针变量间接访问，修改实参、形参地址所共同指向的变量。本例的操作是交换两个指针指向的变量。

数组名作函数的参数

8.4.2 指向数组元素的指针作函数的参数

7.4.2 节介绍了数组名作函数的参数的使用方法。数组名，究其本质是一个地址值，即数组中首元素的地址。因此，当发生函数调用时，若实参为数组名，其对应的形参则应该是指针变量，在函数内即可通过指针来访问数组元素。在例 7.19 中，有如下形式的函数定义：

```
void swap( int x[ ] )
{
    int z;
    z=x[0];
    x[0]=x[1];
    x[1]=z;
}
```

其中形参 int x[ ]中的 x 虽然看起来像是数组名，但其本质是指针变量，等价于 int * x。以上 swap 函数也可以写成如下形式：

```
void swap( int * x )
{
    int z;
    z= * x;
    * x= * (x+1);
    * (x+1)=z;
}
```

例 8.5 编写一个自定义函数，其功能为计算一个实型数组的平均值。主函数负责输入 10 名学生的身高存入一维实型数组中，然后调用自定义函数得到平均身高并输出。

问题分析：在主函数中使用一维数组存放数据，而自定义函数需要对主函数中的所有数组元素进行访问。如何将数组中的所有元素传递到被调函数中呢？对于简单变量的函数调用，采用的是复制值传递方式。但对于包含大量元素的数组来说，复制值传递方式是不合适的，会造成内存空间的浪费。这里特别强调的是，在 C 语言中不支持数组中大量元素的复制值传递方式，而是采用传递数组首地址的方式实现。当实参为数组名时，对应形参为指针变量。

程序如下：

```
#include <stdio.h>
float array_ave(float * p, int n);
                          //函数声明，也可写成"float array_ave(float * ,int);"
int main( )
{
    int i;
    float a[10],ave;
    for(i=0;i<10;i++)
        scanf("%f",&a[i]);
    ave=array_ave(a,10);          //实参 a 为数组名，a 也可以写成 &a[0]
    printf("ave=%.2f\n",ave);
    return  0;
}
float array_ave(float * p, int n)   //形参 p 为指针变量，float * p 也可写成 float p[]
{
    float sum=0, * q;
    for(q=p;q<p+n;q++)
        sum+= * q;
```

```
    return sum/n;
}
```

程序运行结果:

```
1.67 1.62 1.74 1.85 1.58 1.66 1.70 1.83 1.75 1.56
ave=1.70
```

通过学习指针和一维数组可知,形参中的 int *p 等价于 int p[],数组元素 p[i]等价于 *(p+i)。因此,以上程序中 array_ave 函数定义也可以写成如下形式。

```
float array_ave(float p[],int n)      //形参 float p[]也可写成 float *p
{
    float sum=0;
    int i;
    for(i=0;i<n;i++)
        sum+=p[i];                    //p[i]也可写成 *(p+i)
    return sum/n;
}
```

【拓展】 将例 8.5 修改如下:编写一个自定义函数,其功能为计算一个实型数组的平均值。主函数负责先输入整数 n,再输入 n 名学生的身高,然后调用自定义函数得到平均身高并输出。

问题分析:由于主函数中学生人数是在运行时输入的,如果使用数组存放学生身高值,那么数组的大小该如何定义呢?数组太小会造成空间不足,数组太大又会造成空间的浪费。为此,这里采用动态内存分配的方式,根据需要申请空间。C 语言提供了动态内存分配函数 malloc,其函数原型如下。

```
void *malloc(unsigned int size);
```

malloc 函数的功能是在内存中分配一块长度为 size 字节的连续空间,并将该空间的首地址作函数的返回值。动态申请的内存空间,当不再使用时需要通过 free 函数进行空间释放。另外,要特别说明的是,当使用动态内存分配函数时,需要包含头文件 stdlib.h。关于动态内存分配函数的详细介绍可参考 9.4.4 节。

采用 malloc 函数动态申请内存空间的主函数部分如下。array_ave 函数同例 8.5,这里不再列出,读者可以自行补充。

```
#include <stdio.h>
#include <stdlib.h>
int main()
{
    int i,n;
    float *p,ave;
    printf("Input n: ");
    scanf("%d",&n);
    p=(float *)malloc(n*sizeof(float));   //申请 n 个 float 大小的内存空间
    for(i=0;i<n;i++)
        scanf("%f",p+i);
```

```
    ave=array_ave(p,n);                   //实参 p 为指针变量
    printf("ave=%.2f\n",ave);
    free(p);                              //释放空间
    return  0;
}
```

例 8.6 设计一个在整型数组中同时查找数组元素最大值和最小值的函数，主函数中通过调用该函数完成对数组中所有元素求最大值和最小值的任务，要求不得使用全局变量。

变量的地址作函数的参数

问题分析：C 语言的函数只能有一个返回值，所以想用函数值同时返回最大值和最小值的方法行不通。8.4.1 节刚刚学习了指针变量作函数的参数，可以在函数内改变指针指向的变量，因此可以考虑把求出的最大值和最小值分别用指针来指向，返回给主调函数。

因此，程序可如下设计：

```
#include <stdio.h>
void  find(int * a,int n,int * max,int * min)
{
    int i;
    * max= * min=0;
    for(i=1;i<n;i++)
      if(a[i]>a[ * max])
        * max=i;
      else if(a[i]<a[ * min])
        * min=i;
}
int  main()
{
    int a[ ]={5,8,7,6,2,7,3},max,min;
    find(a, sizeof(a)/sizeof(int), &max, &min);
    printf("a[%d]=%d,   a[%d]=%d\n",max,a[max],min,a[min]);
    return  0;
}
```

程序运行结果：

```
a[1]=8,   a[4]=2
```

程序中的 find 函数有 4 个参数：第 1、3、4 个参数都是指向整数的指针，分别接收数组名实参、存放数组最大值的下标变量地址、存放数组最小值的下标变量地址；第 2 个参数为整数 n，接收数组的大小。而主函数中定义的数组为 a，最大值下标为 max，最小值下标为 min，数组 a 的大小是通过表达式 sizeof(a)/sizeof(int)求出的，即用整个数组占的字节数除以单个元素占的字节数得到。

上述 find 函数并不是直接求出数组最大值和最小值，而是求出最大值和最小值的下标。

下面再看一个稍微复杂的例子。

例 8.7 写一个程序，实现读入若干正文行，并输出其中最长行的功能。

问题分析：编写这样的程序要解决的问题是，输入结束、行结束、存放最长行和当前

行的内容、比较两行的长度。

关于输入结束的判断，在C语言中定义了一个常量EOF(其值一般定义为-1)，表示文件结束。所以可以通过判断是否读到EOF来实现。

行结束判断比较简单，遇到\n就表示一行结束了。

最长行和当前行的存放都需要一个字符数组，数组长度应定义为最大可能的值。

字符数组存放字符的个数求出后，比较是很简单的事。下面是一种具体实现。

```
#include <stdio.h>
#define  MAX  255                /* 假定每行不超过 255 个字符 */
int getline(char *p,int n)       /* 完成输入一行,并返回长度 */
{
        int ch,i;
        for(i=0;i<n-1 && (ch=getchar()) !=EOF && ch!='\n';i++)
        *p++=ch;
        if(ch=='\n')             /* 行结束导致循环结束 */
        {
            *p++=ch;             /* 把行结束符也保存到数组中 */
            ++i;
        }
        *p='\0';                 /* 给数组送入一个字符串结束符 */
        return i;                /* i 的值代表字符数组中存放的字符个数,不含\0 */
}
void copy_str(char *p1,char *p2)        /* 实现 p1 到 p2 的复制 */
{
        while((*p2++=*p1++)!='\0');
}
int  main()
{
        int length,max_len;                /* 分别表示当前行长和最大行长 */
        char line[MAX],maxline[MAX];       /* 分别存放当前行和最大行 */
        max_len=0;
        while((length=getline(line,MAX))>0)
            /* 读入一行的长度大于 0 表示没有到文件结束 */
            if(length>max_len)             /* 有新的更长行 */
            {
                max_len=length;
                copy_str(line,maxline);
            }
        if(max_len>0)                      /* 有行输入 */
            printf("%s",maxline);
        return 0;
}
```

程序运行结果：

```
abcdefghi
qwert
fghtuop
asd
adff
^Z
abcdefghi
```

其中，^Z 是通过按 Ctrl+Z 键或者 F6 键输入的文件结束符。

在程序中，copy_str 函数的形参是字符指针，主函数调用 copy_str 函数提供的实参则是字符数组。

8.5 指针数组的概念

数组是存放大量相同类型的数据，并能给处理这些数据带来方便的一种数据结构，既然指针也是数据，如果有一批指针相互关联，为便于对这些指针进行统一的处理，也可以像整数那样，把这些指针放在一个数组中存放，也就是构成指针数组。

比较有用的是字符指针数组。假如程序里需要一组长度不同的字符串，一种常见做法就是用一个字符指针数组表示它们，一个典型实例是软件系统的错误信息。软件在运行中出现错误时可能需要显示某些错误信息，将情况通报给使用软件的人。这种错误信息通常长短不一，一般用一些字符串表示。但是，很可能程序里的许多地方需要显示同样的错误信息。虽然可以用字符串常量形式把这些信息分散写在各处，但这使信息管理变得非常困难，需要统一修改时，就会很不方便。此外，重复的信息字符串会占据大量额外存储空间。一种常用方法是定义一个全局的指针数组，让其中的指针分别指向表示输出信息的字符串常量。程序里任何地方需要相关错误信息字符串，都可以通过这个指针数组去使用。这样统一管理所有输出信息，可以给复杂程序的开发和维护带来很大方便。

注意：虽然也可以用二维字符数组来处理这类问题，但由于二维字符数组适合处理的是等长的字符串，对于不等长的字符串，如果用二维数组存放，必须按最长字符串定义二维数组的列数，因而会造成大量的空间浪费。采用字符指针数组则可以解决存储空间的有效利用问题。

8.5.1 指针数组的定义

2010 年上海世博会，参展国家和国际组织有 200 多个，各个国家的名称按照惯例使用英文字母标示，长度不一，为方便对参展国家和国际组织的管理，可以建立一个字符指针数组：

```
char * expo[200];
```

这里假定参展国家和国际组织为 200 个。由于[]的优先级高于 *，所以 expo 首先和[200]结合，构成数组 expo[200]，而数组中存放的元素则是 char *，即字符指针。所以它定义的是一个字符指针数组。

指针数组的一般定义格式为

```
类型名  * 数组名[数组长度];
```

像普通数组一样，指针数组也可以在定义时进行初始化。字符指针的初始化是使用字符串常量，同样可以用字符串常量为字符指针数组中的元素提供初值。下面是这种用法的一个例子：

```
char * expo[200]={"The People's Republic of China", "The United States of
America", "Germany", "Japan", "England", "France", "Australia", "Italy"};
```

这里定义了一个含 200 个字符指针的数组，同时用 8 个字符串为前 8 个指针数组元素进行了初始化，其余都初始化为空指针。有了这个定义，就可以通过数组元素（指针）访问各个字符串了。例如，可以写下面的语句：

```
for(i=0;i<8;i++)
    printf("%s\n",expo[i]);
```

这个语句将打印出：

```
The People's Republic of China
The United States of America
Germany
Japan
England
France
Australia
Italy
```

例 8.8 写一个程序，能够按照世博会参展国家和国际组织的英文名称的字母顺序排列输出各国家和国际组织名称，为安排世博会开幕式国家和国际组织出场次序提供参考。

根据前面的分析，由于各国家和国际组织名称不尽相同，所以存放各国家和国际组织名称合理的数据结构是字符指针数组，假定参展国家和国际组织总共有 200 个，就可以使用前面定义的字符指针数组，字符串比较可以使用标准函数 strcmp。程序如下：

```
#include <stdio.h>
#include <string.h>
#define  MAX  200
char * expo[MAX]={"The People's Republic of China","The United States of
America", "Germany", "Japan", "England", "France", "Australia", "Italy"};
void sort(int n)
{
    int i,j,k;
    char * temp;
    for(j=0;j<n-1;j++)
    {
        k=j;
        for(i=j+1;i<n;i++)
            if(strcmp(expo[k],expo[i])>0)
                k=i;
        if(k!=j)
        {
            temp=expo[j];
            expo[j]=expo[k];
            expo[k]=temp;
        }
    }
```

```
}
void output(int n)
{
    int i;
    for(i=0;i<n;i++)
        printf("%s\n",expo[i]);
}
int main()
{
    sort(8);
    output(8);
    return 0;
}
```

程序运行结果：

```
Australia
England
France
Germany
Italy
Japan
The People's Republic of China
The United States of America
```

注意：例8.8对字符指针数组是通过初始化来完成赋值的，如果要想实现通过键盘输入的方式来赋值，例如使用如下形式：

```
for(i=0;i<n;i++)
    gets(expo[i]);
```

则还是会出问题的，因为字符指针数组中的字符指针没有初始化就使用是非法的，解决方法是在gets前，使用第9章中介绍的动态内存分配的方法为字符指针动态申请存储空间。

8.5.2 main函数的参数

指针数组除了可以保存和方便管理不等长字符串外，另一个重要的应用就是作为main函数的参数。

前面的例子中，主函数main的形参是空的，而实际上，main函数的函数首部可以写成如下形式：

```
int  main(int argc, char * argv[ ])
```

其中，argc和argv就是main函数的形参。带参数的主函数所在的C语言源程序经过编译链接产生可执行程序后，通过命令行方式执行时，一般格式为

```
可执行程序名  参数1  参数2  参数3  参数4…
```

那么，参数argc所表示的含义就是包含程序名在内的用空格隔开的参数个数；参数argv是字符指针数组，保存着包含程序名字符串在内的所有参数字符串。

例如，假如有一个C语言可执行程序名为display，通过如下命令行执行：

```
display Beijing Shanghai Kunming Tianjin Hangzhou Shenzhen
```

则对于本命令行，argc的值是7，而argv的内容可以表示为argv[0]="display"，argv[1]="Beijing"，argv[2]="Shanghai"，argv[3]="Kunming"，argv[4]="Tianjin"，argv[5]="Hangzhou"，argv[6]="Shenzhen"。程序中通过argc和argv就可以处理命令行参数。

例8.9 修改例8.8，将国家或国际组织名在命令行中提供。

程序如下，并将下述程序保存在display.cpp文件中，编译链接后产生display.exe文件。

```
#include <stdio.h>
#include <string.h>
#define  MAX  200
void sort(int n,char * a[ ])
{
    int i,j,k;
    char * temp;
    for(j=1;j<n-1;j++)
    {
        k=j;
        for(i=j+1;i<n;i++)
            if(strcmp(a[k],a[i])>0)
                k=i;
        if(k!=j)
        {
            temp=a[j];
            a[j]=a[k];
            a[k]=temp;
        }
    }
}
void output(int n,char * a[ ])
{
    int i;
    for(i=1;i<n;i++)
        printf("%s\n",a[i]);
}
int main(int argc, char * argv[ ])
{
    sort(argc,argv);
    output(argc,argv);
    return 0;
}
```

假定display.exe文件存放路径为d:\，选择“开始”→“运行”命令，在弹出的对话框中输入cmd回车后打开“命令提示符”窗口，在其中输入d:\并回车，然后输入以下命令行：

```
display Beijing Shanghai Tianjin Shenzhen
```

该命令行的执行结果如下：

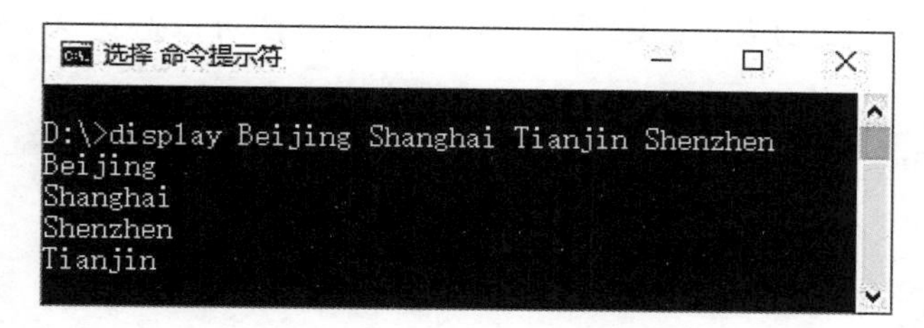

若是在集成开发环境中(如 Visual C++ 6.0)运行带有命令行参数的程序,则可以选择"工程"→"设置"→"调试"命令,在该选项卡中的"程序变量"文本框中输入 Beijing Shanghai Tianjin Shenzhen,然后单击"执行"按钮就可得到同样的效果。

可见,通过在命令行提供参数的方法,能够避免前面提到的在字符指针数组的初始化过程中动态存储分配问题。

8.6 指向函数的指针和返回指针的函数

指针可以指向整型、实型、字符型、数组等不同类型的变量,函数不是变量,怎样可以让指针指向呢?函数在编译后运行时会被分配到以一个地址开始的内存区,这个地址被称为函数的入口地址,既然指针变量是存放地址数据的,那么也可以说函数的入口地址就是指向函数的指针(简称函数指针),因而也就可以把它赋值给一个特定的指针变量。

8.6.1 指向函数的指针定义

为了能让一个指针指向函数,需要对指针进行如下定义:

```
返回值类型  (*指针变量名)(参数类型表);
```

也就是说,要明确指针变量指向的函数返回什么类型的数据,有几个形参,都是什么类型的。例如:

```
double  (*p)(float, float);
```

这里就定义了一个指向函数的指针 p,p 可以指向的函数必须有两个都为 float 型的形参,且函数返回 double 型的值。

注意(*p)的圆括号是必需的,这是因为*的优先级低于函数定义的(),*p 两端的圆括号如果没有,即

```
double  *p(float, float);
```

则表示的是一个返回指向 double 类型数据的指针的函数声明。

在前述定义中是定义了一个指向函数的指针,若要定义两个以上的指针,则需如下定义:

```
double  (*p1)(float, float),(*p2)(float, float),…,(*pn)(float, float);
```

这样写起来比较麻烦，有大量重复的内容。C 语言提供了一种方法可以避免这类问题，就是使用类型定义，一般格式为

```
typedef 类型名1  类型名2;
```

其含义是给类型名 1 一个新名——类型名 2。例如：

```
typedef  int  integer;
```

则在程序中可以使用 int 来定义整型变量，也可以使用 integer 定义整型变量。typedef 并不为系统增加新类型，只是将现有类型用新的名称来称呼。

回到正题，前面定义的指向函数的指针

```
double  (*p1)(float, float),(*p2)(float, float),…, (*pn)(float, float);
```

可以进行如下定义：

```
typedef  double  (*p)(float,float);
p  p1,p2,…,pn;
```

显然这样的定义更加简练。

有了指向函数的指针，就可以使用它来指向函数了。

例 8.10　使用指向函数的指针，计算半径为 r、高度为 h 的圆柱体的体积和侧面积。

```
#include <stdio.h>
#define  PI  3.1415926
double cylinder_vol(float r, float h)          //定义一个计算圆柱体体积的函数
{
    double v,s;
    s=PI*r*r;
    v=s*h;
    return v;
}
double cylinder_squre(float r, float h)        //定义一个计算圆柱体侧面积的函数
{
    double cyl,s;
    cyl=2*PI*r;
    s=cyl*h;
    return s;
}
int main()
{
    typedef  double (*pointer)(float,float); //定义一个指向函数的指针类型
    pointer  p;                              //定义一个指向函数的指针变量 p
    float  r,h;
    scanf("%f%f",&r,&h);
    p=cylinder_vol;                          //让 p 指向计算圆柱体体积的函数
    printf("半径为%.2f,高为%.2f 的圆柱体体积为 %.2f\n",r,h,p(r, h));
    p=cylinder_squre;                        //让 p 指向计算圆柱体侧面积的函数
    printf("半径为%.2f,高为%.2f 的圆柱体侧面积为 %.2f\n",r,h,p(r, h));
    return 0;
}
```

程序运行结果：

```
2.35 3.68
半径为2.35, 高为3.68的圆柱体体积为  63.85
半径为2.35, 高为3.68的圆柱体侧面积为  54.34
```

程序中有 cylinder vol 和 cylinder squre 两个函数，其参数为两个 float 型形参，返回值均为 double 型数据，在主函数中，定义了一个指向函数的指针，通过让指针分别指向这两个函数来实现分别计算圆柱体体积和圆柱体侧面积的要求。可以看到，尽管都使用 p(r,h)的形式来调用函数，但在不同的时候，p 指向的函数不同，因而计算的结果也不同。

指针指向某个函数的一般格式为

```
指针变量名=函数名;
```

指针指向的函数可以有两种调用方式：

```
指针变量名(实参表)
```

和

```
函数名(实参表)
```

原本可以通过函数名直接调用函数，现在为什么要引进一个麻烦，先定义函数指针并让它指向函数，然后再通过它去调用那个函数？这样不是多此一举吗？当然不是！看看一般的指针，也可以通过变量名访问变量，又能通过指针访问被指变量。两种情况很类似，也可以有类似的解释：如果通过函数名使用函数，那么每次执行时调用的总是同一个函数；而如果通过函数指针使用函数，执行中使用的是哪个函数，就要看指针当时的值了。显然，采用函数指针的方式带来了新的灵活性。

指向函数的指针还有许多更高级的使用方式，下面学习其中一个作函数的参数的应用。

8.6.2 函数指针作函数的参数

下面对例 8.10 进行改造，写成如下形式的程序。

例 8.11 使用函数指针作函数的参数来计算半径为 r、高度为 h 的圆柱体的体积和侧面积。

```
#include <stdio.h>
#define  PI  3.1415926
typedef  double (*pointer)(float,float);      //定义一个函数指针类型
double cylinder_vol(float r,float h)           //定义一个计算圆柱体体积的函数
{
    double v,s;
    s=PI*r*r;
    v=s*h;
    return v;
}
double cylinder_squre(float r,float h)         //定义一个计算圆柱体侧面积的函数
```

```
{
    double cyl,s;
    cyl=2 * PI * r;
    s=cyl * h;
    return s;
}
double output(pointer p,float r,float h)        //使用函数指针作函数的形参
{
    return p(r,h);
}
int main()
{
    pointer p;                                  //定义一个函数指针变量 p
    float r,h;
    scanf("%f%f",&r,&h);
    p=cylinder_vol;                             //让 p 指向计算圆柱体体积的函数
    printf("半径为%.2f,高为%.2f 的圆柱体体积为%.2f\n",r,h,output(p,r,h));
    p=cylinder_squre;                           //让 p 指向计算圆柱体侧面积的函数
    printf("半径为%.2f,高为%.2f 的圆柱体侧面积为%.2f\n",r,h,output(p,r,h));
    return 0;
}
```

在这个程序中定义的函数 output,其中的第一个参数是函数指针。C 语言里不能把函数作为函数的形参,而需要使用函数指针。在函数调用时,可以通过这种指针把所需函数传进去,从而起到在不同调用中使用不同函数的作用。利用指针传递函数的参数是 C 语言里指针的另一个重要用途。

下面再看一个例子。

例 8.12 计算某个角度的正弦、余弦和正切值。

```
#include <stdio.h>
#include <math.h>
#define  PI  3.1415926
typedef  double ( * pointer)(double);     //定义一个函数指针类型
double calculate(pointer p, double d)     //使用函数指针作函数的形参
{
    return p(d);
}
int main()
{
    pointer p;                            //定义一个函数指针变量 p
    int c;
    double d;
    scanf("%d",&c);
    d=PI/180 * c;
    p=sin;                                //让 p 指向计算正弦的函数
    printf("角度为%d 的正弦值为: %.2f\n",c,calculate(p,d));
    p=cos;                                //让 p 指向计算余弦的函数
    printf("角度为%d 的余弦值为: %.2f\n",c,calculate(p,d));
    p=tan;                                //让 p 指向计算正切的函数
    printf("角度为%d 的正切值为: %.2f\n",c,calculate(p,d));
```

```
    return 0;
}
```

程序运行结果：

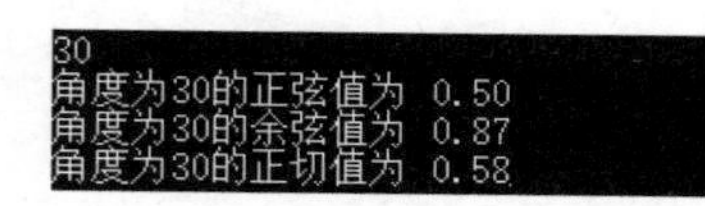

可以看到，在函数 calculate 的定义中使用了一个函数指针作函数的形参，因而可以通过这个指针传递不同的函数名实现不同的函数计算，这一点是其他方式所不能完成的。

函数指针可以将一类函数的操作使用统一的格式进行，这是它的一个主要应用，而将函数作为形参应用时，只能使用函数指针来完成。

8.6.3 返回指针的函数

有返回值的函数可以返回一个整型(int)、实型(float 或 double)、字符型(char)，也可以返回一个指针类型。

返回指针的函数首部定义如下：

```
类型  * 函数名(形参表)
```

注意：这里函数名不用圆括号括起来，前面在描述函数指针时曾经提到过，函数()的优先级高于 *，所以函数名是先和后面的()结合表示这是一个函数，前面的类型 * 表示是函数的返回值的类型，为一个指向类型的指针。

例如，函数首部

```
int  * fun(int  x,int  y)
```

表示函数 fun 有两个整型形参，返回指向整数的指针。

例 8.13 求 3 个整型数据的较大值。

```
#include <stdio.h>
int * max(int x,int y,int z)  //max 函数的返回值为指向整数的指针
{
    int * p;
    p=&x;
    if(* p<y)
        p=&y;
    if(* p<z)
        p=&z;
    return p;                    //将最大值的指针返回
}
int main()
{
    int a,b,c;
    scanf("%d%d%d",&a,&b,&c);
    printf("max=%d\n", * max(a,b,c));
```

```
    return 0;
}
```

程序运行结果 1：

```
1 2 3
max=3
```

程序运行结果 2：

```
1 3 2
max=3
```

程序运行结果 3：

```
3 1 2
max=3
```

由此可见，不论输入 1 2 3、1 3 2 还是 3 1 2，输出结果都是 max=3。max 函数将最大值的地址作为返回值，从而实现求最值的功能。

本章学习了 C 语言的指针类型，并介绍了指针的一些应用，主要观点：指针是地址，地址是一种特殊的数据；通过指针变量可以间接访问它所指向的变量；指针指向数组后可以间接使用指针访问数组的元素；指针可作为数组元素的类型，即指针数组；指针可以指向函数，通过把函数指针作函数的形参，可以实现对不同函数的调用。总之，指针是 C 语言中非常重要的概念，程序中对指针的使用程度，能体现出程序员掌握 C 语言水平的高低，所以希望读者努力学好本章的内容。

习 题 8

一、简答题

1. 通过本章的学习，你认为指针可以在哪些方面为编程带来好处？

2. 指向数组的指针可以进行指针加减一个整数的操作，指向函数的指针可以吗？为什么？

3. 查阅资料，把本章讲过的指针用法和没有讲过的指针用法进行整理归纳，写一个 1500 字左右的指针用法报告。

二、单项选择题

1. 若有说明“int i,j=7, * p=&i;”，则与“i=j;”等价的语句是________。

A. i= * p;　　　　B. * p= * &j;

C. i=&j;　　　　D. i= ** p;

2. 若有定义“char ch, * p1, * p2, * a, * p4 =&ch;”，则能正确进行输入的语句是________。

A. scanf("%c",p1);　　　　B. scanf("%c", * p2);

C. * a=getchar();　　　　　　　　D. * p4=getchar();

3. 下列程序执行后的输出结果是________。

A. 6　　　　B. 7　　　　C. 8　　　　D. 9

```
#include <stdio.h>
void  func(int * a,int b[ ])
{
    b[0]= * a+6;
}
int main(  )
{
    int a,b[5];
    a=0; b[0]=3;
    func(&a,b);
    printf("%d \n",b[0]);
    return  0;
}
```

4. 以下程序的输出结果是________。

A. 2　1　4　3　　B. 1　2　1　2　　C. 1　2　3　4　　D. 2　1　1　2

```
#include <stdio.h>
void  fun(int * x, int * y)
{
    printf("%d  %d  ", * x, * y);
    * x=3; * y=4;
}
int  main()
{
    int x=1,y=2;
    fun(&y, &x);
    printf("%d  %d \n", x, y);
    return 0;
}
```

5. 以下程序的输出结果是________。

A. 6　3　　　　B. 3　6　　　　C. 编译出错　　　　D. 0　0

```
#include <stdio.h>
void  fun(int * a,  int * b)
{
    int * k;
    k=a;
    a=b;
    b=k;
}
int  main()
{
    int a=3, b=6, * x=&a, * y=&b;
    fun(x,y);
    printf("%d  %d\n", a, b);
```

```
    return  0;
}
```

6. 以下程序的输出结果是________。

A. 0　　B. 1　　C. 10　　D. 9

```
#include <stdio.h>
int main()
{
    int a[ ]={1,2,3,4,5,6,7,8,9,0}, * p;
    p=a;
    printf("%d\n", * p+9);
    return 0;
}
```

7. 以下程序的输出结果是________。

A. 8　　B. 7　　C. 6　　D. 5

```
#include <stdio.h>
int  ss(char * s)
{
    char * p=s;
    while( * p)  p++;
    return(p-s);
}
int  main()
{
    char * a="abded";
    int i;
    i=ss(a);
    printf("%d\n",i);
    return 0;
}
```

8. 以下程序的输出结果是________。

A. ABCDEFG　　B. CDG　　C. abcdefgh　　D. abCDefGh

```
#include <stdio.h>
int main()
{
    char a[ ]="ABCDEFGH",b[ ]="abCDefGh";
    char * p1, * p2;
    int k;
    p1=a;
    p2=b;
    for(k=0;k<=7;k++)
        if( * (p1+k)== * (p2+k))
            printf("%c", * (p1+k));
    printf("\n");
    return 0;
}
```

三、编程题

1. 编写一个函数，其功能是对传送过来的两个浮点数求和值与差值，并通过形参传回调用函数。

2. 学校要开运动会，各代表队名称使用英文名称，不包含空格，编写一个程序，可以对不超过 20 个队的名称进行按字典顺序的输出。

3. 编写一个函数，能同时求出 3 个整数的最大值和最小值，并通过形参把结果传回调用函数。

第9章 用户自定义类型

案例导入——学生成绩统计

【问题描述】 已知有如表9.1所示的学生基本信息。编写程序，读入每名学生的学号、姓名、性别，以及数学、英语、计算机成绩，并统计每个人的总成绩。然后按照表格形式输出每名学生的所有信息，每名学生的信息占一行。

表9.1 学生基本信息

student_no	name	gender	math	english	computer	total
2022010001	Zhou	F	85	88	92	
2022010002	Wang	M	65	77	68	
2022010003	Li	F	89	75	88	
2022010004	Zhao	F	74	96	45	
2022010005	Song	M	52	97	72	
2022010006	Liu	F	63	52	79	
2022010007	Qian	M	68	44	88	
2022010008	Zhang	M	95	67	85	

【解题分析】 程序设计通常包括输入(input)、处理(process)、输出(output)3个基本步骤。第一步数据输入环节是要解决的首要问题。本案例应该使用什么样的数据结构(或者说数据类型)保存学生基本信息呢？既然学生基本信息属于二维表格结构，能否使用一个二维数组来存储数据呢？很显然，是不行的。因为数组结构要求所有数组元素必须是相同的数据类型，而学生基本信息表中各列的数据类型是不尽相同的。既然如此，那又该如何解决数据的存储问题呢？由于具体到每列的数据类型是相同的，因此大家很自然地会想到，将每列数据分别定义为一个数组来实现数据的存储。由于表9.1中包含7列数据，所以定义了如下7个数组，每个数组都包含8个元素，对应表格某列的8行数据。

```
char student_no[8][11],name[8][10];                //学号和姓名
char gender[8];                                    //性别
int math[8],english[8],computer[8],total[8];       //数学、英语、计算机和总成绩
```

虽然通过定义多个数组解决了表格不同类型数据的存储问题，但在后续数据处理过程中，需要对多个数组进行访问，程序代码将非常烦琐，且可读性差。有没有一种数据结构，可以存储不同类型的数据呢？本章介绍的**结构体类型**是用来解决这一问题的。采用结构体类型定义的学生数组 student 如下。

```
struct STU
{
    char student_no[11],name[10];          //学号和姓名
    char gender;                           //性别
    int score[3];                          //分别存储数学、英语、计算机成绩
    int total;                             //总成绩
}student[8];
```

导学与自测

结构体类型的定义和基本使用

扫二维码观看本章的预习视频——结构体类型的定义和基本使用，并完成以下课前自测题目。

【自测题 1】 针对如下定义，下列选项中描述不正确的是(　　)。

```
struct Book
{
    char name[20];
    float price;
}book, books[10];
```

A. book 的类型是 struct Book

B. books 是结构体数组，其数组元素的类型为 struct Book

C. “Book c;”其作用是定义了新的结构体变量 c

D. struct 后面的结构体名 Book 如果不写不会报错

【自测题 2】 针对如下定义，下列选项中对结构体成员变量引用正确的是(　　)。

```
struct Book
{
    char name[20];
    float price;
}book={"C 语言程序设计", 39.00}, books[10];
```

A. scanf("%s",&book.name);

B. scanf("%s",&books[1].name[20]);

C. scanf("%f",name.price);

D. books[0]=book;

结构体类型属于一种用户自定义类型(即构造类型)，针对不同的应用，如图书信息管理、商品信息管理、财务信息管理等，需要定义不同的结构体类型。对于基本数据类型，可以直接使用 int、float、double、char 等类型标识符来定义变量。而与基本数据类型最大的不同之处在于，要定义结构体类型的变量，必须先定义结构体类型，然后再使用自定义的

结构体类型定义结构体变量。

C语言中的用户自定义类型除了结构体类型外，还包括共用体类型和枚举类型。本章将对这3种用户自定义类型进行一一介绍，下面先从结构体类型开始学起。

9.1 结构体类型和结构体变量的定义

在现实生活中，经常需要描述一个对象的各种属性，而不仅仅是一个值。例如，对于一名学生需要描述其学号、姓名、性别、年龄、班级、成绩等方面的信息。如果为每个属性分别设置各自的变量进行存储则显得有些凌乱，而且这些属性也不适合使用数组来统一存放，因为不同的属性其数据类型不尽相同，数组只适合存储数据类型相同的一组数据。为了将不同数据类型的多个数据组织起来，结构体类型则显得十分方便。

结构体类型是一种构造类型。一个结构体类型可以由若干成员组成，不同的结构体类型可根据需要由不同的成员组成。为了使用结构体类型存放一个对象的各种属性，首先需要定义结构体类型，然后再声明该结构体类型的变量。

9.1.1 结构体类型的定义

在声明结构体变量之前，必须先定义一个新的结构体类型。定义结构体类型时并不分配存储空间，只为声明变量提供模板。定义结构体类型的一般形式如下：

```
struct  结构体名
{
    类型 1  成员 1;
    类型 2  成员 2;
    ⋮
    类型 n  成员 n;
};
```

在定义结构体类型时，需要特别说明以下6点。

(1) 结构体名要遵循标识符的命名规则。

(2) 结构体的数据成员分别属于各自的数据类型。

(3) 定义结构体类型时末尾花括号外面的分号不可缺少。

(4) 结构体中的成员名可以与程序中其他变量或标识符同名，互不干扰。

(5)“struct 结构体名”是一个整体，表示结构体类型的名字。

(6) 结构体类型的成员可以是基本数据类型，也可以是已经定义的结构体类型。也就是说，结构体类型可以嵌套定义，但嵌套的结构体类型必须是已经提前定义好的。

例如，可定义如下日期结构体类型：

```
struct date
{
```

```
    int   year;                       /* 年 */
    int   month;                      /* 月 */
    int   day;                        /* 日 */
};
```

若已经定义了如上所列的 struct date 结构体类型，则可定义如下学生信息结构体类型：

```
struct STU
{
    char id[8];                       /* 学号 */
    char name[10];                    /* 姓名 */
    char gender;                      /* 性别 F/M */
    int score;                        /* 成绩 */
    struct date birthday;             /* 出生日期 */
};
```

9.1.2 结构体变量的声明及初始化

定义好一个结构体类型后，就可以声明该结构体类型的变量了。结构体类型只相当于一个模型，不存放具体数据，具体数据要在结构体变量中存放。声明结构体变量的方法有以下 3 种。

(1) 先定义结构体类型，然后声明结构体变量。

如果已经定义了结构体类型 struct date，则可以用它来声明变量。例如：

```
struct date birthday1,birthday2;
     ↓
结构体类型名
```

由于前面介绍的类型名都只有一个单词(如整型为 int，字符型为 char 等)，而结构体类型名却由两个单词(struct 和结构体名)组成，对于初学者来说很容易丢掉其一，因此需要特别注意。

(2) 定义结构体类型的同时声明结构体变量。

定义结构体类型的同时，可以将需要声明的变量写到末尾的花括号和分号之间。例如：

```
struct date
{
    int   year;
    int   month;
    int   day;
}birthday1,birthday2;
```

这种声明方法既定义了结构体类型，同时也声明了变量。当需要该类型的新变量时，可以采用第(1)种方法随时再声明。

(3) 定义结构体类型的同时声明结构体变量，但是不写结构体名。

这种声明方法在书写时和第(2)种类似，只是不写结构体名。例如：

```
struct
{
    int  year;
    int  month;
    int  day;
}birthday1,birthday2;
```

由于这种声明方法中没有结构体名，所以当需要该类型的新变量时不能采用第(1)种方法进行声明，只能向原来的变量列表中进行添加。

结构体变量和其他变量一样，可以在定义时进行初始化。例如：

```
struct STU stu1={"1004301","Rose",'F',86,{1990,8,20}},stu2;
```

相同结构体类型的变量之间可以相互赋值。例如：

```
stu2=stu1;
```

以上赋值操作的结果是将 stu1 各个成员的值逐一赋给 stu2 的相应成员。

9.1.3 结构体变量的大小

结构体变量包含多个数据成员，各个成员的数据类型不尽相同，成员按照定义时的顺序依次存储在连续的内存空间。在 TC 环境下，结构体变量的大小就是各个成员大小的简单相加；在 Visual C++ 6.0 环境下，结构体变量的大小不再是所有成员大小的简单求和，还需要考虑地址对齐原则。下面就 Visual C++ 6.0 环境，介绍存储结构体变量时的内存分配策略。

首先介绍一个相关的概念——偏移量。偏移量指的是结构体变量中成员的地址和结构体变量首地址的差。针对存储结构体变量时地址对齐的要求，编译器在进行内存分配时会遵循以下两条原则。

(1) 结构体变量中成员的偏移量必须是成员大小的整数倍(0 被认为是任何数的整数倍)。

(2) 结构体变量的大小必须是所有成员大小的整数倍。

对于下面的结构体变量：

```
struct test1                        struct test2
{                                   {
    char ch1;                           int i;
    int i;                              char ch1;
    char ch2;                           char ch2;
}test_a;                            }test_b;
```

其内存分配情况如图 9.1 所示。

对于 test_a 变量，第一个成员 ch1 为字符型，占 1 字节，偏移量为 0。第二个成员 i 为整型，占 4 字节，根据地址对齐的第一条原则，其偏移量必须是 4 的整数倍，因此偏移量取

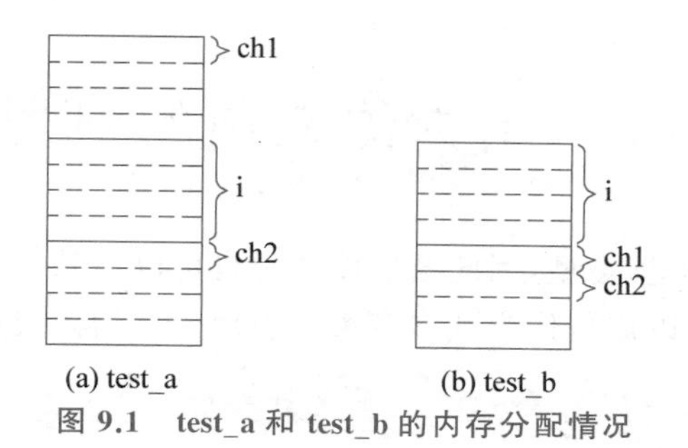

图 9.1　test_a 和 test_b 的内存分配情况

4，为此 ch1 后面需要补 3 个空的字节单元。第三个成员 ch2 为字符型，占 1 字节，根据地址对齐的第二条原则：结构体变量的大小必须是所有成员大小的整数倍，因此 test_a 的大小必须是 4 的整数倍，为此 ch2 后面需要再补 3 个空的字节单元。所以 test_a 的大小为 12 字节。

对于 test_b 变量，其成员和 test_a 变量一样，只是成员的顺序不同。根据地址对齐原则，其末位需要补两个空的字节单元，所以 test_b 的大小为 8 字节。

由此可见，结构体成员的排列顺序会直接影响结构体变量的大小。当需要使用大量结构体数据（如结构体数组）时，精心设计结构体成员的排列顺序可以节省一定的存储空间。

在编程过程中，如果希望得到已知结构体变量的大小，建议使用 sizeof 运算符，这样可以避免因忽略结构体成员的地址对齐原则而导致的计算错误。

sizeof 是 C 语言的一种单目操作符，其作用是以字节为单位给出操作数的存储大小。操作数可以是变量、常量、表达式或类型名。对于变量或常量，取其相应类型的大小；对于表达式，则先求表达式的值，然后取表达式值所属类型的大小。sizeof 的常用形式为

```
sizeof(操作数)
```

例如，sizeof(int)的值为 4，sizeof('a')的值为 1，sizeof(struct test1)的值为 12。

例 9.1　结构体类型和 sizeof 运算符的使用。

```
#include <stdio.h>
struct test1
{
    char ch1;
    int i;
    char ch2;
}test_a;
int main()
{
    printf("%d %d %d %d",sizeof(int),sizeof(5+7), sizeof(struct test1),sizeof
(test_a));
    return 0;
}
```

程序运行结果：

```
4 4 12 12
```

9.2 结构体成员的引用

结构体是一种新的数据类型，因此结构体变量也可以像其他类型的变量一样赋值、运算，不同的是结构体变量以成员作为基本变量来引用。结构体成员的引用方式为

```
结构体变量名.成员名
```

其中，“.”为成员运算符。可以将“结构体变量名.成员名”看成一个整体，其类型就是该成员的数据类型，可以像使用普通变量一样使用结构体成员。

对于如下结构体变量：

```
struct STU
{
    char name[10];
    int score;
}student;
```

student.score 表示结构体变量 student 的成员 score，为该成员赋值为 98 可使用如下赋值语句：

```
student.score=98;
```

使用结构体变量时，还需注意以下 3 点。

(1) 结构体变量不能整体输入输出，只能对其中的成员逐个输入输出。

```
scanf("%s,%d",&student);                          //错误
printf("%s,%d",student1);                         //错误
scanf("%s,%d",student.name,&student.score);       //正确
printf("%s,%d",student.name,student.score);       //正确
```

(2) 同一种类型的结构体变量之间可以直接赋值，其结果是成员逐个依次赋值。如果 student1 和 student2 是同一种类型的结构体变量且 student1 的成员已经有值，则可以使用如下赋值语句将 student1 各成员的值赋给 student2 的相应成员：

```
student2=student1;
```

(3) 当成员本身又是结构体类型时，子成员的访问使用成员运算符逐级访问。例如，对于如下定义的结构体变量 student，可采用 student.birthday.month 形式来访问其相应的结构体成员。

```
struct date
{
    int  year;                /* 年 */
    int  month;               /* 月 */
    int  day;                 /* 日 */
};
struct STU
```

```
{
    char id[8];                    /* 学号 */
    char name[10];                 /* 姓名 */
    char gender;                   /* 性别 F/M */
    int score;                     /* 成绩 */
    struct date birthday;          /* 出生日期 */
}student;
```

例 9.2 结构体成员的引用。求某学生 6 门课程的总成绩与平均成绩，要求使用结构体变量存放该学生的信息。

思路分析：先构建一个结构体类型，包含学生的姓名、6 门课的成绩、总成绩及平均成绩，并定义该类型的结构体变量，如下所示。

```
struct  STU
{
    char  name[10];
    float  score[6];
    float  total, average;
}student;
```

然后在程序中输入姓名及各科成绩后即可进行运算，运算结果存放到 total 和 average 两个成员变量中。

程序如下：

```
#include <stdio.h>
struct  STU
{
    char  name[10];
    float  score[6];
    float  total, average;
}student;
int main()
{
    int  i;
    printf("Input name:\n");
    scanf("%s",student.name);
    printf("Input 6 scores:\n");
    for(i=0;i<6;i++)
        scanf("%f",&student.score[i]);
    student.total=0;
    for(i=0;i<6;i++)
        student.total+=student.score[i];
    student.average=student.total/6;
    printf("%s:总成绩=%.2f,平均成绩=%.2f",student.name,student.total,
    student.average);
    return  0;
}
```

程序运行结果：

```
Input name:
John
Input 6 scores:
80 86 79 98 88 72
John:总成绩=503.00,平均成绩=83.83
```

9.3　结构体数组

结构体数组就是具有相同结构体类型的数据集合。结构体数组与前面介绍的数值型数组的不同之处在于，结构体数组的每个数组元素都是结构体类型，它们都包含各个成员，需要使用成员运算符“.”来访问其成员。

9.3.1　结构体数组的定义

与定义结构体变量一样，定义结构体数组有如下 3 种方法。

(1) 先定义结构体类型，再定义结构体数组，例如：

```
struct STU
{
    char  name[10];
    float  score[6];
    float  total,average;
};
struct  STU  student[3];
```

以上定义了一个结构体数组 student，包含 3 个元素，每个元素均为 struct STU 类型。

(2) 在定义结构体类型的同时定义结构体数组，例如：

```
struct STU
{
    char  name[10];
    float  score[6];
    float  total,average;
}student[3];
```

(3) 直接定义结构体数组，不写结构体名，例如：

```
struct
{
    char  name[10];
    float  score[6];
    float  total,average;
}student[3];
```

需要指出的是，由于结构体数组的每个数组元素均为结构体类型，要访问每个数组元素的成员，可以将数组元素看作普通结构体变量，其形式为

```
结构体数组元素.成员名
```

例如：

```
student[0].name
student[1].score[3]
```

9.3.2 结构体数组的初始化

与普通数组一样，结构体数组也可在定义时进行初始化。在对结构体数组初始化时，要将每个元素的成员数据用花括号括起来，其一般形式如下：

```
结构体类型 结构体数组名[数组长度]={{初值表 1},{初值表 2},…,{初值表 n}};
```

例如：

```
struct STU{
    int  num;              //学号
    char name[20];         //姓名
    char gender;           //性别
    int  score;            //成绩
}student[3]={ {100,"John",'M',87},
             {101,"Rose",'F',92},
             {102, "Jake",'M',84}};
```

实际上，结构体数组相当于一个二维表格结构，第一维是结构体数组元素，第二维是每个结构体数组元素的成员，如图 9.2 所示。

	num	name	gender	score
student[0]	100	John	M	87
student[1]	101	Rose	F	92
student[2]	102	Jake	M	84

图 9.2 student 数组的逻辑结构

例 9.3 结构体数组的使用。求 3 名学生 6 门课程的总成绩与平均成绩，并按照表格形式输出学生的信息。要求使用结构体数组存放学生的信息。

思路分析：本例由例 9.2 的一名学生改为 3 名学生，学生的基本信息是一样的，所以定义的结构体类型相同。先构建一个结构体类型，包含学生的姓名、6 门课的成绩、总成绩及平均成绩，并定义该类型的结构体数组，如下所示。

```
struct  STU
{
    char  name[10];
    float  score[6];
    float  total, average;
}student[3];
```

然后在程序中输入每名学生的姓名及各科成绩后即可进行运算，运算结果存放到相应数组元素的 total 和 average 两个成员变量中。

程序如下：

```c
#include <stdio.h>
struct  STU
{
    char  name[10];
    float  score[6];
    float  total, average;
}student[3];
int main()
{
    int  i,j;
    for(i=0;i<3;i++)
    {
        printf("Input name:\n");
        scanf("%s",student[i].name);
        printf("Input 6 scores:\n");
        for(j=0;j<6;j++)
            scanf("%f",&student[i].score[j]);
        student[i].total=0;
        for(j=0;j<6;j++)
            student[i].total+=student[i].score[j];
        student[i].average=student[i].total/6;
    }
    printf("Name\tScore1\tScore2\tScore3\tScore4\tScore5\tScore6\tTotal\
    tAverage\n");
    for(i=0;i<3;i++)
    {
        printf("%s\t",student[i].name);
        for(j=0;j<6;j++)
            printf("%.2f\t",student[i].score[j]);
        printf("%.2f\t%.2f\n",student[i].total,student[i].average);
    }
    return 0;
}
```

程序运行结果：

```
Input name:
John
Input 6 scores:
80 86 79 98 88 72
Input name:
Rose
Input 6 scores:
83 75 90 68 84 94
Input name:
Jake
Input 6 scores:
98 78 77 56 82 65
Name    Score1  Score2  Score3  Score4  Score5  Score6  Total   Average
John    80.00   86.00   79.00   98.00   88.00   72.00   503.00  83.83
Rose    83.00   75.00   90.00   68.00   84.00   94.00   494.00  82.33
Jake    98.00   78.00   77.00   56.00   82.00   65.00   456.00  76.00
```

9.4 结构体指针

指针变量非常灵活，可以指向任意类型的变量。当一个指针变量指向一个结构体变量时，称其为结构体指针变量。

9.4.1 结构体指针变量的定义

结构体指针变量定义的一般形式为

```
struct 结构体名 *结构体指针变量名;
```

例如，有如下结构体类型的定义：

```
struct  STU
{
    int   num;
    char  name[10];
    char  gender;
    float  score;
};
```

接下来可定义该结构体类型的指针变量，结构体指针变量必须先赋值后才能使用。赋值时，是把结构体变量的首地址赋给该结构体指针变量。

```
struct  STU  *pstu,student;
pstu=&student;
```

以上定义了一个结构体指针变量 pstu 和一个结构体变量 student，并让指针变量 pstu 指向结构体变量 student。需要特别说明的是，结构体变量名不是该结构体的首地址，这与数组名的含义不同，因此若要求结构体变量的首地址，应该在结构体变量名前加 & 符号。

和其他指针变量一样，若 pstu 指向结构体变量 student，则 * pstu 表示指针 pstu 所指向的结构体变量，即 student。因而，可采用如下方式访问结构体成员：(* pstu).num、(* pstu).name、(* pstu).gender 和(* pstu).score。

为方便书写，C 语言定义了使用结构体指针变量引用结构体成员的特殊形式：

```
结构体指针变量名->成员名
```

其中，->是两个符号－和>的组合，看上去像一个箭头指向结构体成员。例如，对于上面定义的结构体指针变量，也可以用如下方式访问其成员：pstu->num、pstu->name、pstu->gender 和 pstu->score。实际上，pstu->num 就是(* pstu).num 的缩写形式，两种书写形式是等价的。

例 9.4 比较结构体变量和结构体指针对成员的引用。

```
#include <stdio.h>
struct  STU
{
    char  name[10];
    int  score;
}student={"John",95}, * pstu;
int main()
{
    pstu=&student;
    printf("Name:%s\tScore:%d\n",student.name,student.score);
    printf("Name:%s\tScore:%d\n",( * pstu).name,( * pstu).score);
    printf("Name:%s\tScore:%d\n",pstu->name,pstu->score);
    return 0;
}
```

程序运行结果：

```
Name:John       Score:95
Name:John       Score:95
Name:John       Score:95
```

9.4.2　结构体指针和数组

和其他指针变量一样，如整型指针可以指向整型数组元素，结构体指针变量也可以指向结构体数组元素，这样就可以使用结构体指针来引用数组元素。要想使结构体指针变量指向结构体数组元素，可将数组元素的地址（在数组元素前加 &）直接赋给结构体指针变量。

例如，有如下结构体数组和指针的定义：

```
struct  STU
{
    char  name[10];
    int  score;
}student[3], * pstu;
pstu=&student[1];
```

以上语句使 pstu 指向 student[1]，因此可以使用 pstu 来访问数组元素 student[1]的成员，如 pstu－＞name，pstu－＞score。

由于数组名可看作数组的首地址，因此可直接将数组名赋给结构体指针变量。例如：

```
pstu=student;  //相当于"pstu=&student[0];"
```

以上语句使 pstu 保存数组 student 的首地址，也就是指向 student[0]。由于指针变量增 1 相当于增加指针所指向数据类型的宽度，也就是指向了下一个元素。对于结构体指针也一样，由于 pstu 是指向 struct STU 结构体类型数据的指针变量，因此 pstu＋1 将指向下一个数组元素，如图 9.3 所示。

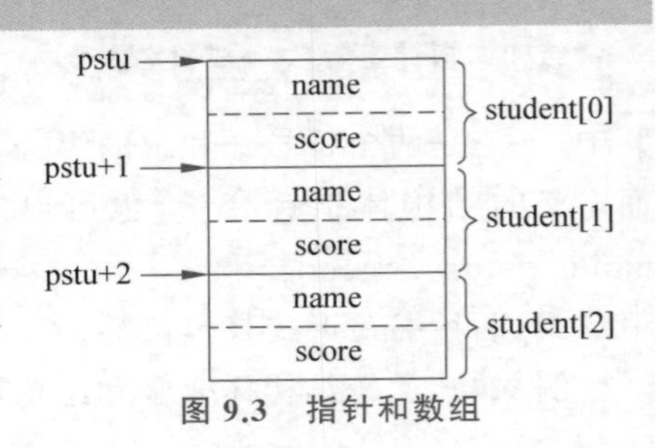

图 9.3　指针和数组

例 9.5　使用结构体指针引用数组元素。

```
#include <stdio.h>
struct DATE
{
    int year;
    int month;
    int day;
};
struct std_info
{
    char no[20];                /*学号*/
    char name[10];              /*姓名*/
    char gender;                /*性别*/
    struct DATE birthday;       /*出生日期*/
};
/*定义并初始化一个外部结构体数组 student */
struct  std_info  student[3]={{"000102","Li Lin",'M',{1980,5,20}},
                              {"000105","Xu Feng",'M',{1980,8,15}},
                              {"000112","Wang Min",'F',{1980,3,10}} };
int  main()
{
    struct  std_info  *p_stu=student;
    int i;
    /*打印表头*/
    printf("No.       Name     Gender  Birthday\n");
    /*输出结构体数组的内容*/
    for(i=0;  i<3;  i++, p_stu++)
    {
        printf("%-10s%-10s%-4c",p_stu->no,p_stu->name,p_stu->gender);
        printf("%4d-%2d-%2d\n", p_stu->birthday.year,
        p_stu->birthday.month, p_stu->birthday.day);
    }
    return 0;
}
```

程序运行结果：

```
No.       Name      Gender  Birthday
000102    Li Lin    M    1980- 5-20
000105    Xu Feng   M    1980- 8-15
000112    Wang Min  F    1980- 3-10
```

9.4.3　结构体变量和结构体指针作函数的参数

结构体变量和结构体指针都可以作函数的参数或函数的返回值。

如果使用结构体变量作函数的参数，即实参和形参均为结构体变量，当发生函数调用时传递的是结构体变量的副本，即实参的每个成员都要传递给形参。

例 9.6　使用结构体变量作函数的参数。改写例 9.5，编写一个专门的显示函数 display 来以表格形式显示结构体数组成员。

程序如下：

```
#include <stdio.h>
struct DATE
{
    int year;
    int month;
    int day;
};
struct std_info
{
    char no[20];                /*学号*/
    char name[10];              /*姓名*/
    char gender;                /*性别*/
    struct DATE birthday;       /*出生日期*/
};
/*定义并初始化一个外部结构体数组 student */
struct  std_info student[3]={{"000102","Li Lin",'M',{1980,5,20}},
                            {"000105","Xu Feng",'M',{1980,8,15}},
                            {"000112","Wang Min",'F',{1980,3,10}}};
void display(struct std_info stu);  /*函数声明*/
int main()
{
    int i;
    /*打印表头*/
    printf("No.       Name     Gender  Birthday\n");
    /*输出结构体数组内容*/
    for(i=0;  i<3;  i++)
        display(student[i]);
    return 0;
}
void display(struct std_info stu)
{
    printf("%-10s%-10s%-4c",stu.no, stu.name, stu.gender);
    printf("%4d-%2d-%2d\n",stu.birthday.year, stu.birthday.month, stu.
    birthday.day);
}
```

程序运行结果：

```
No.       Name      Gender  Birthday
000102    Li Lin    M       1980- 5-20
000105    Xu Feng   M       1980- 8-15
000112    Wang Min  F       1980- 3-10
```

如果使用结构体指针作函数的参数，当发生函数调用时传递的是结构体变量的地址，被调函数中结构体成员并不占据新的内存单元，而与主调函数中的成员共享存储单元。这种方式还可通过修改形参所指成员来直接影响实参所对应的成员值。因此，使用结构体指针作函数的参数比使用结构体变量效率要高。

例 9.7 编写程序，将已知结构体数组中姓名为 Xu Feng 的性别修改为'F'，结构体的定义及初始化数据同例 9.6。修改操作使用专门的函数 modify 来实现，并要求使用结构体指针变量作函数的参数。输出函数也使用结构体指针作函数的参数。

程序如下：

```
#include <stdio.h>
#include <string.h>
struct DATE
{
    int year;
    int month;
    int day;
};
struct std_info
{
    char no[20];                    /* 学号 */
    char name[10];                  /* 姓名 */
    char gender;                    /* 性别 */
    struct DATE birthday;           /* 出生日期 */
};
/* 定义并初始化一个外部结构体数组 student */
struct  std_info student[3]={{"000102","Li Lin",'M',{1980,5,20}},
                             {"000105","Xu Feng",'M',{1980,8,15}},
                             {"000112","Wang Min",'F',{1980,3,10}}};
void display(struct std_info *p_stu);
void modify(struct std_info *p_stu,char *name,char gender);
int main()
{
    int i;
    /* 打印表头 */
    printf("No.       Name     Gender  Birthday\n");
    /* 输出结构体数组内容 */
    for(i=0;  i<3;  i++)
        display(student+i);
    modify(student,"Xu Feng",'F');
    printf("After modify:\n");
    printf("No.       Name     Gender  Birthday\n");
    /* 输出结构数组内容 */
    for(i=0;  i<3;  i++)
        display(student+i);
    return 0;
}
void display(struct std_info *p_stu)
{
    printf("%-10s%-10s%-4c",p_stu->no, p_stu->name, p_stu->gender);
    printf("%4d-%2d-%2d\n", p_stu->birthday.year,
                            p_stu->birthday.month, p_stu->birthday.day);
}
void modify(struct std_info *p_stu,char *name,char gender)
{
    struct std_info *p;
    for (p=p_stu;p<p_stu+3;p++)
        if(strcmp(p->name,name)==0)
            p->gender=gender;
}
```

程序运行结果：

```
No.     Name     Gender  Birthday
000102  Li Lin    M    1980- 5-20
000105  Xu Feng   M    1980- 8-15
000112  Wang Min  F    1980- 3-10
After modify:
No.     Name     Gender  Birthday
000102  Li Lin    M    1980- 5-20
000105  Xu Feng   F    1980- 8-15
000112  Wang Min  F    1980- 3-10
```

9.4.4 动态内存分配函数

内存分配有静态和动态两种方式。通常定义变量(或数组)时，编译器在编译时根据该变量(或数组)的类型知道所需内存空间的大小，从而为它们分配确定的存储空间，这种方式称为静态内存分配。在程序执行过程中，根据需要动态地分配和回收内存，这种方式称为动态内存分配。静态内存分配适用于编译时就可以确定需要占用内存多少的情况，而在编译时不能确定内存需求量时可采用动态内存分配。

例如，程序中需要使用数组来存放若干整数，而要存放的整数个数是在运行过程中由用户输入的，编程前不能确定。在这种情况下，有两种解决办法：一是将数组的大小定义为足够大，这样容易造成内存空间的浪费；二是采用动态内存分配，根据需要来分配内存的大小，这种方式需要程序员自己管理(分配和释放)内存。

C语言提供了专门用于动态内存分配和释放的函数，常见的有 malloc、calloc 和 free。使用动态内存分配函数需要包含的头文件为 stdlib.h。采用动态内存分配时需要定义一个指针变量保存所分配内存的首地址。

1. malloc 函数

该函数的原型为

```
void *malloc(unsigned int size);
```

malloc 函数的功能是在内存中分配一块长度为 size 字节的连续空间，并将该空间的首地址作函数的返回值。如果分配不成功，返回值为空指针(NULL)。由于返回指针的基类型为 void，因此需要通过显式类型转换后才能存入其他基类型的指针变量中，否则会有警告提示。例如：

```
int *p;
p=(int *)malloc(sizeof(int));
```

以上语句的功能是从内存中动态分配一个整型数据空间，并将所分配空间的首地址通过(int *)转换成整型指针，然后赋给整型指针变量 p。

2. calloc 函数

该函数的原型为

```
void * calloc(unsigned n,unsigned size);
```

calloc 函数的功能是以 size 为单位大小共分配 n×size 字节的连续空间，并将该空间的首地址作函数的返回值。如果分配不成功，返回值为空指针(NULL)。例如：

```
int * p;
p=(int * )calloc(10,sizeof(int));
                        //使用 malloc 函数: p=(int * )malloc(10 * sizeof(int));
```

以上语句的功能是从内存中动态分配 10 个连续的整型数据空间，并将所分配空间的首地址通过(int *)转换成整型指针，然后赋给整型指针变量 p。

3. free 函数

不论采用以上哪种方式申请内存，最终都要用 free 函数来释放空间，不然会造成内存泄漏。free 函数的原型为

```
void free(void * p);
```

free 函数的功能是释放以前分配的由指针变量 p 指向的内存空间。

例 9.8 使用动态内存分配函数创建动态数组。从键盘输入数组大小 n，然后输入 n 名学生的成绩存放到数组中，最后计算平均成绩并输出。

程序如下：

```
#include <stdio.h>
#include <stdlib.h>
int main()
{
    int n,sum=0;
    int * score, * p;
    printf("Input student number:\n");
    scanf("%d",&n);                           /* 输入学生个数 n * /
    score=(int * )malloc(n * sizeof(int));    /* 动态内存分配 * /
    printf("Input %d scores:\n",n);
    for(p=score;p<score+n;p++)
    {
        scanf("%d",p);
        sum+= * p;
    }
    printf("Average=%d",sum/n);
    free(score);          /* 释放动态分配的内存空间 * /
    return 0;
}
```

程序运行结果：

```
Input student number:
5
Input 5 scores:
87 96 64 77 82
Average=81
```

9.4.5 使用 typedef 定义类型名

通过前面的学习,已经知道结构体类型由关键字 struct 和结构体名组成,它们是不可分割的整体,如 struct STU。与其他基本类型名不同的是,结构体类型名由两个单词组成,书写起来很不方便,对于初学者来说也很容易出错。为了简化书写,C 语言提供了关键字 typedef 来为已有的类型创建一个新名,从而增加程序的美观性和可读性。例如:

```
typedef struct STU STUDENT;
```

为结构体类型 struct STU 起了一个新名 STUDENT,以后就可以使用 STUDENT 来定义相应的结构体变量,例如:

```
STUDENT stu1,stu2, * pstu;
```

使用 typedef 为结构体类型起别名应用得最为广泛,因为这样可以简化书写。除此以外,typedef 还可用于为其他类型起别名,其一般形式为

```
typedef 原类型名 新类型名;
```

例如:

```
typedef int INTEGER;          /* 为 int 类型起一个新名 INTEGER */
typedef float REAL;           /* 为 float 类型起一个新名 REAL */
INTEGER i,j;                  /* 使用新名 INTEGER 定义整型变量 i 和 j */
REAL a,b;                     /* 使用新名 REAL 定义单精度实型变量 a 和 b */
```

对于结构体类型,除了可以为已定义的结构体类型起新名(如 typedef struct STU STUDENT;)外,也可以在定义结构体类型的同时为其声明新名。例如:

```
typedef struct STU
{
    int   num;
    char  name[10];
    char  gender;
    float  score;
}STUDENT;
```

或

```
typedef struct                /* 没有结构体名 */
{
    int   num;
    char  name[10];
    char  gender;
    float  score;
}STUDENT;
```

以上两种方式都为结构体类型起了一个新名 STUDENT。二者的区别在于:前者书写了结构体名,因此以后除了使用 STUDETN 外,仍可以使用 struct STU 来定义结构体变量;后者没有写结构体名,因此以后只能使用 STUDETN 来定义结构体变量。

另外，还可以为数组和指针类型起新名，具体形式如下：

```
typedef int ARRAY[10];         /* 定义 ARRAY 是含有 10 个数的整型数组类型 */
typedef char * STRING;         /* 定义 STRING 是字符指针类型 */
ARRAY a;                       /* 定义 ARRAY 类型(10 个数的整型数组)的变量 a */
STRING p;                      /* 定义 STRING 类型(字符指针类型)的变量 p */
```

由此可见，使用 typedef 为基本类型起别名书写起来比较简单，而为数组、指针、结构体类型起别名则看起来比较复杂，很容易与变量定义混淆。为此，下面总结了使用 typedef 声明新类型名的具体步骤。

(1) 按照定义变量的方法书写，只是将原来变量名的位置写成希望定义的类型名(例如，int INTEGER;)。

(2) 在前面加上关键字 typedef(例如，typedef int INTEGER;)。

需要特别说明的是，使用 typedef 的目的是简化书写，增加程序的可读性，这在为结构体类型定义新名时显得尤为有用。而为数组类型起别名的方式比直接定义数组显得更加麻烦，违背了简化程序的目的，因此不宜提倡。

另外，为了突出新类型名，习惯上写新类型名时使用大写字母，但是使用小写字母也是可以的。

9.5 链　　表

链表

9.5.1 链表的基本概念及结点定义

链表是一种重要的数据结构，可以通过使用 9.4.4 节介绍的动态内存分配函数构建动态分配的存储结构。链表由一系列结点组成，结点可以在运行时动态生成。每个结点包括两部分。

- 数据域：存储数据元素。
- 指针域：存储下一个结点的地址。

链表可分为单链表、循环链表和双向循环链表等，单链表又可分为带头结点的单链表和不带头结点的单链表两种。顾名思义，单链表中的结点是单向排列的，当前结点只存储其下一个结点(又称后继结点)的地址。而双向链表中的结点既存储其后一个结点的地址，也存储其前一个结点(又称前趋结点)的地址。图 9.4 显示了 4 种常见的链表结构。

本节主要针对不带头结点的单链表介绍其特点和基本操作，使读者对链表结构有一个初步的认识。有关链表的详细内容将在“数据结构”课程中介绍。

在链表结构中，指向第一个结点的指针称为头指针，如图 9.4 中的 head 指针。如果头指针为空，则称该链表为空链表。链表中最后一个结点称为尾结点，尾结点的指针域不再指向任何结点，一般放入 NULL(空)作为链表结束的标志。

链表中的结点可以使用结构体类型来定义。为了操作方便，要求所有结点采用相同的结构体类型，因此结点中的指针一定是指向自身结构体类型的指针。链表中定义结点

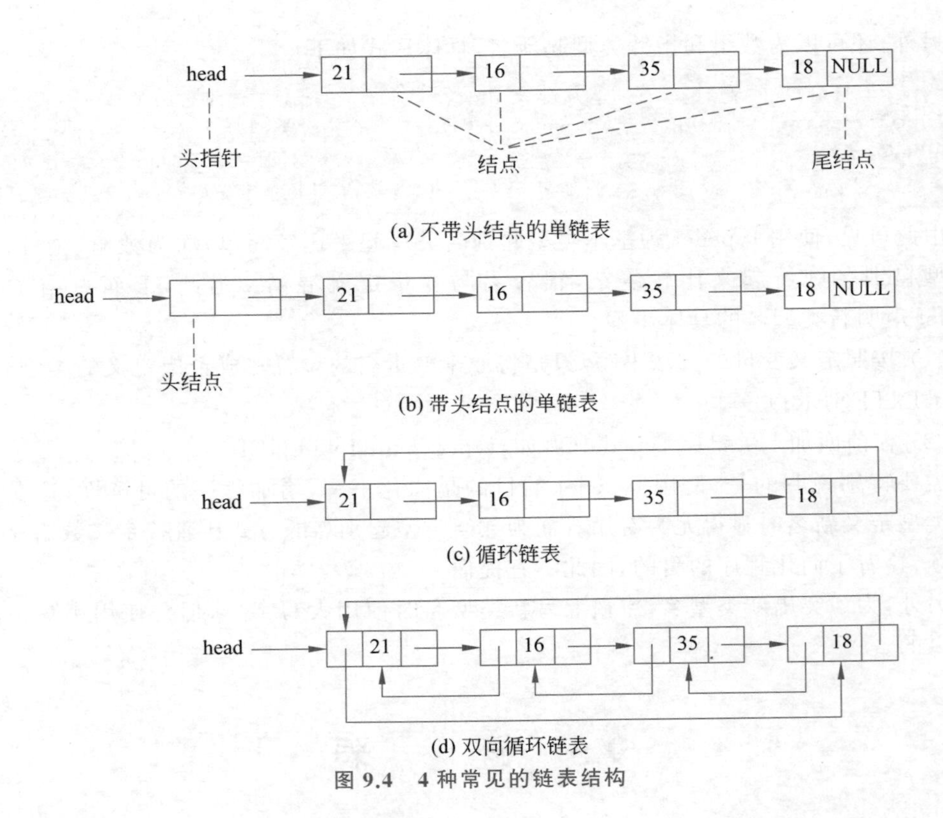

图 9.4　4 种常见的链表结构

的一般形式如下：

```
struct 结点结构体类型名
{
    数据成员的定义;
    struct 结点结构体类型名 * 指针变量名;
};
```

例如，以下定义了一个包含学生姓名和成绩的结点结构，为以后书写方便，又将其重命名为 NODE。

```
typedef struct STU
{
    char name[10];
    int score;
    struct STU * next;
}NODE;
```

9.5.2　链表的基本操作

对链表的基本操作包括创建、输出、插入、删除和销毁等。本节使用的结点结构均为 9.5.1 节定义的 NODE 结构。

1. 链表的创建

创建链表是指在程序执行过程中从无到有地建立一个链表，即往空链表中依次插入若干结点，并建立前后链接的关系。

在创建链表过程中，将使用 3 个指向结点结构的指针变量：第一个为头指针(head)，它总是指向链表的第一个结点，将来作为函数的返回值；第二个为尾指针(tail)，它总是指向链表的最后一个结点，方便新结点在表尾插入；第三个当前指针(p)用来指向新申请的结点。创建链表的基本步骤如下。

(1) 创建第一个结点，输入结点数据域的数据项，并将指针域置为空(链尾标志)。

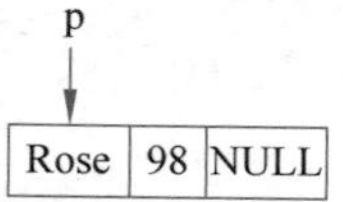

(2) 将头指针和尾指针都指向第一个结点。

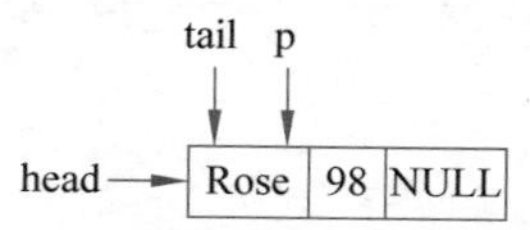

(3) 创建下一个新结点，并将其链接到表尾。

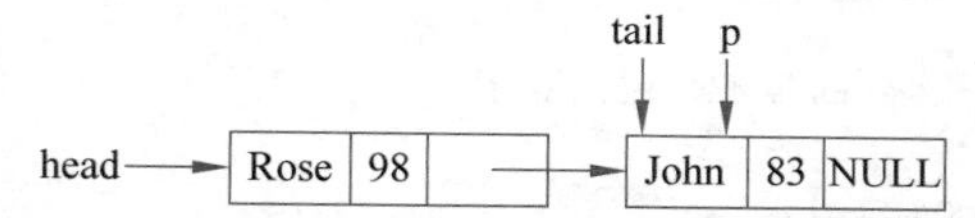

(4) 判断是否有后续结点要接入链表，如果有则转到第(3)步，否则结束。

例 9.9 定义创建链表的函数，输入的成绩值为−1 表示结束创建链表。

```
NODE * create()
{
    NODE * head=NULL, * p, * tail;              /* 定义头指针、当前指针和尾指针 */
    p=(NODE *)malloc(sizeof(NODE));             /* 创建第一个结点 */
    printf("Input name and score:\n");
    scanf("%s%d", p->name,&p->score);
    p->next=NULL;
    if(p->score!=-1)
        head=tail=p;                            /* 设置头指针和尾指针 */
    while(p->score!=-1)
    {
        p=(NODE *)malloc(sizeof(NODE));         /* 创建新结点 */
        printf("Input name and score:\n");
        scanf("%s%d", p->name,&p->score);
        p->next=NULL;
        if(p->score!=-1)
        {
            tail->next=p;                       /* 将新结点插入表尾 */
            tail=p;                             /* 更新尾指针 */
        }
    }
    return head;
}
```

2. 链表的输出

输出链表是指将链表中各结点数据域的值分别显示。通过对输出的简单修改,可以很容易实现查找、修改等操作。

输出链表的基本思路如下。

(1) 首先让一个结构体指针指向链表的第一个结点,作为输出的起始位置。

```
p=head;
```

(2) 沿着链表的 next 域输出每个结点,每输出一个结点让 p 指向下一个结点。

```
p=p->next;
```

(3) 若 p==NULL 则结束,否则转到第(2)步。

例 9.10 输出链表的函数定义。

```
void print(NODE * head)
{
    NODE * p;
    p=head;                             /* p 指向表头 */
    if(head==NULL)
        printf("List is empty!\n");
    while(p!=NULL)                      /* 判断是不是尾结点 */
    {
        printf("%s\t%d\n",p->name,p->score);
        p=p->next;                      /* p 指向下一个结点 */
    }
}
```

3. 链表的插入

链表的插入操作是指将一个结点插入一个已有的链表中。插入位置可以是表头、表尾或表中。常见的插入操作是针对有序表进行的,有序表是指链表中结点的顺序是按照关键值有序排列的。如图 9.5 所示的链表结构就是一个按成绩升序排列的有序表。

head → | Rose | 78 | | → | Jake | 83 | | → | John | 95 | NULL |

图 9.5 按成绩升序排列的有序表

假设 s 指向待插入的结点,现要将 s 所指结点插入如图 9.5 所示的有序表中,并确保插入后的链表仍为有序表(见图 9.6)。实现该插入操作的基本步骤如下。

(1) 首先根据成绩进行查找操作,找到第一个成绩大于要插入结点成绩的结点,并让一个指针变量 p 指向该结点。为了便于实现插入操作,还需要记录前一个结点的地址,如让指针变量 p1 指向前一个结点。p 和 p1 初始时都指向头结点。

(2) 修改指针,将结点插入链表中。

- 若插入的结点作为链表的第一个结点,如图 9.6(a)所示,则需修改头指针:

```
s->next=head;head=s;
```

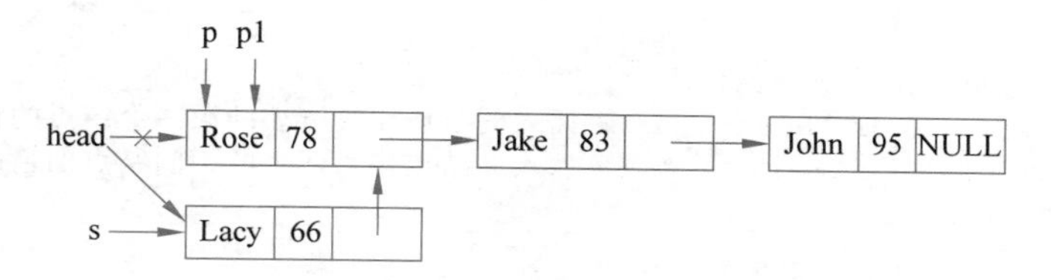

(a) 插入的结点作为链表的第一个结点

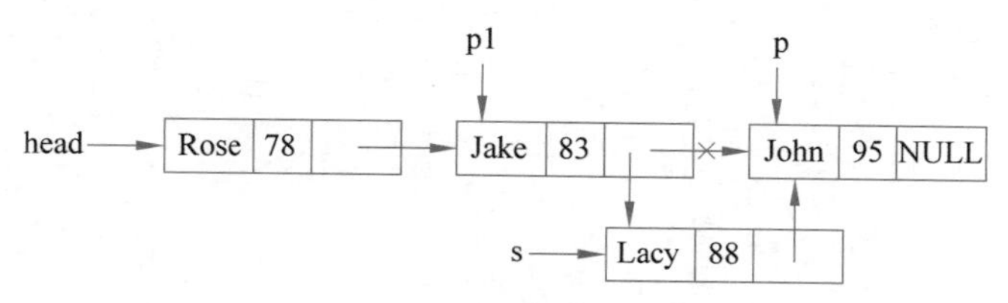

(b) 插入的结点作为链表的中间结点

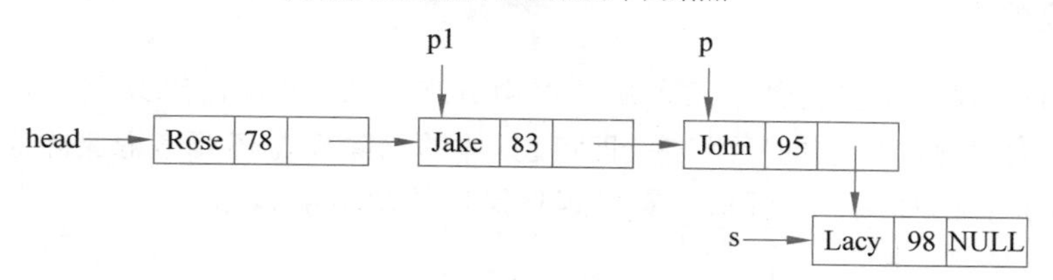

(c) 插入的结点作为链表的最后一个结点

图 9.6　向链表中插入结点

- 若插入的结点作为链表的中间结点，如图 9.6(b)所示，需进行的操作为

```
s->next=p; p1->next=s;
```

- 若插入的结点作为链表的最后一个结点，如图 9.6(c)所示，这种情况出现在要插入结点的成绩比链表中所有结点的成绩都大，而通过查找操作 p 已经指向原链表的尾结点，此时需进行的操作为

```
p->next=s; s->next=NULL;
```

例 9.11　向链表中插入结点的函数定义。由于插入的结点可能在链表的开头，从而造成对链表头指针的修改，所以将链表的头指针作为函数的返回值。

```
NODE *insert(NODE *head,NODE *s)
{
    NODE *p=head, *p1=head;
    if (p==NULL)
    { head=s;s->next=NULL; }          /*链表为空的情况*/
    else
    {
        while(p->score<s->score&&p->next!=NULL)
        {                             /*查找插入位置*/
            p1=p;
            p=p->next;
```

```
        }
        if (p->score>s->score) {
            if (p==head)   head=s;    /* 插入的结点作为链表的第一个结点的情况 */
            else p1->next=s;          /* 插入的结点作为链表的中间结点的情况 */
            s->next=p;
        }
        else
        {                             /* 插入的结点作为链表的最后一个结点的情况 */
            p->next=s;
            s->next=NULL;
        }
    }
    return head;
}
```

4. 链表的删除

链表的删除操作是指将某个结点从链表中分离出来，也就是修改该结点的前趋结点指针，使其指向要删除结点的后继结点即可，具体的删除操作还要考虑删除表头结点和删除表尾结点的情况，如图 9.7 所示。实现删除操作的基本步骤如下。

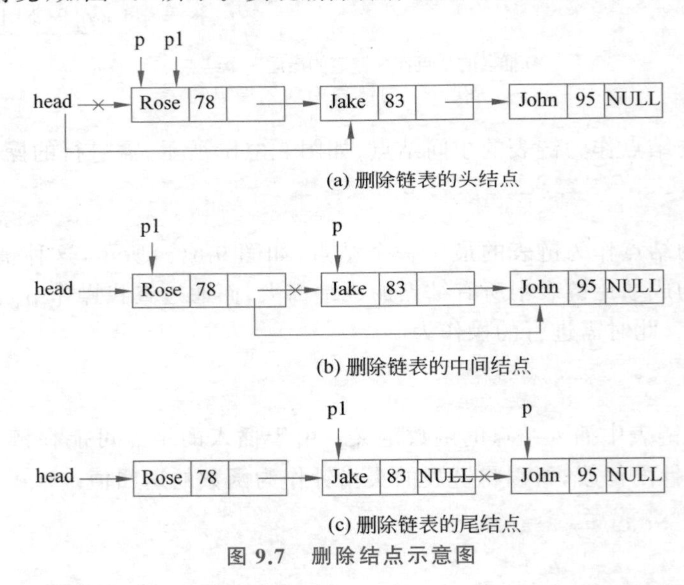

图 9.7　删除结点示意图

（1）首先进行查找操作，找到要删除的结点，并让一个指针变量 p 指向该结点，为了便于实现删除操作，还需要记录前一个结点的地址，如让指针变量 p1 指向前一个结点。p 和 p1 初始时都指向头结点。

（2）修改指针，将结点从链表中删除。

- 若删除的结点为链表的头结点，如图 9.7(a)所示，则需修改头指针：

```
head=p->next;
```

- 若删除的结点在链表中间，如图 9.7(b)所示，需进行的操作为

```
p1->next=p->next;
```

• 若删除的结点为链表的尾结点，如图 9.7(c)所示，需进行的操作为

```
p1->next=NULL;
```

此时，p－＞next 的值为 NULL，为了简化程序，可以将这种情况与删除链表的中间结点的情况合并，也使用如下操作：

```
p1->next=p->next;
```

(3) 释放被删除结点的空间。

```
free(p);
```

例 9.12 删除链表中某结点的函数定义。由于删除的结点可能在链表的开头，从而造成对链表头指针的修改，所以将链表的头指针作为函数的返回值。

```
NODE *del(NODE *head,char *del_name)
{
    NODE *p,*p1;
    if (head==NULL)
        printf("链表为空,不能进行删除结点操作!");
    else
    {
        p=head;
        while(strcmp(p->name,del_name)!=0&&p->next!=NULL)
        {   /*查找删除位置*/
            p1=p;
            p=p->next;
        }
        if (strcmp(p->name,del_name)==0)
        {
            if (p==head)  head=p->next;         /*删除链表的表头结点*/
            else p1->next=p->next;              /*删除链表中间结点或尾结点*/
            free(p);                            /*释放删除结点的内存空间*/
        }
        else printf("没有该学生的记录! \n");
    }
    return(head);
}
```

5. 链表的销毁

销毁链表是指将创建的链表从内存中释放，也就是将链表中的每个结点空间逐一释放，释放结点空间可以使用 free 函数。

实现销毁链表的基本思路：从链表头开始，逐一释放每个结点空间。设置一个指针变量 p 用来指向要释放空间的结点，其初值为头指针 head，即指向第一个结点。然后反复执行让头指针 head 后移，并释放 p 所指向的结点，然后 p 再赋值为 head。直到将所有空间都释放完为止。

例 9.13　销毁链表的函数定义。

```
void destroy(NODE * head)
{
    NODE * p;
    p=head;
    while(p!=NULL)
    {
        head=p->next;
        free(p);
        p=head;
    }
}
```

下面将以上介绍的各个函数组合到一个程序中，首先调用 create 函数创建一个链表并输出该链表，然后分别进行插入和删除操作，最后将链表销毁。

例 9.14　链表综合举例。实现链表的创建、输出、插入、删除和销毁操作。

程序如下：

```
#include <stdio.h>
#include <stdlib.h>
#include <string.h>
typedef struct STU
{
    char name[10];
    int score;
    struct STU * next;
}NODE;
NODE * create();
NODE * insert(NODE * head,NODE * s);
NODE * del(NODE * head,char * del_name);
void print(NODE * head);
void destroy(NODE * head);
int main()
{
    NODE * head=NULL;
    NODE * ins;
    char name[10];
    /* 创建链表 */
    printf("Create a list, end of score with -1.\n");
    head=create();
    printf("The list is:\n");
    print(head);
    /* 向链表中插入结点 */
    ins=(NODE *)malloc(sizeof(NODE));   /* 为插入的结点申请空间 */
    printf("Input name and score of insert node:\n");
    scanf("%s%d",ins->name,&ins->score);
    head=insert(head,ins);
    printf("The list after insert is:\n");
    print(head);
    /* 从链表中删除结点 */
```

```
    printf("Input name to delete:\n");
    scanf("%s",name);
    head=del(head,name);
    printf("The list after delete is:\n");
    print(head);
    /* 销毁链表 */
    destroy(head);
    printf("List is destroyed!\n");
    return 0;
}
/* 此处省略了 create、insert、del、print 和 destroy 函数的定义 */
```

程序运行结果：

```
Create a list, end of score with -1.
Input Name and score:
Rose 78
Input Name and score:
Jake 83
Input Name and score:
John 95
Input Name and score:
a -1
The list is:
Rose    78
Jake    83
John    95
Input name and score of insert node:
Lacy 88
The list after insert is:
Rose    78
Jake    83
Lacy    88
John    95
Input name to delete:
Jake
The list after delete is:
Rose    78
Lacy    88
John    95
List is destroyed!
```

9.5.3 链表结构与数组结构的比较

当需要处理同类型的多个数据时，可以选用数组或链表结构。具体选择哪种结构，需要根据对数据进行的操作来权衡。

数组是将元素在内存中连续存放，由于每个元素占用的内存空间相同，所以可以通过下标快速访问数组中任何元素。但是如果要在数组中插入一个元素，则需要移动大量元素，从而为要插入的元素腾出空间，然后再将要插入的元素放在其中。如果想删除一个元素，同样需要移动大量元素以覆盖被删除的元素。另外，数组必须事先定义固定的长度(元素个数)，不能适应数据动态增减的情况。当数据增加时，可能超出原先定义的元素个数；当数据减少时，会造成内存空间的浪费。

链表恰好相反，链表中的元素在内存中不是顺序存储的，而是通过存放在结点中的指针链接到一起。如果要访问链表中的某个结点，需要从第一个结点开始，一直找到需要的数据为止。但是增加和删除一个元素对于链表结构则显得非常简单，只要修改结点中的指针即可。另外，链表实现了动态内存分配，可以适应数据动态增减的情况，从而可以节省内存，提高操作效率。

从上面的比较可以看出，如果需要快速访问数据，很少或不插入和删除元素，就应该用数组；相反，如果存储空间需求不确定，并需要经常插入和删除元素，就应该选用链表结构。

9.6 共 用 体

共用体（又称联合体）是一种类似于结构体的构造数据类型。与结构体相同的是，可以将不同类型的数据进行统一组织；与结构体不同的是，这些不同类型的数据不会同时存在，某一时刻只有一种数据存在，因此这些不同类型的数据共享一块存储空间。共用体实际上是采用了覆盖技术，准许不同类型的数据互相覆盖，这些不同类型、占用不同大小空间的数据都是从共享空间的起始位置开始占用存储空间。由于不同类型的数据不会同时存在，因而比使用结构体存储数据节约存储空间。

9.6.1 共用体类型及其变量的定义

1. 共用体类型的定义

定义共用体类型与定义结构体类型非常相似，仅仅是将关键字 struct 换成关键字 union，一般格式如下：

```
union 共用体名
{
    类型 1  成员 1;
    类型 2  成员 2;
    ⋮
    类型 n  成员 n;
};
```

同结构体类型定义一样，共用体类型的定义只是规定了共用体的构成形式，并不产生存储分配，也就是说，共用体类型定义只规定了共用体使用内存的模式。例如：

```
union  mydata
{
    char  i;
    float x;
    int  q;
};
```

上面定义了一种新的数据类型 union mydata，它由 3 个成员组成，3 个成员共享存储空间。

2. 共用体变量的定义

与结构体变量的定义方法类似，共用体变量也有 3 种定义方式。

(1) 先定义类型,后定义变量。

在有了上面的类型定义后,可以如下方式定义变量:

```
union  mydata  a,b;
```

(2) 类型定义与变量定义一起完成。

```
union  mydata
{
    char  i;
    float x;
    int  q;
}a,b;
```

(3) 类型定义与变量定义一起完成,但不规定共用体名。

```
union
{
    char  i;
    float x;
    int  q;
}a,b;
```

上述 3 种方式定义的变量是等价的,变量 a 和 b 都是共用体变量,它们都有 3 个成员,编译时系统会按照 3 个成员中最大的成员分配存储空间,对于 Visual C++ 来说,int 变量和 float 变量都占 4 字节,因此,共用体变量 a 和 b 都将占 4 字节。

3. 共用体变量的引用

引用共用体变量的方法与引用结构体变量相同,可以使用成员运算符或者指向运算符。例如:

```
union  mydata  a,b,*p;
p=&a;
```

则下列引用都是合法的:

```
a.x,  p->x,  a.q,  p->q
```

共用体变量的特点如下。

(1) 共用体变量及其所有成员拥有相同的起始地址。

(2) 共用体所有成员共享同一起始地址的内存空间,但在同一时刻,只有一个成员使用该起始地址空间,只有最后被赋值的成员有效,前面的成员值被新赋值的成员值覆盖。

(3) 不允许对共用体变量赋值,只能对共用体变量的成员进行赋值。

9.6.2 使用共用体变量解决问题

使用共用体变量时,参与运算的是共用体变量的成员,而不是共用体变量整体。对于共用体变量可以进行如下运算。

(1) 对共用体变量进行取地址运算。

(2) 两个具有相同共用体类型的变量可以相互赋值。

(3) 共用体变量可以作参数传递给被调函数。

(4) 共用体变量可以作函数的返回值,从被调函数返回调用函数。

在对共用体变量的成员进行赋值和引用时,要特别注意最后存放的是哪个成员,否则可能会造成错误。共用体变量初始化时,只可初始化一个成员(按照成员数据类型)。

例 9.15 学校的人员数据管理。教师的数据包括编号、姓名、性别、职务,学生的数据包括编号、姓名、性别、班号。如果将两种数据放在同一个表格中,那么有一栏,对于教师登记教师的职务,对于学生则登记学生的班号(对于同一人员不可能同时出现)。写出类型定义,并编写输入信息,输出信息的程序代码。

程序如下:

```
#include <stdio.h>
#include <ctype.h>
struct person  /* 结构体类型定义 */
{
    int num; char name[20]; char gender; char job; /* 人员标志: s为学生,t为教师 */
    union  /* 匿名共用体类型定义,并定义共用体变量 category作外层结构体的成员 */
    {
        int grade;
        char position[20];
    }category;
};
int input(struct person ps[])  /* 输入人员信息,返回人员数 */
{
    int i;
    for(i=0;i<20;i++)           /* 循环输入,如果满20个或遇到编号-1结束循环 */
    {
        printf("num:");  scanf("%d",&ps[i].num);  getchar();
                                /* 用于吸收末尾的回车符 */
        if(ps[i].num==-1)break;

        printf("name:"); scanf("%s",&ps[i].name); getchar();
        printf("gender:");  scanf("%c",&ps[i].gender);  getchar();
        printf("job(s-student,t-teacher):");  scanf("%c",&ps[i].job);
        getchar();

        if(toupper(ps[i].job)=='S')           /* 如果是学生的信息 */
    {
        printf("grade:");  scanf("%d",&ps[i].category.grade);  getchar();
    }
    else                                      /* 否则是教师的信息 */
    {
        printf("position:");scanf("%s",&ps[i].category.position);
        getchar();
    }
  }
  return i;                                   /* 返回输入人员数 */
```

```
}
void output(struct person ps[],int n)                    /* 输出人员信息 */
{
  int i;

  printf("num\tname\tgender\tjob\tcategory:\n");         /* 打印表头 */
  for(i=0;i<n;i++)                                       /* 循环输出 */
  {
    if(toupper(ps[i].job)=='S')
        printf("%ld\t%s\t%c\t%c\t%d\n",ps[i].num,ps[i].name,
            ps[i].gender,ps[i].job,ps[i].category.grade);
    else
        printf("%d\t%s\t%c\t%c\t%s\n",ps[i].num,ps[i].name,
            ps[i].gender,ps[i].job,ps[i].category.position);
  }
}
int main()
{
  int n;
  struct person ps[20];                                  /* 人员情况数组 */
  n=input(ps);                                           /* 输入数据 */
  output(ps,n);                                          /* 输出数据 */
  return 0;
}
```

程序运行结果：

```
num:11301
name:zhang
gender:f
job(s-student,t-teacher):s
grade:0301
num:99101
name:liu
gender:m
job(s-student,t-teacher):t
position:prof
num:11201
name:li
gender:m
job(s-student,t-teacher):s
grade:0201
num:-1
num     name    gender  job     category:
11301   zhang   f       s       301
99101   liu     m       t       prof
11201   li      m       s       201
```

9.7 枚举类型

在实际问题中，有些变量的取值被限定在一个有限的范围内。例如，一个星期内只有7天，一年只有12个月，一个班每周有6门课程，等等。如果把这些量说明为整型、字符型或其他类型显然是不妥当的。为此，C语言提供了枚举类型。在枚举类型的定义中列举出所有可能的取值，被说明为该枚举类型的变量取值不能超过定义的范围。需要说明的是，枚举类型是一种基本数据类型，而不是一种构造类型，因为它不能再分解为任何基本类型。

9.7.1 枚举类型的定义和枚举变量的说明

1. 枚举类型的定义

枚举类型定义的一般形式为

```
enum 枚举名{ 枚举值表 };
```

在枚举值表中应罗列出所有可用值，这些值也称枚举元素。例如：

```
enum weekday{ sun,mon,tue,wed,thu,fri,sat };
```

该枚举名为 weekday，枚举值共有 7 个，即一周中的 7 天。凡被声明为 enum weekday 类型变量的取值只能是 7 天中的某天。

2. 枚举变量的声明

如同结构体变量和共用体变量一样，枚举变量也可用不同的方式声明，即先定义后声明、同时定义声明或直接声明。设有变量 a,b,c 被声明为上述的 enum weekday，可采用下述任一种方式：

```
enum weekday{ sun,mon,tue,wed,thu,fri,sat };
enum weekday a,b,c;
```

或者

```
enum weekday{ sun,mon,tue,wed,thu,fri,sat }a,b,c;
```

或者

```
enum { sun,mon,tue,wed,thu,fri,sat }a,b,c;
```

9.7.2 枚举类型变量的赋值和使用

枚举类型在使用中有以下规定：

(1) 枚举值是常量，不是变量。不能在程序中用赋值语句再对它赋值。例如，对枚举 weekday 的元素再作以下赋值：

```
sun=5;
mon=2;
sun=mon;
```

都是错误的。

(2) 枚举元素本身由系统定义了一个表示序号的数值，从 0 开始顺序定义为 0,1,2,…。如在 weekday 中，sun 值为 0，mon 值为 1，…，sat 值为 6。

例如：

```
#include <stdio.h>
int main()
{
    enum weekday
    { sun,mon,tue,wed,thu,fri,sat } a,b,c;
    a=sun;
    b=mon;
    c=tue;
    printf("%d,%d,%d\n",a,b,c);
    return 0;
}
```

程序运行结果：

```
0,1,2
```

说明：只能把枚举值赋给枚举变量，不能把元素的数值直接赋给枚举变量。例如：

```
a=sum;
b=mon;
```

是正确的，而

```
a=0;
b=1;
```

是错误的。如一定要把数值赋给枚举变量，则必须用强制类型转换。例如：

```
a=(enum weekday)2;
```

其意义是将顺序号为 2 的枚举元素赋给枚举变量 a，相当于

```
a=tue;
```

还应该说明的是，枚举元素不是字符常量，也不是字符串常量，使用时不要加单引号或双引号。

例如：

```
#include <stdio.h>
int main()
{
    enum body
    { a,b,c,d } month[31],j;
    int i,k=0;
    j=a;
    for(i=1;i<=30;i++)
    {
        month[i]=j;
        k++;
        if(k>3)
            k=0;
        j=(enum body)k;
    }
```

```
    for(i=1;i<=30;i++)
    {
        switch(month[i])
        {
          case a:printf(" %2d  %c\t",i,'a'); break;
          case b:printf(" %2d  %c\t",i,'b'); break;
          case c:printf(" %2d  %c\t",i,'c'); break;
          case d:printf(" %2d  %c\t",i,'d'); break;
          default:break;
        }
        if(i%4==0)
            printf("\n");
    }
    printf("\n");
    return 0;
}
```

程序运行结果：

```
 1  a    2  b    3  c    4  d
 5  a    6  b    7  c    8  d
 9  a   10  b   11  c   12  d
13  a   14  b   15  c   16  d
17  a   18  b   19  c   20  d
21  a   22  b   23  c   24  d
25  a   26  b   27  c   28  d
29  a   30  b
```

使用枚举类型时应注意以下 6 个问题。

(1) 枚举类型是一个集合，集合中的元素(枚举成员)是一些命名的整型常量，元素之间用逗号(,)隔开。

(2) weekday 是一个标识符，可以看成这个集合的名字，是一个可选项，即可有可无的项。

(3) 第一个枚举成员的默认值为整型的 0，后续枚举成员的值在前一个成员上加 1。

(4) 可以人为设定枚举成员的值，从而自定义某个范围内的整数。

(5) 当需要使用＃define 定义多个宏名时，可以使用枚举类型替代。

(6) 类型定义以分号(;)结束。

例 9.16 编写一个程序，已知某天是星期几，计算出下一天是星期几。要求使用枚举变量。

程序如下：

```
#include <stdio.h>
enum day {Sun,Mon,Tue,Wed,Thu,Fri,Sat}d1,d2;
enum day day_after(enum day d)
{
    return((enum day)(((int)d+1)%7));
}
int main()
{
    char * str[7]={"Sun","Mon","Tue","Wed","Thu","Fri","Sat"};
    d1=Sat;
```

```
    d2=day_after(d1);
    printf("%s\n",str[(int)d2]);
    return 0;
}
```

程序运行结果：

```
Sun
```

本例程序中有两点需要注意。

(1) 本例中，被调函数的参数使用了枚举变量，并且该函数的返回值也是枚举变量。由此可见，枚举变量可用来作函数的参数和函数的返回值。

(2) 枚举符是一个名字，它具有 int 型值。可用它直接给枚举变量赋值，但要求是对应枚举表中的枚举符。不能使用%s 格式直接输出枚举符的名字，如果需要输出枚举符的名字时，本例是通过字符数组进行转换的。

习　题　9

一、选择题

1. 设有以下说明语句：

```
struct STU
{
    int a;
    float b;
}stutype;
```

则以下叙述中不正确的是________。

A. stutype 是用户自定义的结构体类型名

B. stutype 是用户自定义的结构体变量名

C. struct STU 是用户自定义的结构体类型

D. struct 是定义结构体类型的关键字

2. 有如下结构体的定义，以下 scanf 语句中对结构体变量成员引用不正确的是________。

```
struct PEOPLE
{
    char name[20];
    int age;
    char gender;
}peo[10], * p;
p=peo;
```

A. scanf("%s",peo[0].name);　　B. scanf("%d",&peo[0].age);

C. scanf("%c",&(p.gender));　　D. scanf("%d",&p->age);

3. 已知学生信息描述如下：

```
struct DATE
{
    int year;
    int month;
    int day;
};
struct STU
{
    int no;                 /* 学号 */
    char name[20];          /* 姓名 */
    char gender;            /* 性别 */
    struct DATE birth;      /* 生日 */
};
struct STU s;
```

设变量 s 中的生日为 2008 年 8 月 18 日，下列对生日的正确赋值方式是________。

A. year=2008;month=8;day=18;

B. birth.year=2008;birth.month=8;birth.day=18;

C. s.birth.year=2008;s.birth.month=8;s.birth.day=18;

D. s.year=2008;s.month=8;s.day=18;

4. 设有以下语句：

```
typedef struct TEST
{
    int x;
    int y;
}POINT;
```

则下列叙述正确的是________。

A. 可以用 TEST 定义结构体变量

B. 可以用 POINT 定义结构体变量

C. POINT 是 struct 类型的变量

D. POINT 是 struct TEST 类型的变量

5. 现有以下结构体类型的定义和变量声明。

```
struct NODE
{
    char data ;
    struct NODE * next;
} * p, * q, * r ;
```

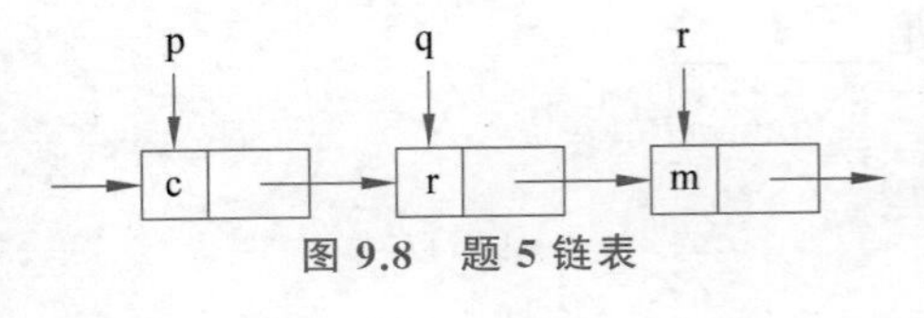

图 9.8 题 5 链表

如图 9.8 所示，指针 p、q、r 分别指向一个链表中连续的 3 个结点。现要将 q 和 r 所指结点交换前后位置，同时要保持链表的连续，以下不能完成此操作的语句是________。

A. q->next=r->next;p->next=r;r->next=q;

B. q->next=r->next;r->next=q;p->next=r;

C. p－＞next＝r;q－＞next＝r－＞next;r－＞next＝q;

D. r－＞next＝q;p－＞next＝r;q－＞next＝r－＞next;

二、程序分析题

1. 以下程序的输出结果是________。

```
#include <stdio.h>
struct test
{
    int data;
    int * next;
};
int i_arr[4]={10,20,30,40 };
struct test s_arr[4]={50,&i_arr[2],60,&i_arr[0],70,&i_arr[3],80,&i_arr[1],};
int main()
{
    struct test * p;
    for(p=s_arr;p<s_arr+4;p++)
        printf("%d\n", * (p->next));
    return 0;
}
```

2. 以下程序的输出结果是________。

```
#include <stdio.h>
struct stu
{
    char name[10];
    char addr[20];
    int age;
};
void fun(struct stu * p)
{
    printf("%s\n",p->name);
}
int main()
{
    struct stu students[3]={{"Zhang","Beijing",18},
                            {"Wang","Shanghai",21},
                            {"Zhao","Nanjing",38}};
    fun(students+2);
    return 0;
}
```

三、程序填空题

1. 某班30名学生，共上了5门课程。以下程序实现了计算每名学生的平均成绩，并按照表格结构输出所有学生信息的功能。每名学生的信息包括学号、姓名、各门课程的成绩和平均成绩。试将程序补充完整。

```
#include <stdio.h>
#include <string.h>
#define NUM 30
struct STU
{
    int id;                 /* 学号 */
    char name[10];          /* 姓名 */
    int score[5];           /* 5门课程的成绩 */
    int ave;                /* 平均成绩 */
}student[30];
int main()
{
    int sum,i,j;
    for(i=0;i<NUM;i++)
    {
        printf("Please input No.%d student's info(id/name/5 scores):\n",
        i+1);
        scanf("%d%s",&student[i].id,student[i].name);
        for(j=0;j<5;j++)
            scanf("%d",_______________);     /* 读入学生成绩 */
    }
    for(i=0;i<NUM;i++)
    {
        sum=0;
        for(j=0;j<5;j++)
            sum=sum+student[i].score[j];
            _______________;                 /* 求平均成绩 */
    }
    printf("ID\tName\tScore1\tScore2\tScore3\tScore4\tScore5\tAverage\n");
    for(i=0;i<NUM;i++)
    {
        printf("%d\t%s\t",student[i].id,student[i].name);
        for(j=0;j<5;j++)
            printf("%d\t",student[i].score[j]);
        printf("%d\n",student[i].ave);
    }
    return 0;
}
```

2. 已知某链表的结点结构如下，average 函数用来求链表中所有结点 sage 元素的平均值，并将平均值作函数的返回值。试将程序补充完整。

```
struct worker
{
    int id;
    float sage;
    struct worker *next;
};
float average(struct worker *head)
{
    struct worker *p;
    float sum=0;
```

```
    p=head;                                     /* p指向表头 */
    while(______________)                       /* 判断是否是尾结点 */
    {
        sum=sum+p->sage;
        ______________                          /* p指向下一个结点 */
    }
}
```

四、编程题

1. 某班采用无记名投票方式选班长，班里人数共 60 人，班长候选人为 5 人。每人只能从候选人中选择一位。编写一个程序，用来统计所有班长候选人的得票数。5 位候选人的信息要求使用结构体数组来存放，例如：

```
struct candidate
{
    char name[20];                          /* 姓名 */
    int  num;                               /* 得票数 */
} monitor[5]={"Zhang",0,"Wang",0, "Li",0, "Zhao",0, "Song",0};
```

2. 为例 9.14 再增加一个函数 nopass，该函数的功能是统计不及格学生的个数，并将不及格学生的信息输出，不及格学生的个数作函数的返回值，将函数的定义写完整。函数原型为

```
int nopass(NODE *head);
```

第10章 文件

案例导入——学生成绩存储

【问题描述】 编写程序，输入计算机专业80名学生的学号、姓名、性别以及数学、英语、计算机成绩，并存入文件中；通过读取文件，统计每名学生的总成绩并写入文件中。

【解题分析】 在前面的学习中，每次运行程序时所需的数据都是通过键盘输入，求解出的结果都是通过显示器输出，其功能相对较简单。如果需要输入大量的已知数据，或者需要将运行结果保存下来以便下次处理，那么该如何解决？可以考虑将相关的数据集合成一个文件保存在外部介质上，一旦程序运行需要数据便打开文件从中读取，而一旦程序输出结果需要保存便新建文件进行写入。因此，数据可独立于程序以文件的形式存在，并被多次反复使用。

本章将引入文件的概念，介绍文件的打开与关闭、读写操作。

文件的定义和基本使用

导学与自测

扫二维码观看本章的预习视频——文件的定义和基本使用，并完成以下课前自测题目。

【自测题1】 C语言系统中的文件，按照数据的存储形式可分为(　　)。

A. 顺序文件和随机文件　　B. 文本文件和ASCII文件

C. 二进制文件和文本文件　　D. 流式文件和随机文件

【自测题2】 如要以只读方式打开c盘下abc.dat二进制文件，下列语句正确的是(　　)。

A. fopen("abc.dat",r+);

B. fopen(c://abc.dat,rb);

C. fopen("c:\\abc.dat", "rb");

D. fopen("c:\abc.dat","r+");

10.1 文 件 概 述

10.1.1 文件的概念

在前面的学习中，每次运行程序时所需的数据都通过键盘输入，求解出的结果都通过显示器输出，其功能相对较简单。如果需要输入大量的已知数据，或者需要将运行结果保存下来以便下次处理，那么该如何解决？可以考虑将相关的数据集合成一个文件保存在外部介质上，一旦程序运行需要数据便打开文件从中读取，一旦程序输出结果需要保存便新建文件进行写入。因此，数据可独立于程序，以文件的形式存在，并被多次反复使用。

文件是指存储在外部介质上相关数据的集合体。这里所说的外部介质指外部存储设备，如硬盘、U 盘、光盘等。C 语言中的文件为流式文件，即把文件看作一个有序的字符(或字节)流，换句话说，C 语言中的文件是由一个个字符(或字节)按照一定顺序排列组成的。

按照数据的存储形式，文件可分为两类：文本文件和二进制文件。在文本文件中，数据是以 ASCII 码字符形式存储的，每个字符占一字节。例如，整型数据 2500 在文本文件中存储形式为 00110010001101010011000000110000。C 语言的所有源程序文件、Windows 系统程序"记事本"创建的 TXT 文件都是文本文件，在输出时能以字符形式显示文件的原有内容，便于阅读，但不足之处是每次存入内存中均有转换成二进制的过程，因而影响速度。在二进制文件中，数据以二进制形式存储，例如整型数据 2500 在二进制文件中存储形式为 0000100111000100。C 语言的目标文件和可执行文件均为二进制文件，其优点是占用存储空间少，存入内存时不需要转换，因而处理速度快。

10.1.2 文件类型指针

要读写一个文件，必须知道其相关信息，如文件位置、文件名称、文件状态、文件当前读写位置等。因此，C 语言的系统函数库 stdio.h 中定义了名为 FILE 的结构体类型，专门用于保存文件的该类信息，其定义形式如下：

```
typedef struct {
    int             level;      //缓冲区被占用的程度
    unsigned        flags;      //文件状态标志
    char            fd;         //文件描述符
    unsigned char   hold;       //如无缓冲区,暂不读取字符
    int             bsize;      //缓冲区的大小
    unsigned char   * buffer;   //文件缓冲区指针
    unsigned char   * curp;     //文件定位指针
    unsigned        istemp;     //暂时文件指示器
    short           token;      //用于有效性检查
} FILE;
```

系统访问文件时，会在内存中为每个文件开辟"文件信息区"，即存放 FILE 结构体类

型的变量。C语言编程要求对文件进行任何操作前，首先必须定义一个FILE类型的指针变量，用于指向系统内存中的这个“文件信息区”，其定义形式如下：

```
FILE  *文件指针名;
```

例如：

```
FILE  *fp;
```

表示定义了一个文件类型的指针变量fp，只要将一个文件类型的结构体变量的地址赋给fp，fp便指向该文件类型的结构体变量，就可以用fp来实现对文件的各种操作了。

10.1.3 文件的处理过程

在阅读一本书时，首先会打开书本，然后阅读或做笔记，最后合上书本。文件操作同样如此，主要包含如下3个步骤。

(1) 打开文件。

(2) 对文件进行读写。

(3) 关闭文件。

C语言中没有输入输出语句，对文件的操作都由库函数完成。下面逐一介绍上述3个步骤中的文件操作函数及其应用。

10.2 文件的打开与关闭

10.2.1 文件的打开

要想从文件中读取数据或向文件中写入数据，首先必须将文件打开，可调用C语言系统提供的文件打开函数fopen，函数定义形式如下：

```
FILE *fopen(char *filename, char *openmode)
```

其函数调用格式如下：

```
文件指针=fopen(文件名,文件打开方式);
```

其中，文件指针是FILE类型的指针变量。fopen是文件打开函数名，其包含两个参数：文件名是带路径的文件名，由双引号括起来的字符串组成。文件打开方式有只读、只写、追加等12种(见表10.1)，亦为由双引号括起来的字符串组成。

表10.1 文件打开方式

项目	功能
"r"	以只读的方式打开一个已经存在的文本文件

续表

项　　目	功　　能
"w"	以只写的方式打开或新建一个文本文件
"a"	以追加的方式打开一个已经存在的文本文件，并在文末追加数据
"rb"	以只读的方式打开一个已经存在的二进制文件
"wb"	以只写的方式打开或新建一个二进制文件
"ab"	以追加的方式打开一个已经存在的二进制文件，并在文末追加数据
"r+"	以读和写的方式打开一个已经存在的文本文件
"w+"	以读和写的方式打开或新建一个文本文件
"a+"	以读和追加的方式打开一个已经存在的文本文件，并在文末追加数据
"rb+"	以读和写的方式打开一个已经存在的二进制文件
"wb+"	以读和写的方式打开或新建一个二进制文件
"ab+"	以读和追加的方式打开一个已经存在的二进制文件，并在文末追加数据

例如：

```
FILE  *fp;                                      //定义 FILE 类型的指针变量 fp
fp=fopen("d:\\temp\\file1.txt", "r");
```

函数调用部分 fopen("d:\\temp\\file1.txt","r")表示系统以只读方式打开一个已经存在的文件 file1.txt，该文件保存在 d 盘上的 temp 文件夹下。由于 C 语言中字符串内用\\代表一个\字符，故文件路径中的反斜杠分隔符双写。

fopen 函数会返回指向文件流的指针，如打开文件发生错误，则返回值为 NULL。一般在进行文件打开操作后，都会检查该操作是否成功，若成功打开则进行下一步操作，否则应显示提示信息，并调用 exit 函数强制关闭所有文件。

例如：

```
FILE  *fp;                                      //定义 FILE 类型的指针变量 fp
if((fp=fopen("d:\\temp\\file1.txt ", "r "))==NULL)
{
    printf(" Fail to open file. \n ");          //显示文件打开失败的提示信息
    exit(0);                                    //结束程序,需要使用 stdlib.h 头文件
}
```

对于文件打开的方式有以下 6 点说明。

(1) r 代表读(read)，所打开的文件必须是已经存在的，如果文件不存在，fopen 函数返回 NULL。

(2) w 代表写(write)，所打开的文件如果是已经存在的，则把原文件内容覆盖，写入新的内容；如果是不存在的，则新建文件，然后写入内容。

(3) a 代表追加写入(append)，所打开的文件必须是已经存在的，并在文件末尾追加写入新内容；如果文件不存在，fopen 函数返回 NULL。

(4) 默认打开文件为文本文件,若打开二进制文件则打开方式中添加 b,b 代表二进制文件(binary)。

(5) 文件打开方式中添加+表示既可读又可写,需要指出的是,"w+"方式必须先写入内容,然后才可以读。

(6) fopen 函数返回 NULL 的可能原因有"r"方式打开一个不存在的文件、磁盘出现故障、磁盘已满无法新建文件等。

10.2.2 文件的关闭

文件访问完后应及时关闭,否则数据可能会丢失。C 语言系统提供文件关闭函数来释放文件指针变量,使其不再指向该文件。函数定义形式如下:

```
int fclose (FILE * fp)
```

函数调用举例:

```
fclose (fp);
```

在前面的举例中,定义了文件指针变量 fp,并将 fopen 函数的返回值赋值给指针 fp,现通过 fclose(fp)把指针 fp 和文件"脱钩",从而关闭该文件。

当文件顺利关闭时,fclose 函数的返回值为 0;否则返回值为 EOF(-1)。

文件的打开和关闭

10.2.3 应用举例

例 10.1 通过键盘输入文件名 file1.txt,如果该文件打开成功请输出"File is open."的提示信息,如果打开失败请输出"Fail to open file."的提示信息。

程序如下:

```
#include <stdio.h>
#include <stdlib.h>
int main()
{
    FILE * fp;                              //定义 FILE 类型的指针变量 fp
    char filename[30];
    gets (filename);                        //键盘输入文件名
    fp=fopen(filename, "r");                //只读方式打开文件
    if(fp ==NULL)
    {
        printf(" Fail to open file. \n ");  //显示文件打开失败的提示信息
        exit(0);                            //结束程序
    }
    else
        printf(" File is open. \n ");       //显示文件打开成功的提示信息
    fclose (fp);                            //关闭文件
    return 0;
}
```

程序运行结果 1：

```
file1.txt
File is open.
```

程序运行结果 2：

```
file2.txt
Fail to open file.
```

程序说明：

程序运行时，如果从键盘输入 file1.txt 并回车，则 fopen 函数的参数 1 是字符数组 filename 中所存储的字符串 file1.txt。该文件名不带路径，表示打开和本程序文件保存在同一目录下的 file1.txt 文件。如果该目录下确有 file1.txt 文件，则程序运行结果显示"File is open."。如果输入文件名 file2.txt，且本程序所在目录下并没有 file2.txt 文件，则程序运行结果显示"Fail to open file."。

10.3 文件的读写

文件打开成功后，就可以进行读写操作，按照其访问形式可以分为两种：顺序读写和随机读写。顺序读写指的是读写数据的顺序和文件创建时的顺序完全一致，其访问形式是从文件的开始直至文件的末尾；随机读写指的是读写数据的顺序和文件创建时的顺序不一致，其访问形式是可自由地从文件的任意位置开始，读写一字节后，又可跳转到其他任意位置进行读写。

10.3.1 文件的顺序读写

文件内部有一个定位指针，即文件读写位置指针，用来指向当前的读写字节。文件顺利打开后，该指针指向文件的第一个字节单元。如果对文件进行顺序读写，系统会设置定位指针在每读完一次后自动地向后移动相应字节。C 语言提供了如下几种顺序读写函数。

1. 文本文件的字符读写函数 fgetc 和 fputc

fgetc 函数是从以只读或读写的方式打开的文件中读取一个字符，其函数定义形式如下：

```
int fgetc(FILE * fp)
```

函数调用举例：

```
ch=fgetc(fp);
```

该函数的返回值为读取的字符的 ASCII 码，如遇到文件结束符则返回 EOF(−1)。

fputc 函数是向以只写或读写的方式打开的文件中写入一个字符，其调用形式如下：

```
int fputc(char ch,FILE * fp)
```

函数调用举例：

```
fputc(ch , fp);
fputc('a', fp);
```

其中，字符可以是字符常量，也可以是字符变量。fputc 函数也有返回值，如写入正确则返回该写入的字符的 ASCII 码，如写入失败则返回 EOF。

在读文件时，经常需要判断文件是否结束，C 语言系统提供 feof 函数用于判断文件是否结束，如 feof(fp)表示测试 fp 所指向的文件当前状态是否为“文件结束”，其返回值为非 0 表示文件结束，返回值为 0 表示没有结束。因此，当进行顺序读文件时，可采用如下程序形式：

```
while (!feof(fp))
{
    ch=fgetc(fp);
    …
}
```

例 10.2 通过键盘输入若干字符直至输入!为止，将其写入新建文本文件 file2.txt 中。

程序如下：

```
#include <stdio.h>
#include <stdlib.h>
int main()
{
    FILE * fp;                                      //定义 FILE 类型的指针变量 fp
    char filename[30],ch;
    gets (filename);                                //键盘输入文件名
    fp=fopen(filename, "w");                        //只写方式打开文件
    if(fp ==NULL)
    {
        printf(" Fail to open file. \n ");          //显示文件打开失败的提示信息
        exit(0);                                    //结束程序
    }
    else
    {
        printf(" File is open. Please input data:\n "); //提示文件已打开,请输入字符串
        while ((ch=getchar())!='!')                 //输入字符串直至输入!为止
            fputc(ch, fp);                          //向文件写入字符
    }
    fclose (fp);                                    //关闭文件
    return 0;
}
```

程序运行结果：

```
file2.txt
File is open. Please input data:
abcdef
gh!
```

为了检查 file2.txt 文件是否正确写入内容，可将文件进行读取并在屏幕输出。

例 10.3 打开文件 file2.txt，并将文件内容在屏幕上输出。

程序如下：

```
#include <stdlib.h>
#include <stdio.h>
int main()
{
    FILE * fp;                                   //定义 FILE 类型的指针变量 fp
    char filename[30],ch;
    gets (filename);                             //键盘输入文件名
    fp=fopen(filename, "r");                     //只读方式打开文件
    if(fp ==NULL)
    {
        printf(" Fail to open file. \n ");       //显示文件打开失败的提示信息
        exit(0);                                 //结束程序
    }
    else
    {
        printf(" File is open. Now output data:\n "); //提示文件已打开,将显示内容
        while (!feof(fp))                        //判断文件是否结束
        {
            ch=fgetc(fp);                        //从文件读取字符并赋值给 ch
            putchar(ch);
        }                                        //在屏幕上输出文件内容
        putchar('\n');
    }
    fclose (fp);                                 //关闭文件
    return 0;
}
```

程序运行结果：

```
file2.txt
File is open. Now output data:
abcdef
gh
```

程序说明：

一般而言，在向文件中写入不确定长度的数据时，通过判断键盘输入数据是否遇到指定结束符号(如例 10.2 中的!)来控制循环，其循环判断语句是 while((ch=getchar())!='!')。而从文件中读取不确定长度的数据时，通过判断文件是否结束来控制循环，其循环判断语句是 while(!feof(fp))。运行程序时，用户输入 file2.txt 并回车，可实现将该文件中的内容读出并显示到屏幕上。

2. 文本文件的字符串读写函数 fgets 和 fputs

fgets 函数是从文本文件中读取字符串，函数定义如下：

```
char * fgets(char * str, int n, FILE * fp)
```

函数调用举例：

```
fgets(str, n, fp);
```

其中，str 为字符数组，n 为包括'\0'在内的字符个数，fp 为文件指针。该函数实现的功能是从 fp 指向的文件中读取 n－1 个字符，并存入 str 字符数组中。在读入 n－1 个字符前如遇到换行符或文件结束标志 EOF，则结束读取。但值得注意的是，fgets 函数会将换行符'\n'存储到字符数组中，然后再自动加一个字符串结束标识符'\0'。如读取成功，则函数的返回值为 str 数组首地址；如读取失败，则返回 NULL。

fputs 函数是向文件中写入字符串，函数定义如下：

```
int fputs(char * str, FILE * fp)
```

函数调用举例：

```
fputs(str,fp);
```

该函数功能是将字符数组 str 中不含'\0'的字符串内容写入 fp 指向的文件中。值得注意的是，由于系统不会将字符串结束标识符'\0'写入文件中，为了区分各个字符串，通常会在每写入一个字符串后人为地添加写入换行符，其程序形式如下：

```
fputs(str1,fp);                    //写入字符串 str1
fputc('\n',fp);                    //写入换行符
fputc(str2,fp);                    //写入字符串 str2
fputc('\n',fp);                    //写入换行符
```

如 str1＝"Hello,Beijing"，str2＝"I'm Chinese"，则运行该程序段后，文件中存储形式如下：

```
Hello,Beijing
I'm Chinese
```

该函数如写入成功，则返回一个非负数；如写入失败，则返回 EOF。

例 10.4 通过键盘输入 5 门考试科目，并存储到文本文件 file4.txt 中。

程序如下：

```
#include <stdlib.h>
#include <stdio.h>
int main()
{
    FILE * fp;                                        //定义 FILE 类型的指针变量 fp
    char filename[30],lesson[5][30];
    int i;
    gets (filename);                                  //键盘输入文件名
    fp=fopen(filename, "w");                          //只写方式打开文件
```

```
    if(fp ==NULL)
    {
        printf("Fail to open file. \n");                //显示文件打开失败的提示信息
        exit(0);                                        //结束程序
    }
    else
    {
        printf("File is open. Please input data:\n");   //提示文件已打开,请输入考试
                                                          科目
        for(i=0;i<5;i++)
        {
            gets(lesson[i]);                            //读入科目名称
            fputs(lesson[i],fp);                        //向文件写入考试科目名称
            fputc('\n',fp);                             //向文件写入换行符
        }
        fclose (fp);                                    //关闭文件
        return 0;
    }
}
```

程序运行结果：

```
file4.txt
File  is open. Please input data:
Chinese
English
Math
Chemistry
Physics
```

程序说明：

(1) fputc 函数的功能是一次调用仅能写入一个字符,因此其参数 1 是字符变量;而 fputs 函数的功能是一次调用可写入一个字符串,因此其参数 1 是字符串存储的首地址。在本例中,定义二维数组 lesson[5][30]用来存储 5 门考试科目名称,lesson[i]表示第 i 行数组元素的首地址,即第 i 门考试科目名称字符串的首地址。

(2) 字符串结束标志'\0'不会被写入文件中,为区分各个字符串,每次调用 fputs 函数后都执行“fputc('\n',fp);”语句,使得每次写入一个字符串后都添加一个换行符。

为了检查 5 门考试科目名称是否正确写入文件中,可以编写程序将文件读取并输出到屏幕上。

例 10.5　将文本文件 file4.txt 中考试科目名称及个数输出到屏幕上。

程序如下：

```
#include <stdlib.h>
#include <stdio.h>
#include <string.h>
int main()
{
    FILE * fp;                                  //定义 FILE 类型的指针变量 fp
    char filename[30],lesson[5][30];
    int i=0;
```

```
    gets(filename);                                  //键盘输入文件名
    fp=fopen(filename, "r");                         //只读方式打开文件
    if(fp ==NULL)
    {
        printf("Fail to open file. \n");             //显示文件打开失败的提示信息
        exit(0);                                     //结束程序
    }
    else
    {
        printf("File is open. Now output data:\n");  //提示文件已打开,将显示内容
        while (fgets(lesson[i],30,fp)!=NULL)         //判断文件是否结束
        {
            printf("\t%s",lesson[i]);                //在屏幕上输出考试科目内容
            i++;                                     //考试科目的个数
        }
        printf("There are %d lessons.\n",i);         //输出考试科目的个数
    }
    fclose (fp);                                     //关闭文件
    return 0;
}
```

程序运行结果:

```
file4.txt
File is open. Now output data:
        Chinese
        English
        Math
        Chemistry
        Physics
There are 5 lessons.
```

程序说明:

当调用 fgets 函数从文件中读取字符串时,遇到以下 3 种情况中的任何一种,字符串读取将结束:已读入 n－1 个字符、读取到换行符、文件结束。因为定义二维数组 lesson[5][30]用来存储 5 门考试科目名称,即每门考试科目名称的长度小于 30,所以 fgets 函数中参数 2 的值为 30。我们希望从文件每读取一个字符串后,将其存储到二维数组中首地址为 str[i]的存储空间,因此 fgets 函数中参数 1 的值为 str[i]。存储在文件中的每个字符串是以换行符隔开的,fgets 函数会将换行符'\n'存储到字符数组中,然后再自动加一个字符串结束标识符'\0'。在文件读取过程中,每读完一个字符,当前文件读写位置指针会自动后移到下一个字符处,直到整个文件全部读完,便停止读取文件操作,所以循环结束的条件是因文件已读完而产生的读取失败。

由于每门课程的名字长度不同,所以例 10.4 和例 10.5 程序中的二维字符数组 lesson 也可以定义为字符指针数组,读者可参照第 8 章自行完成。

3. 格式化读写函数 fscanf 和 fprintf

格式化读函数 fscanf 的功能是从文件当前读写位置开始,按照指定的格式读取数据,并存储到内存中指定的存储单元。其定义形式如下:

```
int fscanf(FILE * fp, 输入格式描述串,输入项地址列表)
```

函数的调用举例：

```
fscanf (fp, "%s%d",str,&sco);
```

此语句表示从 fp 指向的文件中以字符串和整型数据格式读取数据，并存储到字符数组 str 和整型变量 sco 中。

格式化写函数 fprintf 的功能是将内存指定存储单元中的数据按照指定的格式写入文件中。其定义形式如下：

```
int fprintf(FILE * fp, 输出格式描述串,输出项列表)
```

函数的调用举例：

```
fprintf (fp, "%s%d",str,sco);
```

此语句表示将内存中 str 字符数组和整型变量 sco 中的数据写入 fp 指向的文件中。

例 10.6 调用 fscanf 函数将文本文件 file4.txt 中考试科目名称及个数输出到屏幕上。

程序如下：

```
#include <stdlib.h>
#include <stdio.h>
#include <string.h>
int main()
{
    FILE * fp;                                          //定义 FILE 类型的指针变量 fp
    char filename[30],lesson[5][30];
    int i=0;
    gets(filename);                                     //键盘输入文件名
    fp=fopen(filename, "r");                            //只读方式打开文件
    if(fp ==NULL)
    {
        printf("Fail to open file. \n");                //显示文件打开失败的提示信息
        exit(0);                                        //结束程序
    }
    else
    {
        printf("File is open. Now output data:\n");     //提示文件已打开,将显示内容
        i=0;
        fscanf(fp, "%s",lesson[i]);                     //读文件内容
        while(!feof(fp))                                //判断文件是否结束
        {
            printf("%s\n",lesson[i]);                   //在屏幕上输出考试科目内容
            i++;
            fscanf (fp, "%s",lesson[i]);                //继续读取文件内容
        }
        printf("There are %d lessons.\n",i);            //输出考试科目的个数
    }
    fclose (fp);                                        //关闭文件
    return 0;
}
```

程序运行结果：

```
file4.txt
File is open. Now output data:
Chinese
English
Math
Chemistry
Physics
There are 5 lessons.
```

4. 二进制文件的数据块读写函数 fread 和 fwrite

fread 函数的功能是从二进制文件中读取指定长度的数据，其函数定义形式如下：

```
int fread (void * buffer, unsigned size, unsigned count, FILE * fp)
```

其中，buffer 表示输入数据在内存中的起始地址，size 表示要一次读取的字节数，count 表示要读取的次数，fp 是指向特定文件的文件指针。函数调用成功后，其返回值为 count；如果调用失败（发生读取错误），其返回值为 0。

fread 函数调用举例如下：

```
fread(array, sizeof(float), 5, fp);
```

此语句表示从 fp 指定的文件中读出 5 个大小为 sizeof(float)的数据，然后写入内存中的数组 array。

fwrite 函数的功能是向二进制文件中写入指定长度的数据，其函数定义形式如下：

```
int fwrite (void * buffer, unsigned size, unsigned count, FILE * fp)
```

4 个参数的含义与 fread 函数一样。当函数调用成功后返回值为 count，如果函数调用失败则返回值为 0。

fwrite 函数调用举例如下：

```
fwrite (array, sizeof(float), 5, fp);
```

此语句表示将内存中数组 array 总长度为 5×sizeof(float)的数据写入 fp 所指定的文件中。

例 10.7 通过键盘输入学生张磊的 5 门考试科目名称和分数，并存储到文件 score.dat 中。

程序如下：

```
#include <stdio.h>
#include <stdlib.h>
#define  NUM 5
struct lesson
{ char  testname[15];                           //考试科目名称
  int  testscore;                               //考试科目分数
};
int main()
{
    FILE * fp;
```

```
    struct lesson score[NUM], * p;
    int i;
    p=score;
    if((fp=fopen ("score.dat", "wb")) ==NULL)       //只写方式打开二进制文件
    {
        printf("Fail to open file. \n");           //显示文件打开失败的提示信息
        exit(0);                                   //结束程序
    }
    else
    {
        printf("Please input %d lessons' name and score.\n", NUM);
        for(i=0;i<NUM;i++,p++)
        {
            printf("Input %d testname:\n",i+1);
            scanf("%s",score[i].testname);          //5 次从键盘输入考试科目名称
            printf("Input %d testscore:\n",i+1);
            scanf("%d",&score[i].testscore);        //5 次从键盘输入考试科目分数
            fwrite(p, sizeof(struct lesson), 1,fp);//fwrite 函数写入文件
        }
        printf("Ending input.\n");                 //提示输入结束
    }
    fclose(fp);                                    //关闭文件
    return 0;
}
```

程序运行结果：

```
Please input 5 lessons' name and score.
input 1 testname:
Chinese
Input 1 testscore:
87
Input 2 testname:
English
Input 2 testscore:
98
Input 3 testname:
Math
Input 3 testscore:
88
Input 4 testname:
Chemistry
Input 4 testscore:
83
Input 5 testname:
Physics
Input 5 testscore:
91
Ending input.
```

程序说明：

(1) 定义结构体 lesson 用来存储每门考试科目名称和分数，由于题目要求存储 5 门考试科目名称和分数，因此定义数组 score[5]，其中数组 score 的每个元素都是 struct lesson 数据类型，即对于每个元素 score[i] 均包含两个成员：testname 字符数组和 testscore 整型变量。同时为便于操作，初始化指针 p 指向数组 score 的首地址，即可通过操作指针 p 来引用数组中的元素，如 p=score 时，p.testname 即等于 score[0].testname；若执行 p++后，p.testname 即等于 score[1].testname。

(2) 向文件写入数据时，通过 for 语句执行 5 次循环体实现。每次循环体执行时做两

件事情：①通过键盘输入当前考试科目名称和分数，该句话亦可写成“scanf("%s%d", score[i].testname,&score[i].testscore);”，值得注意的是，因为 testname 是字符数组，所以 score[i].testname 表示 score 数组中第 i 个元素的成员 testname 字符数组的首地址；②将当前考试科目名称和分数写入 fp 指定的文件。通过执行 for 表达式中的 p++操作使得指针 p 始终指向当前元素 score[i]，由于每次写入文件仅一门考试科目的信息，所以调用 fwrite 函数的语句为“fwrite(p,sizeof(struct lesson),1,fp);”。其中，p 表示当前写入数据的内存地址；sizeof(struct lesson)为一个数据项的字节数，即一个结构体变量的字节数；1 是因为仅写入一门考试科目信息；fp 表示文件指针。

为了检查 5 门考试科目名称和分数是否正确写入文件中，可以编写程序将文件读取并输出到屏幕上。

例 10.8 读取文件 score.dat 中学生张磊的 5 门考试科目名称和分数，并输出到屏幕上。

程序如下：

```
#include <stdio.h>
#include <stdlib.h>
#define  NUM  5
struct lesson
{ char  testname[15];                               //考试科目名称
  int  testscore;                                   //考试科目分数
};
int main()
{
    FILE * fp;
    struct lesson score[NUM] , * p;
    int i;
    p=score;
    if((fp =fopen ("score.dat", "rb")) ==NULL)      //只读方式打开二进制文件
    {
        printf("Fail to open file. \n");            //显示文件打开失败的提示信息
        exit(0);                                    //结束程序
    }
    else
    {
        printf("File is open, now show %d lessons' name and score.\n", NUM);
        fread(p, sizeof(struct lesson), NUM, fp);   //fread 函数读取文件
        for(i=0;i<NUM;i++)
            printf("%s\t\t%d\n",score[i].testname,score[i].testscore);
                                                    //输出考试科目名称和分数
    }
    fclose(fp);                                     //关闭文件
    return 0;
}
```

程序运行结果：

```
File is open, now show 5 lessons' name and score.
Chinese         87
English         98
Math            88
Chemistry       83
Physics         91
```

程序说明：

（1）程序中也可以不使用指针 p。由于数组名即代表数组的首地址，因此文件读取语句可写成“fread(score,sizeof(struct lesson),NUM,fp);”。

（2）值得注意的是，在例 10.7 中调用 fwrite 函数时 count 参数值为 1，在本例中调用 fread 函数时 count 参数值为 5。其原因是文件写入函数 fwrite 是在 for 循环中调用，共调用 5 次，每次调用时写入 1×sizeof(struct lesson)字节的数据；文件读取函数 fread 不在 for 循环内，仅调用一次，直接读取 5×sizeof(struct lesson)字节的数据，并全部存入内存中首地址为 score 的存储空间中。本例的 for 循环仅仅控制屏幕的输出，而例 10.7 的 for 循环控制键盘输入、文件写入两个任务。在使用 fwrite 函数和 fread 函数编写程序时，其函数的参数值、函数是否在 for 循环内调用等，都不一定和上面的例题一样，必须根据具体的编程任务考虑语句的组织形式，不能照搬套用。

10.3.2 文件的随机读写

上面介绍的都是顺序读写函数，即实现从文件头直至文件末尾的访问操作。如果希望在读写文件过程中，可以对文件内任意指定的位置进行读写操作，则需要先对文件进行准确定位，然后执行访问操作。一般而言，文件的随机读写适用于具有固定长度记录的文件。C 语言提供了 3 种关于定位操作的函数：rewind、fseek 和 ftell，下面逐一进行介绍。

1. 重定位函数 rewind

重定位函数 rewind 的功能是将当前文件读写位置指针重新指向文件开始处。其函数定义形式：

```
void rewind (FILE * fp)
```

其函数调用举例：

```
rewind (fp);
```

该语句表示将 fp 指定的文件读写位置指针重新定位到文件的开始处。

例 10.9 将文件 file1.txt 中的内容复制到新建文件 newfile.txt 中，并将文件 newfile.txt 的内容在屏幕上输出。

程序如下：

```
#include <stdio.h>
#include <stdlib.h>
```

```c
int main()
{
    FILE * file1, * newfile;
    if ((file1=fopen("file1.txt", "r"))==NULL)          //只读方式打开 file1.txt
    {
        printf("Fail to open file1.txt. \n");            //显示文件打开失败的提示信息
        exit(0);                                          //结束程序
    }
    if ((newfile=fopen("newfile.txt", "w+"))==NULL)     //读写方式打开 newfile.txt
    {
        printf("Fail to open newfile.txt. \n");          //显示文件打开失败的提示信息
        exit(0);                                          //结束程序
    }
    while (!feof (file1))                                 //判断文件是否结束
        fputc(fgetc(file1), newfile);                     //复制文件
    rewind(newfile);                                      //重定位
    while (!feof (newfile))
        putchar(fgetc(newfile));                          //输出文件 newfile.txt 的内容
    fclose(file1);
    fclose(newfile);
    return 0;
}
```

程序运行结果：

```
abcdef
gh
```

程序说明：

当执行完复制功能后，newfile 文件的当前读写位置指针指向文件末尾，如果希望将 newfile 文件内容读出，有两种方法：①重新打开 newfile 文件，将文件读写位置指针重新指向文件头；②调用 rewind 函数，将 newfile 指定的文件读写位置指针重新指向文件头。

2. 文件定位函数 fseek

文件定位函数 fseek 的功能是将当前读写位置指针相对于文件头、当前读写位置、文件尾移动指定字节。其函数定义形式：

```c
int fseek (FILE * fp, long offset, int position)
```

其中，fp 表示文件指针。offset 表示移动字节数。position 表示参照位置，有 3 种取值：0 或 SEEK_SET 表示文件头；1 或 SEEK_CUR 表示文件当前读写位置；2 或 SEEK_END 表示文件尾。

函数调用举例如下：

```c
fseek (fp,5,0);                          //将指针从文件头往后移动 5 字节
fseek (fp,-2, SEEK_CUR);                 //将指针从当前读写位置往前移动 2 字节
```

例 10.10 文件 score.dat 已保存了学生张磊 5 门考试科目名称和分数，通过键盘输入需要修改的考试科目名称和分数，将更新分数写入文件中，并将文件更新后的内容在屏

幕上输出。

程序如下：

```
#include <string.h>
#include <stdio.h>
#include <stdlib.h>
#define NUM 5
struct lesson
{ char  testname[15];                                    //考试科目名称
  float  testscore;                                      //考试科目分数
};
int main()
{
   FILE * fp;
   struct  lesson  t,a;
   printf("Please input the testname:\n");
   scanf("%s",a.testname);                               //输入需要修改的考试科目名称
   printf("Please input the score:\n");
   scanf("%f",&a.testscore);
   if((fp =fopen ("score.dat", "rb+")) ==NULL)  //只读方式打开二进制文件
   {
      printf("Fail to open file. \n");                  //显示文件打开失败的提示信息
      exit(0);                                           //结束程序
   }
   else
   {
      printf("File is open, now show %d lessons' name and score.\n", NUM);
      while(fread(&t, sizeof(struct lesson), 1,fp)!=NULL) //freaad 函数读取文件
      {
      if (strcmp (a.testname,t.testname)==0)              //考试科目名称进行匹配
         {
           printf("Find the record.\n");
           fseek (fp,-sizeof (struct lesson), 1);     //调整当前读写位置指针
           fwrite (&a,sizeof (struct lesson),1,fp);   //新数据写入文件
           break;
         }
      }
   }
   printf("After updating, the new records:\n");
   rewind(fp);                                            //指针重新指向文件头
   while (fread (&t, sizeof (struct lesson), 1, fp)!=NULL)
   printf("%s\t%.2f\n",t.testname,t.testscore);
   fclose (fp);
   return 0;
}
```

程序运行结果：

```
Please input the testname:
Math
Please input the score:
63
File is open, now show 5 lessons' name and score.
Find the record.
After updating, the new records:
Chinese         87
English         98
Math            63
Chemistry       83
Physics         91
```

程序说明：

当查找到对应考试科目的数据记录时，当前读写位置指针已经指向了其后的一条记录，所以需要从当前位置往前移动一条记录的字节数。将新数据记录写入文件后，因为没有必要再进行考试科目匹配查找，所以执行 break 操作退出循环。而题目要求将更新后的文件内容输出，所以需要调用 rewind 函数将指针重新指向文件头。

3. 位置函数 ftell

位置函数 ftell 的功能是获取当前读写位置，其定义形式：

```
long ftell (FILE * fp)
```

函数调用举例：

```
printf("ftell is %d\n",ftell(fp));
```

该语句的功能是输出当前读写位置指针相对于文件头的位移量。

10.4 综合举例

例 10.11 新建一个文件 student.dat，并通过编程完成如下功能：

(1) 通过键盘输入 5 名学生的学号、姓名、专业、分数，并存入文件中。

(2) 读取文件，并在屏幕上输出学生的所有信息。

(3) 输入学号，可查询指定学生的信息。

(4) 输入专业，可查询相关学生的信息。

(5) 向文件中添加新的学生的信息。

(6) 输入学号，删除指定学生的信息。

(7) 输入学号，修改指定学生的分数。

(8) 设计菜单界面，将如上功能显示在总界面。

问题分析：本例要求实现文件输入、输出、查询、添加、删除及修改 6 项功能。可以设计若干函数分别实现每项功能模块，主函数设计菜单界面用于调用各函数。

程序如下：

```
#include <stdio.h>
#include <stdlib.h>
#include <string.h>
#define  STUNUM  5
struct  stu_info                                   //定义存储学生信息的结构体
{  int    id;
   char   name[20];
   char   major[20];
   float   score;
}student[20], * p=student,one;
FILE * fp;
int save()                                          //录入所有学生信息
{
    int i;
    int number=0;                                   //文件中现有记录个数
    if((fp =fopen ("student.dat", "wb+"))==NULL)  //只写方式打开二进制文件
    {
        printf("Fail to open file. \n");            //显示文件打开失败的提示信息
        exit(0);                                    //结束程序
    }
    printf("Please input 5 students' information.\n");
    for(i=1;i<=STUNUM;i++)
    {
        printf("Please input the %d th student:\n",i);
        scanf("%d%s%s%f",&student[i-1].id,student[i-1].name,student[i-1].
        major,&student[i-1].score);
        fwrite(&student[i-1], sizeof(struct stu_info), 1,fp);
                                                    //fwrite 函数写入文件
        number++;
        printf("We have input the %d record.\n",i);
    }
    printf("End input!\n");
    fclose(fp);
    return 0;
}
int show()                                          //屏幕显示所有学生信息
{
    int i=1;
    if((fp =fopen ("student.dat", "rb")) ==NULL)  //只读方式打开二进制文件
    {
        printf("Fail to open file. \n");            //显示文件打开失败的提示信息
        exit(0);                                    //结束程序
    }
    printf("File is open, now show all students' information.\n");
    while(fread(&one, sizeof(struct stu_info), 1,fp)!=NULL) //判断文件是否结束
    {
        printf("The %d student's information:",i);
        printf("%d\t%s\t%s\t\t%.2f\n",one.id,one.name,one.major,one.score);
                                                    //输出
        i++;
```

```
    }
    printf("There are %d students.\n",i-1);
    fclose(fp);
    return 0;
}
int select_id(int sid)                                  //按学号查询
{
    int flag=0;                                         //标识是否找到匹配记录
    struct stu_info t;
    if((fp =fopen ("student.dat", "rb")) ==NULL)        //只读方式打开二进制文件
    {
        printf("Fail to open file. \n");                //显示文件打开失败的提示信息
        exit(0);                                        //结束程序
    }
    while(fread(&t,sizeof(struct stu_info),1,fp)!=NULL && flag==0)
        if(sid==t.id)
        {
            printf("%d\t%s\t%s\t%f\n",t.id,t.name,t.major,t.score);
                                                        //输出
            flag=1;
            break;
        }
    if(flag==0)                                         //文件中没有该条记录
        printf("There isn't relevant record.\n");
    fclose(fp);
    return 0;
}
int select_major(char smajor[ ])                        //按专业查询
{
    int flag=0;                                         //标识是否找到匹配记录
    struct stu_info t;
    if((fp =fopen ("student.dat", "rb")) ==NULL)        //只读方式打开二进制文件
    {
        printf("Fail to open file. \n");                //显示文件打开失败的提示信息
        exit(0);                                        //结束程序
    }
    while(fread(&t,sizeof(struct stu_info),1,fp)!=NULL)
        if(strcmp(smajor,t.major)==0)
        {
            printf("%d\t%s\t%s\t%f\n",t.id,t.name,t.major,t.score);
                                                        //输出
            flag=1;
        }
    if(flag==0)                                         //文件中没有该条记录
        printf("There isn't relevant record.\n");
    fclose(fp);
    return 0;
}
int search()                                            //查找相关学生信息
{
    int   k,sid;
```

```
    char  smajor[20];
    printf("Choose the searching condition:\n");
    printf("1.Search information by student's id.\n");
    printf("2.Search information by student's major.\n");
    printf("Please input 1 or 2 to search.\n");
    scanf("%d",&k);
    switch (k)
    {
        case  1:  printf("Input id\n");                    //按照学号查询
                  scanf("%d",&sid);
                  select_id(sid);
                  break;
        case  2:  printf("Input major\n");                 //按照专业查询
                  scanf("%s",smajor);
                  select_major(smajor);
                  break;
        default: printf("Wrong input.\n ");
                 exit (0);
    }
    return 0;
}
int append()                                               //添加学生记录
{
    struct stu_info t;
    printf("Please input the appending record information.\n");
    scanf("%d%s%s%f",&t.id,t.name,t.major,&t.score);
    if((fp =fopen ("student.dat", "ab+")) ==NULL)  //读写方式打开二进制文件
    {
        printf("Fail to open file. \n");                  //显示文件打开失败的提示信息
        exit(0);                                           //结束程序
    }
    fseek(fp,sizeof(struct stu_info), 1);
    fwrite (&t,sizeof(struct stu_info),1,fp);             //写入追加的内容
    printf("The record has been append.\n");
    fclose(fp);
    return 0;
}
int amend()                                                //修改学生记录
{
    int flag=0;                                            //标识是否找到匹配记录
    struct stu_info t;
    int sid;                                               //定义按照学号修改记录
    char smajor[15];                                       //设定修改专业
    float sscore;                                          //设定修改分数
    if((fp =fopen ("student.dat", "rb+")) ==NULL)  //只读方式打开二进制文件
    {
        printf("Fail to open file. \n");                  //显示文件打开失败的提示信息
        exit(0);                                           //结束程序
    }
    printf("Input the student's id for amending:\n");
    scanf("%d",&sid);
```

```
    while(fread(&t,sizeof(struct stu_info),1,fp)!=NULL && flag==0)
        if(sid==t.id)
        {
            printf("The old record is %d\t%s\t%s\t%f\n",t.id,t.name,
            t.major,t.score);                              //输出
            printf("Input the correct major:\n");
            scanf("%s",smajor);
            printf("Input the correct score:\n");
            scanf("%f",&sscore);
            strcpy(t.major,smajor);
            t.score=sscore;
            printf("The new record is %d\t%s\t%s\t%f\n",t.id,t.name,
            t.major,t.score);                              //输出
            fseek (fp,-sizeof(struct stu_info), 1);        //调整当前读写位置指针
            fwrite (&t,sizeof(struct stu_info),1,fp);      //新数据写入文件
            flag=1;
            printf("The records has been amended.\n");
            break;
        }
    if(flag==0)                                            //文件中没有该条记录
        printf("There isn't relevant record.\n");
    fclose(fp);
    return 0;
}
int deleted()                                              //删除学生记录
{
    int sid;                                               //定义按照学号删除记录
    int del_id=0;                                          //待删除记录的编号
    int i=0,j;
    int number=0;                                          //文件中现有记录个数
    printf("Input the student's id for deleting:\n");
    scanf("%d",&sid);
    if((fp =fopen ("student.dat", "rb+")) ==NULL) //只读方式打开二进制文件
    {
        printf("Fail to open file. \n");                  //显示文件打开失败的提示信息
        exit(0);                                           //结束程序
    }
    while(fread(&student[i],sizeof(struct stu_info),1,fp)!=NULL)
    {
        if(sid==student[i].id)
        {
            printf("Find the record:%d\t%s\t%s\t%f\n", student[i].id,
                student[i].name, student[i].major, student[i].score);
            i--;
        }
        i++;
        number++;
```

```
    }
    if(i==number)                                    //文件中没有该条记录
        printf("There isn't relevant record.\n");
    else        //后面的记录存入内存然后写入文件
    {
        printf("The new file has %d records.\n",i);
        rewind(fp);
        for(j=0;j<i;j++)
        {
            printf("The writing record::%d\t%s\t%s\t%f\n", student[j].id,
                student[j].name, student[j].major, student[j].score);
            fwrite (&student[j],sizeof (struct stu_info), 1,fp);   //覆盖原记录
        }
        printf("The record has been deleted.\n");
    }
    fclose(fp);
    return 0;
}
int main()
{
    int choice;
    while(1)
    {
        printf("You can process student.dat with the following operation:\n");
        printf("1.\t Input 5 students' records.\n");
        printf("2.\t Show all students' records.\n");
        printf("3.\t Seach some relevant records.\n");
        printf("4.\t Amend one record.\n");
        printf("5.\t Append one record.\n");
        printf("6.\t Delete one record.\n");
        printf("0.\t exit.\n");
        printf("Now you can choose one number from 0 to 6:\n");
        scanf("%d",&choice);
        switch (choice)
        {   case 1:  save();break;                  //录入所有学生信息
            case 2:  show();break;                  //屏幕显示所有学生信息
            case 3:  search();break;                //查找相关学生信息
            case 4:  amend();break;                 //修改学生记录
            case 5:  append();break;                //添加学生记录
            case 6:  delete(); break;               //删除学生记录
            case 0:  printf("Bye.\n");exit(0);      //退出
            default: printf("Input wrong number.\n");
        }
    }
    return 0;
}
```

程序运行结果 1：

```
You can process student.dat with the following operation:
1.        Input 5 students' records.
2.        Show all students' records.
3.        Seach some relevant records.
4.        Amend one record.
5.        Append one record.
6.        Delete one record.
0.        Exit.
Now you can choose one number form 0 to 6:
1
Please input 5 students' information.
Please input the 1 th student:
1001 Zhangsan Law 92
We have input the 1 record.
Please input the 2 th student:
1002 Lisi Sociology 95
We have input the 2 record.
Please input the 3 th student:
1003 Wangwu Education 88
We have input the 3 record.
Please input the 4 th student:
1004 Zhaoliu History 85
We have input the 4 record.
Please input the 5 th student:
1005 Hanqi Physics 89
We have input the 5 record.
end input!
You can process student.dat with the following operation:
1.        Input 5 students' records.
2.        Show all students' records.
3.        Seach some relevant records.
4.        Amend one record.
5.        Append one record.
6.        Delete one record.
0.        Exit.
Now you can choose one number form 0 to 6:
0
Bye.
```

程序运行结果 2：

```
You can process student.dat with the following operation:
1.        input 5 students' records.
2.        show all students' records.
3.        seach some relevant records.
4.        amend one record.
5.        append one record.
6.        delete one record.
0.        exit.
Now you can choose one number form 0 to 6:
3
choose the searching condition:
1. search information by student's id.
2. search information by student's major.
please input 1 or 2 to search.
1
input id
1003
1003    Wangwu  Education       88.000000
You can process student.dat with the following operation:
1.        input 5 students' records.
2.        show all students' records.
3.        seach some relevant records.
4.        amend one record.
5.        append one record.
6.        delete one record.
0.        exit.
Now you can choose one number form 0 to 6:
0
bye.
```

程序说明：

第一次执行程序时，必须首先选择输入 1 进行数据的输入和保存。之后再运行程序时，可以直接从文件中获取原始数据，不再需要从键盘输入。通过 while(1)构造的恒真循环，可以实现程序各功能模块的反复执行。当选择输入 0 时，退出程序。退出操作通过 exit 函数实现，使用该函数时需要在程序开头增加文件包含命令#include <stdlib.h>。

习　题　10

一、选择题

1. 以下函数不属于顺序读写函数的是________。

A. fgetc　　B. ftell　　C. fprintf　　D. fwrite

2. 在读文件时，用于判断文件当前状态是否"文件结束"的函数是________。

A. EOF　　B. NULL　　C. exit　　D. feof

3. 在读文件时，可用来读取指定长度数据的函数是________。

A. fgets　　B. fwrite　　C. fread　　D. fputs

4. fgets 函数从文件中读取字符串时，遇到 3 种情况会停止，以下不对的是________。

A. 已读入 n−1 个字符　　B. 遇到换行符

C. 文件结束　　D. 遇到'\0'符号

5. 函数调用语句"fread(array, sizeof(float), 5, fp);"中参数 array 代表的是________。

A. 文件指针　　B. 实型变量名

C. 地址　　D. 要读取的数据在文件中的位置

6. 将文件当前读写位置指针移向文件末尾的语句是________。

A. rewind(fp);　　B. rewind(fp,SEEK_END);

C. fseek(fp,0,SEEK_END);　　D. ftell(fp);

二、编程题

1. 统计文本文件中字符的个数。
2. 把 100～200 的所有素数存入文件中。
3. 要求输出第 2 题文件中第 10 个素数的值。
4. 输入 5 个商品的编号、名称、单价和销售数量，并存入文件中。

附录A 常用ASCII码对照表

ASCII码		对应字符	ASCII码		对应字符
十进制	二进制		十进制	二进制	
0	0000 0000	NUL	22	0001 0110	SYN
1	0000 0001	SOH	23	0001 0111	ETB
2	0000 0010	STX	24	0001 1000	CAN
3	0000 0011	ETX	25	0001 1001	EM
4	0000 0100	EOT	26	0001 1010	SUB
5	0000 0101	ENQ	27	0001 1011	ESC
6	0000 0110	ACK	28	0001 1100	FS
7	0000 0111	BEL	29	0001 1101	GS
8	0000 1000	BS	30	0001 1110	RS
9	0000 1001	HT	31	0001 1111	US
10	0000 1010	LF	32	0010 0000	SPACE
11	0000 1011	VT	33	0010 0001	!
12	0000 1100	FF	34	0010 0010	"
13	0000 1101	CR	35	0010 0011	#
14	0000 1110	SO	36	0010 0100	$
15	0000 1111	SI	37	0010 0101	%
16	0001 0000	DLE	38	0010 0110	&
17	0001 0001	DC1	39	0010 0111	'
18	0001 0010	DC2	40	0010 1000	(
19	0001 0011	DC3	41	0010 1001	)
20	0001 0100	DC4	42	0010 1010	*
21	0001 0101	NAK	43	0010 1011	+

续表

ASCII 码		对应字符	ASCII 码		对应字符
十进制	二进制		十进制	二进制	
44	0010 1100	,	74	0100 1010	J
45	0010 1101	—	75	0100 1011	K
46	0010 1110	.	76	0100 1100	L
47	0010 1111	/	77	0100 1101	M
48	0011 0000	0	78	0100 1110	N
49	0011 0001	1	79	0100 1111	O
50	0011 0010	2	80	0101 0000	P
51	0011 0011	3	81	0101 0001	Q
52	0011 0100	4	82	0101 0010	R
53	0011 0101	5	83	0101 0011	S
54	0011 0110	6	84	0101 0100	T
55	0011 0111	7	85	0101 0101	U
56	0011 1000	8	86	0101 0110	V
57	0011 1001	9	87	0101 0111	W
58	0011 1010	:	88	0101 1000	X
59	0011 1011	;	89	0101 1001	Y
60	0011 1100	<	90	0101 1010	Z
61	0011 1101	=	91	0101 1011	[
62	0011 1110	>	92	0101 1100	\
63	0011 1111	?	93	0101 1101	]
64	0100 0000	@	94	0101 1110	^
65	0100 0001	A	95	0101 1111	_
66	0100 0010	B	96	0110 0000	`
67	0100 0011	C	97	0110 0001	a
68	0100 0100	D	98	0110 0010	b
69	0100 0101	E	99	0110 0011	c
70	0100 0110	F	100	0110 0100	d
71	0100 0111	G	101	0110 0101	e
72	0100 1000	H	102	0110 0110	f
73	0100 1001	I	103	0110 0111	g

续表

ASCII 码		对应字符	ASCII 码		对应字符
十进制	二进制		十进制	二进制	
104	0110 1000	h	116	0111 0100	t
105	0110 1001	i	117	0111 0101	u
106	0110 1010	j	118	0111 0110	v
107	0110 1011	k	119	0111 0111	w
108	0110 1100	l	120	0111 1000	x
109	0110 1101	m	121	0111 1001	y
110	0110 1110	n	122	0111 1010	z
111	0110 1111	o	123	0111 1011	{
112	0111 0000	p	124	0111 1100	|
113	0111 0001	q	125	0111 1101	}
114	0111 0010	r	126	0111 1110	~
115	0111 0011	s	127	0111 1111	DEL

附录B 运算符和结合性

优先级	运　算　符	含　　义	运算符类型	结合方向
1	()	圆括号	单目	自左向右
	[ ]	下标运算符		
	->	指向结构体成员运算符		
	.	结构体成员运算符		
2	!	逻辑非运算符	单目	自右向左
	~	按位取反运算符		
	++	自增运算符		
	--	自减运算符		
	-	负号运算符		
	(数据类型)	强制类型转换运算符		
	*	解除引用(指针)运算符		
	&	取地址运算符		
	sizeof	取类型长度运算符		
3	*	乘法	双目	自左向右
	/	除法		
	%	取余		
4	+	加法	双目	自左向右
	-	减法		
5	<<	左移运算符	双目	自左向右
	>>	右移运算符		

续表

<table>
<tr><th>优先级</th><th>运 算 符</th><th>含 义</th><th>运算符类型</th><th>结合方向</th></tr>
<tr><td rowspan="4">6</td><td><</td><td>小于</td><td rowspan="4">双目</td><td rowspan="4">自左向右</td></tr>
<tr><td><=</td><td>小于或等于</td></tr>
<tr><td>></td><td>大于</td></tr>
<tr><td>>=</td><td>大于或等于</td></tr>
<tr><td rowspan="2">7</td><td>==</td><td>等于</td><td rowspan="2">双目</td><td rowspan="2">自左向右</td></tr>
<tr><td>!=</td><td>不等于</td></tr>
<tr><td>8</td><td>&</td><td>按位与运算符</td><td>双目</td><td>自左向右</td></tr>
<tr><td>9</td><td>^</td><td>按位异或运算符</td><td>双目</td><td>自左向右</td></tr>
<tr><td>10</td><td>|</td><td>按位或运算符</td><td>双目</td><td>自左向右</td></tr>
<tr><td>11</td><td>&&</td><td>逻辑与运算符</td><td>双目</td><td>自左向右</td></tr>
<tr><td>12</td><td>||</td><td>逻辑或运算符</td><td>双目</td><td>自左向右</td></tr>
<tr><td>13</td><td>?:</td><td>条件运算符</td><td>三目</td><td>自右向左</td></tr>
<tr><td rowspan="11">14</td><td>=</td><td rowspan="11">赋值运算符</td><td rowspan="11">双目</td><td rowspan="11">自右向左</td></tr>
<tr><td>+=</td></tr>
<tr><td>-=</td></tr>
<tr><td>*=</td></tr>
<tr><td>/=</td></tr>
<tr><td>%=</td></tr>
<tr><td>>>=</td></tr>
<tr><td><<=</td></tr>
<tr><td>&=</td></tr>
<tr><td>^=</td></tr>
<tr><td>|=</td></tr>
<tr><td>15</td><td>,</td><td>逗号运算符</td><td>双目</td><td>自左向右</td></tr>
</table>

参考文献

[1] 谭浩强. C语言程序设计[M]. 5版. 北京：清华大学出版社，2017.

[2] 马鸣远. 程序设计与C语言[M]. 2版. 西安：西安电子科技大学出版社，2007.

[3] 孟庆昌，刘振英，陈海鹏，等. C语言程序设计[M]. 北京：人民邮电出版社，2002.

[4] 何钦铭，颜晖. C语言程序设计[M]. 4版. 北京：高等教育出版社，2020.

[5] 苏小红，孙志岗，陈惠鹏，等. C语言大学实用教程[M]. 4版. 北京：电子工业出版社，2017.

[6] 张泽虹，崇美英，李颖，等. C语言程序设计[M]. 北京：电子工业出版社. 2007.

图书资源支持

感谢您一直以来对清华版图书的支持和爱护。为了配合本书的使用，本书提供配套的资源，有需求的读者请扫描下方的“书圈”微信公众号二维码，在图书专区下载，也可以拨打电话或发送电子邮件咨询。

如果您在使用本书的过程中遇到了什么问题，或者有相关图书出版计划，也请您发邮件告诉我们，以便我们更好地为您服务。

我们的联系方式：

地　　址：北京市海淀区双清路学研大厦 A 座 714

邮　　编：100084

电　　话：010-83470236　010-83470237

客服邮箱：2301891038@qq.com

QQ：2301891038（请写明您的单位和姓名）

资源下载：关注公众号“书圈”下载配套资源。

资源下载、样书申请

书圈

图书案例

清华计算机学堂

观看课程直播